RECUEIL COMPLÉMENTAIRE

D'EXERCICES

SUR LE

CALCUL INFINITÉSIMAL.

PARIS. — IMPRIMERIE DE GAUTHIER-VILLARS,

Quai des Augustins, 55.

RECUEIL COMPLÉMENTAIRE

D'EXERCICES

SUR LE

CALCUL INFINITÉSIMAL,

PAR

M. F. TISSERAND,

DIRECTEUR DE L'OBSERVATOIRE DE TOULOUSE, ANCIEN MAITRE DE CONFÉRENCES
A L'ÉCOLE DES HAUTES ÉTUDES DE PARIS.

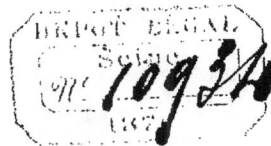

PARIS,

GAUTHIER-VILLARS, IMPRIMEUR-LIBRAIRE,

DU BUREAU DES LONGITUDES, DE L'ÉCOLE POLYTECHNIQUE,

SUCCESSEUR DE MALLET-BACHELIER,

Quai des Augustins, 55.

—

1877

PRÉFACE.

———

Ayant été chargé, il y a quelques années, des fonctions de répétiteur à l'École des Hautes Études de Paris, pour le cours de Calcul différentiel et intégral professé par M. J.-A. Serret, j'ai été conduit à réunir un certain nombre d'exercices, qu'il me paraît utile de publier. Les problèmes contenus dans ce volume sont différents de ceux qu'on trouve dans l'excellent Traité de M. Frenet; aussi l'Ouvrage actuel, loin de faire double emploi avec celui de M. Frenet, en forme plutôt un complément naturel : tandis que ce dernier s'adressait aux candidats aux Écoles et à la Licence, le mien est désigné plus spécialement aux candidats à la Licence et à l'Agrégation.

J'ai donné un grand développement aux applications géométriques du Calcul différentiel et intégral, espérant ainsi rendre plus attrayantes des théories assez difficiles; je signale en particulier les questions relatives aux surfaces orthogonales, qui donnent des

exercices intéressants sur l'intégration des équations
aux dérivées partielles.

Il m'eût été impossible de signaler à chaque instant
les Ouvrages auxquels j'ai emprunté quelque chose ;
je me bornerai à dire que j'ai puisé fréquemment
dans le *Traité de Calcul différentiel et intégral* de
M. J. Bertrand, dans celui de Todhunter, et enfin
dans le *Recueil d'Exercices* de M. O. Schlömilch.

F. TISSERAND.

Toulouse, octobre 1876.

TABLE DES MATIÈRES.

PREMIÈRE PARTIE.

CALCUL DIFFÉRENTIEL.

T. — *Rec.*   *a.*

DEUXIÈME PARTIE.

CALCUL INTÉGRAL.

———•◦•———

TROISIÈME PARTIE.

APPLICATION DU CALCUL INTÉGRAL A LA SOLUTION DE QUESTIONS
DIVERSES CONCERNANT LES COURBES ET LES SURFACES.

——————

1.   Trouver les courbes dans lesquelles le rayon de courbure
est une fonction donnée $f(\alpha)$ de l'angle que fait la tangente avec une direction fixe. —*Applications:* 1° $f(\alpha) = a$;

FIN DE LA TABLE DES MATIÈRES.

RECUEIL COMPLÉMENTAIRE

D'EXERCICES

SUR LE

CALCUL INFINITÉSIMAL.

PREMIÈRE PARTIE.

EXERCICES SUR LE CALCUL DIFFÉRENTIEL.

Problème n° 1.

Étudier les variations de la fonction

$$y = x - \frac{1}{3}\tang x - \frac{2}{3}\sin x,$$

quand x varie de zéro à $\frac{\pi}{2}$.

Je calcule $\dfrac{dy}{dx}$:

$$\frac{dy}{dx} = 1 - \frac{1}{3\cos^2 x} - \frac{2}{3}\cos x = \frac{3\cos^2 x - 1 - 2\cos^3 x}{3\cos^2 x},$$

$$\frac{dy}{dx} = (1 - \cos x)\frac{2\cos^2 x - \cos x - 1}{3\cos^2 x},$$

$$\frac{dy}{dx} = -\frac{(1 - \cos x)^2(2\cos x + 1)}{3\cos^2 x}.$$

T. — *Rec.*

1

Donc $\dfrac{dy}{dx}$ est toujours négatif; y décroît sans cesse quand x varie de zéro à $\dfrac{\pi}{2}$, et, comme $y = 0$ pour $x = 0$, y est négatif dans tout cet intervalle; ainsi, x désignant un arc compris entre zéro et $\dfrac{\pi}{2}$, on a

$$x < \frac{1}{3}\,\operatorname{tang} x + \frac{2}{3}\,\sin x$$

Problème n° 2.

L'équation

(1) $$\operatorname{arc\,tang} x - \frac{x}{1 + x^2} = m$$

a-t-elle des racines réelles ?

Considérons la fonction

$$y = \operatorname{arc\,tang} x - \frac{x}{1 + x^2};$$

nous trouverons

$$\frac{dy}{dx} = \frac{2\,x^2}{(1 + x^2)^2};$$

cette dérivée étant toujours positive, y augmente constamment quand x varie de zéro à $\dfrac{\pi}{2}$, pour $x = 0$, $y = 0$; pour $x = +\infty$, $y = \dfrac{\pi}{2}$; quand on change x en $-x$, y se change en $-y$. Donc l'équation (1) aura une racine réelle si m est compris entre $-\dfrac{\pi}{2}$ et $+\dfrac{\pi}{2}$; cette racine aura du reste le signe de m; si m est en dehors des limites précédentes, il n'y aura aucune racine réelle.

Problème n° 3.

Combien l'équation

$$\text{arc tang}\, x - mx = 0,$$

dans laquelle m est une quantité positive, a-t-elle de racines positives ?

En prenant $\text{arc tang}\, x < \dfrac{\pi}{2}$, considérons la fonction

$$y = \text{arc tang}\, x - mx,$$

qui donne lieu à la dérivée

$$\frac{dy}{dx} = \frac{1}{1+x^2} - m = \frac{1 - m - mx^2}{1+x^2}.$$

Si m est plus grand que 1, $\dfrac{dy}{dx}$ étant toujours négatif, y décroît sans cesse : il varie donc de zéro à $-\infty$ quand x varie de zéro à $+\infty$; si m est plus petit que 1, la dérivée est positive quand x varie de zéro à $\sqrt{\dfrac{1-m}{m}}$, y augmente depuis zéro jusqu'à un certain maximum

$$y_1 = \text{arc tang}\, \sqrt{\frac{1-m}{m}} - \sqrt{m - m^2},$$

pour décroître ensuite de ce maximum y_1 jusqu'à $-\infty$, quand x varie de $\sqrt{\dfrac{1-m}{m}}$ à $+\infty$; donc, dans le cas de $m < 1$, l'équation proposée a une racine positive et une seule.

1.

Problème n° 4.

Faire connaître le nombre de racines comprises entre zéro et π de l'équation

$$(1) \qquad \frac{\sin(x - \alpha)}{\sin^4 x} = m,$$

dans laquelle m désigne une quantité positive et α un angle compris entre zéro et $\frac{\pi}{2}$. (Cette équation se présente dans le calcul de l'orbite d'une planète à l'aide de trois observations.)

Construisons la courbe qui a pour équation

$$y = \frac{\sin(x - \alpha)}{\sin^4 x};$$

on trouve

$$\frac{dy}{dx} = \frac{\sin x \cos(x - \alpha) - 4 \cos x \sin(x - \alpha)}{\sin^5 x},$$

$$\frac{dy}{dx} = \frac{\cos x \cos(x - \alpha)\left[\tang x - 4 \tang(x - \alpha)\right]}{\sin^5 x}.$$

Cherchons les valeurs de x qui annulent

$$\tang x - 4 \tang(x - \alpha);$$

nous aurons

$$(2) \qquad \tang x = \frac{3 \pm \sqrt{9 - 16 \tang^2 \alpha}}{2 \tang \alpha}.$$

Supposons d'abord $\tang \alpha > \frac{3}{4}$; alors les valeurs que nous venons de trouver pour $\tang x$ sont imaginaires; $\frac{dy}{dx}$ est toujours positif pour les valeurs de x comprises entre zéro et π; donc y croît sans cesse de $-\infty$ à $+\infty$ quand x varie de zéro à π. Donc, dans ce cas, l'équation (1) admet une racine et une seule.

Supposons maintenant (*fig.* 1) $\tang\alpha < \dfrac{3}{4}$, les deux valeurs de $\tang x$, fournies par l'équation (2), sont réelles et positives. Soient x' et x'' les angles aigus correspondants ; x variant de zéro à x', y croît de $-\infty$ jusqu'à un certain maximum y_1 ; y décroît ensuite jusqu'à un certain minimum $y_2 > 0$, qu'il atteint pour $x = x''$; enfin, x variant de x'' à π, y croît de y_2 à $+\infty$.

Fig. 1.

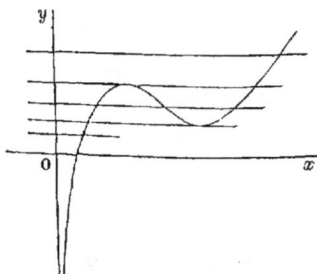

Si donc m est plus petit que y_2, l'équation (1) aura une seule racine entre zéro et π ; elle en aura trois si m est compris entre y_2 et y_1, et une seule si m est plus grand que y_1.

Problème n° 5.

Combien l'équation

(1)
$$x\,e^{-\frac{\sin\alpha}{2}\left(x - \frac{1}{x}\right)} = m,$$

dans laquelle α désigne un arc compris entre zéro et $\dfrac{\pi}{2}$, et m une quantité positive, a-t-elle de racines réelles?

Je vais construire la courbe qui a pour équation

$$y = x e^{-\frac{\sin\alpha}{2}\left(x - \frac{1}{x}\right)},$$

les abscisses des points de rencontre de cette courbe avec la droite $y = m$ seront les racines cherchées. Formons $\frac{dy}{dx}$,

$$\frac{dy}{dx} = \left[1 - \frac{\sin\alpha}{2} \left(x + \frac{1}{x} \right) \right] e^{-\frac{\sin\alpha}{2}\left(x - \frac{1}{x}\right)};$$

le signe de cette dérivée sera le même que celui de l'expression

$$\frac{1}{2x} \left[2x - \sin\alpha\,(x^2 + 1) \right].$$

Les deux racines de l'équation

$$x^2 - \frac{2x}{\sin\alpha} + 1 = 0$$

sont

$$\tan\frac{\alpha}{2} \quad \text{et} \quad \cot\frac{\alpha}{2};$$

on aura donc

$$\frac{dy}{dx} = -\frac{\sin\alpha}{2x} \left(x - \tan\frac{\alpha}{2} \right) \left(x - \cot\frac{\alpha}{2} \right) e^{-\frac{\sin\alpha}{2}\left(x - \frac{1}{x}\right)};$$

remarquons que $\tan\frac{\alpha}{2}$ est plus petit que $\cot\frac{\alpha}{2}$. Pour $x = 0$, y se présente sous la forme $0 \times \infty$: on trouve que y est infini ; $\frac{dy}{dx}$ sera négatif tant que x sera plus petit que $\tan\frac{\alpha}{2}$; y est donc décroissant : son minimum est

$$y_1 = \tan\frac{\alpha}{2} e^{-\frac{\sin\alpha}{2}\left(\tan\frac{\alpha}{2} - \cot\frac{\alpha}{2}\right)},$$

$$y_1 = \tan\frac{\alpha}{2} e^{\cos\alpha}.$$

x étant compris entre $\operatorname{tang} \dfrac{\alpha}{2}$ et $\cot \dfrac{\alpha}{2}$, $\dfrac{dy}{dx}$ est positif; y croit

jusqu'à un maximum qui a lieu pour $x = \cot \dfrac{\alpha}{2}$, et qui est

$$y_2 = \cot \frac{\alpha}{2}\, e^{-\cos\alpha}.$$

Enfin, x variant de $\cot \dfrac{\alpha}{2}$ à $+\infty$, y décroît sans cesse de

y_2 à zéro. Si donc m est plus grand que $\cot \dfrac{\alpha}{2}\, e^{-\cos\alpha}$, l'équa-

tion (1) aura une seule racine réelle; cette racine sera com-

prise entre zéro et $\operatorname{tang} \dfrac{\alpha}{2}$. Si m est compris entre $\cot \dfrac{\alpha}{2}\, e^{-\cos\alpha}$

Fig. 2.

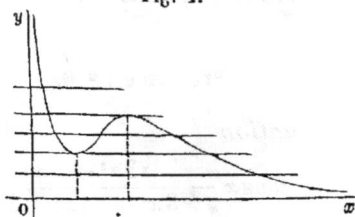

et $\operatorname{tang} \dfrac{\alpha}{2}\, e^{\cos\alpha}$, l'équation (1) aura trois racines réelles : une

entre zéro et $\operatorname{tang} \dfrac{\alpha}{2}$, la deuxième entre $\operatorname{tang} \dfrac{\alpha}{2}$ et $\cot \dfrac{\alpha}{2}$, la

troisième plus grande que $\cot \dfrac{\alpha}{2}$. Si m est plus petit que

$\operatorname{tang} \dfrac{\alpha}{2}\, e^{\cos\alpha}$, l'équation (1) n'aura qu'une racine réelle plus

grande que $\cot \dfrac{\alpha}{2}$.

On peut remarquer que $y_1 y_2 = 1$; cherchons les varia-

tions de y_1 et de y_2 quand α varie de zéro à $\dfrac{\pi}{2}$. On a

$$\frac{dy_1}{d\alpha} = e^{\cos\alpha}\, \frac{\cos^2\alpha}{2\cos^2\dfrac{\alpha}{2}};$$

donc, α variant de zéro à $\frac{\pi}{2}$, y_1 croît de zéro à 1 et, par suite, y_2 décroît de $+\infty$ à 1; ainsi ces deux quantités, d'abord très-différentes, finissent par devenir égales. La fonction

$$y = xe^{-\frac{1}{2}\left(x - \frac{1}{x}\right)}$$

n'a plus de maximum ni de minimum quand x varie de zéro à $+\infty$; elle décroît constamment de $+\infty$ à zéro. La dérivée

$$\frac{dy}{dx} = -\frac{1}{2x}(x-1)^2 e^{-\frac{1}{2}\left(x - \frac{1}{x}\right)}$$

s'annule bien pour $x = 1$, mais sans changer de signe.

Problème nº 6.

Combien l'équation

$$(1) \qquad \text{arc tang}\, x - \frac{13x^3 + 3x}{3x^4 + 14x^2 + 3} = 0$$

a-t-elle de racines réelles? On prend dans tous les cas la valeur de arc tang x *entre les limites* $-\frac{\pi}{2}$ *et* $+\frac{\pi}{2}$.

. Construisons la courbe qui a pour équation

$$(2) \qquad y = \text{arc tang}\, x - \frac{13x^3 + 3x}{3x^4 + 14x^2 + 3},$$

et il nous suffira de chercher les points où cette courbe coupe l'axe des x. L'équation (2) ne changeant pas quand on change x en $-x$ et y en $-y$, la courbe admet l'origine pour centre; les racines cherchées sont donc deux à deux égales et de signes contraires. Pour $x = 0$, $y = 0$; pour $x = +\infty$, la fraction $\frac{13x^3 + 3x}{3x^4 + 14x^2 + 3}$ est nulle, y est égal à

$\frac{\pi}{2}$. Afin de savoir comment varie y, je forme $\frac{dy}{dx}$; je trouve

$$\frac{dy}{dx} = \frac{1}{1+x^2}$$

$$+ \frac{(13x^3+3x)(12x^3+28x)-(39x^2+3)(3x^4+14x^2+3)}{(3x^4+14x^2+3)^2},$$

et, après certaines réductions, il vient

$$\frac{dy}{dx} = \frac{16x^4(3x^4-2x^2-1)}{(1+x^2)(3x^4+14x^2+3)^2}$$

ou bien

$$\frac{dy}{dx} = \frac{16x^4(3x^2+1)(x^2-1)}{(1+x^2)(3x^4+14x^2+3)^2};$$

cette dérivée est négative pour $x < 1$, positive pour $x > 1$; donc y décroît tant que x est plus petit que 1; par conséquent, dans cet intervalle, la valeur de y est négative; son minimum est

$$y_1 = \frac{\pi}{4} - \frac{4}{5} = -0,0146$$

pour x compris entre 1 et $+\infty$, y croît sans cesse; il est égal à $+\frac{\pi}{2}$ pour $x = +\infty$; donc il existe une valeur x_0 comprise entre $+1$ et $+\infty$, qui annule y, et il n'y en a qu'une seule. Pour $x = \sqrt{3}$, on trouve

$$y = \frac{1}{3}\left(\pi - \frac{7\sqrt{3}}{4}\right),$$

quantité positive; donc x_0 est compris entre $\frac{\pi}{4}$ et $\frac{\pi}{3}$. Ainsi l'équation (1) admet les trois racines réelles 0, $+x_0$ et $-x_0$, x_0 étant compris entre $\frac{\pi}{4}$ et $\frac{\pi}{3}$.

Problème nº 7.

L'équation

$$(1) \qquad e^{x\sqrt{x^2-1}} = m\left(x + \sqrt{x^2-1}\right),$$

dans laquelle on suppose $m > 0$, est-elle vérifiée par une ou plusieurs valeurs de x supérieures à 1?

Considérons la fonction

$$(2) \qquad y = \frac{e^{x\sqrt{x^2-1}}}{x + \sqrt{x^2-1}},$$

et demandons-nous si, x variant de $+1$ à $+\infty$, cette fonction peut devenir égale à m. Pour $x = 1$, $y = 1$; pour $x = +\infty$, $y = +\infty$. De l'équation (2) nous tirons

$$\log y = x\sqrt{x^2-1} - \log\left(x + \sqrt{x^2-1}\right),$$

$$\frac{1}{y}\frac{dy}{dx} = \frac{x^2}{\sqrt{x^2-1}} + \sqrt{x^2-1} - \frac{1}{\sqrt{x^2-1}} = 2\sqrt{x^2-1};$$

$\frac{dy}{dx}$ a toujours le signe $+$; donc, x variant de $+1$ à $+\infty$, y augmente constamment de 1 à $+\infty$; donc l'équation (1) admet une racine x supérieure à 1, et une seule si m est plus grand que 1: elle n'en admet pas si m est plus petit que 1.

Problème nº 8.

L'équation $\tang z = z$ *a-t-elle des racines imaginaires de la forme $z = x + y\sqrt{-1}$?*

On sait que cette équation a une infinité de racines réelles; cherchons si elle admet des racines imaginaires.

On devra avoir, en faisant $z = x + y\sqrt{-1}$,

$$(1) \quad \begin{cases} z = \tang z \\ \text{ou} \\ x + y\sqrt{-1} = \tang z = \dfrac{\sin\left(x + y\sqrt{-1}\right)}{\cos\left(x + y\sqrt{-1}\right)} \\ \qquad = \dfrac{\sin 2x + \sin\left(2y\sqrt{-1}\right)}{\cos 2x + \cos\left(2y\sqrt{-1}\right)}; \end{cases}$$

mais

$$\sin\left(2y\sqrt{-1}\right) = \frac{e^{2y} - e^{-2y}}{2}\sqrt{-1},$$

$$\cos\left(2y\sqrt{-1}\right) = \frac{e^{2y} + e^{-2y}}{2};$$

il viendra donc

$$(2) \quad x + y\sqrt{-1} = \frac{\sin 2x + \dfrac{e^{2y} - e^{-2y}}{2}\sqrt{-1}}{\cos 2x + \dfrac{e^{2y} + e^{-2y}}{2}};$$

égalons les parties réelles et les coefficients de $\sqrt{-1}$, et nous aurons

$$(3) \quad \begin{cases} x = \dfrac{\sin 2x}{\cos 2x + \dfrac{e^{2y} + e^{-2y}}{2}}, \\ y = \dfrac{\dfrac{e^{y} - e^{-2y}}{2}}{\cos 2x + \dfrac{e^{2y} + e^{-2y}}{2}}. \end{cases}$$

On tire de là, par division, en supposant x et y différents de zéro,

$$(4) \quad \frac{\sin 2x}{2x} = \frac{e^{2y} - e^{-2y}}{4y}.$$

Or le second membre de cette équation développé en série convergente est égal à

$$\frac{e^{2y} - e^{-2y}}{4y} = 1 + \frac{(2y)^2}{1.2.3} + \frac{(2y)^4}{1.2.3.4.5} + \dots;$$

il est toujours supérieur à 1, sauf pour $y = 0$, auquel cas il est égal à 1. Le premier membre de l'équation (4) est toujours plus petit que 1; l'équation (4) est donc impossible, et, par suite, il faut que, dans les équations (3), x ou y soit nul. Je dis que, si x est égal à zéro, il en est forcément de même de y; en effet, dans l'équation (2), faisons $x = 0$, et il viendra

$$y = \frac{\dfrac{e^{2y} - e^{-2y}}{2}}{1 + \dfrac{e^{2y} + e^{-2y}}{2}} = \frac{e^{2y} - e^{-2y}}{(e^y + e^{-y})^2}$$

ou bien

$$y = \frac{e^y - e^{-y}}{e^y + e^{-y}},$$

c'est-à-dire, en remplaçant les exponentielles par leurs développements en séries suivant les puissances de y,

$$1 = \frac{1 + \dfrac{y^2}{1.2.3} + \dfrac{y^4}{1.2.3.4.5} + \dots}{1 + \dfrac{y^2}{1.2} + \dfrac{y^4}{1.2.3.4} + \dots};$$

les termes du numérateur de la fraction du second membre sont respectivement inférieurs à ceux du dénominateur; donc le second membre est toujours plus petit que 1, excepté pour $y = 0$. Ainsi la dernière équation, pour être satisfaite, exige que y soit nul; la supposition de $x = 0$ entraîne donc $y = 0$, et il ne reste plus qu'à faire $y = 0$, auquel cas l'équation (2) deviendra

$$x = \mathrm{tang}\, x;$$

donc l'équation $\mathrm{tang}\, z = z$ n'a pas de racines imaginaires.

Problème n° 9.

L'équation $\mathrm{tang}\, z = k z$ *a-t-elle des racines imaginaires ?*
Faisons

$$z = x + y \sqrt{-1},$$

et l'équation

(1) $$k z = \mathrm{tang}\, z$$

deviendra

(2) $$k \left(x + y \sqrt{-1} \right) = \frac{\sin 2 x + \dfrac{e^{y} - e^{-y}}{2} \sqrt{-1}}{\cos 2 x + \dfrac{e^{y} + e^{-y}}{2}}.$$

Cette équation donne les deux suivantes :

(3) $$\begin{cases} k x = \dfrac{\sin 2 x}{\cos 2 x + \dfrac{e^{y} + e^{-y}}{2}}, \\[3em] k y = \dfrac{\dfrac{e^{y} - e^{-y}}{2}}{\cos 2 x + \dfrac{e^{y} + e^{-y}}{2}}; \end{cases}$$

on en déduit par division, en supposant x et y différents de zéro,

$$\frac{\sin 2 x}{2 x} = \frac{e^{y} - e^{-y}}{4 y},$$

et nous avons vu, dans le problème précédent, que cette

équation est impossible; il faut donc admettre, ou bien que $y = 0$, et alors l'équation (1) n'aurait pas de racines imaginaires, ou bien que $x = 0$. Dans l'équation (2), faisons $x = 0$, et nous aurons

$$ky = \frac{e^{2y} - e^{-2y}}{e^{2y} + e^{-2y} + 2}$$

ou

$$(4) \qquad ky = \frac{e^y - e^{-y}}{e^y + e^{-y}}.$$

Pour savoir si cette équation admet des racines réelles, je vais construire la courbe représentée par l'équation

$$(5) \qquad u = \frac{e^y - e^{-y}}{e^y + e^{-y}},$$

et je n'aurai qu'à chercher les points où cette courbe est coupée par la droite $u = ky$. On a

$$\frac{du}{dy} = \frac{4}{(e^y + e^{-y})^2};$$

u croît constamment avec y; pour $y = 0$, $u = 0$; pour $y = +\infty$, $u = 1$; nous obtenons ainsi (*fig.* 3) la branche

Fig. 3.

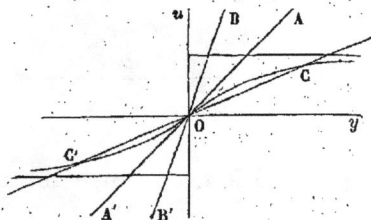

infinie OC tangente en O à la bissectrice de l'angle uOy; car, pour $x = 0$,

$$\frac{du}{dy} = 1.$$

La courbe est située au-dessous de cette tangente, car, en développant les exponentielles, on a

$$ u = y \, \frac{1 + \dfrac{y^2}{1.2.3} + \ldots}{1 + \dfrac{y^2}{1.2} + \ldots}. $$

c'est-à-dire

$$ u < y. $$

Enfin, l'origine étant le centre de la courbe, nous tracerons facilement la branche OC' répondant aux valeurs négatives de y.

Cela posé, si k est plus grand que 1, la droite $u = ky$ est une droite telle que OB, comprise dans l'angle uOA; elle ne coupe pas la courbe : l'équation (1) n'a donc pas de racines imaginaires.

Si k est plus petit que 1, la droite $u = ky$ est comprise dans l'angle AOy : elle coupe la courbe en deux points C et C'; on trouve deux valeurs $+y_0$ et $-y_0$ pour y. La conclusion est donc la suivante :

L'équation $\tang z = k z$ n'a pas de racines imaginaires si k est plus grand que 1; elle en a deux, et deux seulement,

$$ z_1 = - y_0 \sqrt{-1} \quad \text{et} \quad z_2 = + y_0 \sqrt{-1}, $$

si k est plus petit que 1.

Nous laisserons au lecteur le soin de démontrer les propositions suivantes :

1° *L'équation* $\tang z = k z + h$, *où h n'est pas nul, n'a pas de racines imaginaires si k est égal à zéro, ou plus petit que zéro.*

2° *L'équation* $\tang z = \dfrac{az}{z^2 + b}$ *n'a pas de racines imaginaires si a est plus grand que b, b étant positif.*

3° *L'équation* $\tang z = \dfrac{e^z - e^{-z}}{e^z + e^{-z}}$ *n'a que des racines réelles et des racines imaginaires de la forme* $z = \zeta \sqrt{-1}$; *elle n'a point de racines imaginaires dans lesquelles la partie réelle soit différente de zéro.*

REMARQUE. — Ce qui précède est tiré presque textuellement du premier volume des anciens *Exercices de Mathématiques* de Cauchy.

Problème n° 10.

Appliquer la formule de Leibnitz à la recherche de l'expression

$$U_n = d^n \frac{x^n (1-x)^n}{dx^n}.$$

La formule de Leibnitz est

$$\frac{d^n \cdot uv}{dx^n} = u\frac{d^n v}{dx^n} + \frac{n}{1}\frac{du}{dx}\frac{d^{n-1}v}{dx^{n-1}} + \dots;$$

nous ferons ici

$$u = (1-x)^n, \quad v = x^n,$$

et nous trouverons

$$(1) \quad \left\{ \begin{aligned} U_n = 1.2.3\dots n\Big\{(1-x)^n - \left(\frac{n}{1}\right)^2 x(1-x)^{n-1} \\ + \left[\frac{n(n-1)}{1.2}\right]^2 x^2(1-x)^{n-2} - \dots \Big\}. \end{aligned} \right.$$

On peut obtenir cette dérivée d'une autre façon; en effet, en développant $(1-x)^n$ par la formule du binôme, on trouve

$$x^n(1-x)^n = (-1)^n\left[x^{2n} - \frac{n}{1}x^{2n-1} + \frac{n(n-1)}{1.2}x^{2n-2} - \dots\right].$$

On a donc aussi

$$(2) \quad \begin{cases} U_n = (-1)^n \left[2n(2n-1)\ldots(n+1)x^n \right. \\ \qquad\qquad \left. - \dfrac{n}{1}(2n-1)(2n-2)\ldots nx^{n-1} + \ldots \right]. \end{cases}$$

Comparons les expressions (1) et (2) de U_n, et, en particulier, les coefficients de x^n dans ces deux expressions, et nous trouverons

$$1.2.3\ldots n(-1)^n \left\{ 1 + \left(\frac{n}{1}\right)^2 + \left[\frac{n(n-1)}{1.2}\right]^2 + \ldots \right\}$$
$$= (-1)^n 2n(2n-1)\ldots(n+1),$$

d'où

$$1 + \left(\frac{n}{1}\right)^2 + \ldots + 1 = \frac{(n+1)(n+2)\ldots 2n}{1.2\ldots n},$$

ce qui est une formule connue pour l'expression de la somme des carrés des coefficients du binôme.

Problème n° 11.

Prouver que l'on a

$$\frac{d^{n-1}}{dx^{n-1}}\left(\frac{x-\cot\alpha}{1+x^2}\right) = \frac{F(x)}{(x^2+1)^n},$$

où $F(x)$ *est un polynôme de degré* n; *montrer que, quel que soit l'angle* α, *l'équation* $F(x)=0$ *a toutes ses racines réelles, et donner l'expression de ces racines.*

On a en effet, en faisant pour un instant $\cot\alpha = a$,

$$\frac{x-a}{1+x^2} = \frac{1}{2}\left[\frac{1-a\sqrt{-1}}{x+\sqrt{-1}} + \frac{1+a\sqrt{-1}}{x-\sqrt{-1}}\right],$$

T. — *Rec.*

2

18

PREMIÈRE PARTIE.

et, en prenant les dérivées $(n-1)^{ièmes}$,

$$\frac{1}{1.2\ldots(n-1)}\frac{d^{n-1}\left(\frac{x-a}{1+x^2}\right)}{dx^{n-1}}$$
$$=\frac{1}{2}(-1)^{n-1}\left[\frac{1-a\sqrt{-1}}{(x+\sqrt{-1})^n}+\frac{1+a\sqrt{-1}}{(x-\sqrt{-1})^n}\right].$$

Nous avons donc

$$F(x)=\frac{(-1)^{n-1}}{2}1.2.3\ldots(n-1)$$
$$\times\left[(1-a\sqrt{-1})(x-\sqrt{-1})^n+(1+a\sqrt{-1})(x+\sqrt{-1})^n\right],$$

expression d'où les imaginaires doivent disparaître ; faisons

$$x=\cot\theta,$$

et il viendra

$$(1-a\sqrt{-1})(x-\sqrt{-1})^n+(1+a\sqrt{-1})(x+\sqrt{-1})^n$$
$$=\frac{1}{\sin^n\theta}\left[\begin{array}{l}(1-a\sqrt{-1})(\cos n\theta-\sqrt{-1}\sin n\theta)\\+(1+a\sqrt{-1})(\cos n\theta+\sqrt{-1}\sin n\theta)\end{array}\right]$$
$$=\frac{2}{\sin^n\theta}(\cos n\theta-a\sin n\theta)$$
$$=\frac{2\sin n\theta}{\sin^n\theta}(\cot n\theta-\cot\alpha).$$

Ainsi les racines de l'équation $F(x)=0$ seront données par l'équation

$$\tan n\theta=\tan\alpha;$$

ces racines seront donc

$$x_1=\tan\frac{\alpha}{n},\quad x_2=\tan\left(\frac{\alpha}{n}+\frac{\pi}{n}\right),\ldots,\quad x_n=\tan\left(\frac{\alpha}{n}+\frac{n-1}{n}\pi\right).$$

Problème nº 12.

Prouver que la fonction y de x définie par l'équation

(1)
$$\arccos \frac{y}{a} = \log \left(\frac{x}{b} \right)^n$$

vérifie l'équation différentielle linéaire

(2)
$$x^2 \frac{d^{n+2}y}{dx^{n+2}} + (2n+1)x \frac{d^{n+1}y}{dx^{n+1}} + 2n^2 \frac{d^n y}{dx^n} = 0.$$

En différentiant une première fois l'équation (1), on trouve

(3)
$$-\frac{dy}{\sqrt{a^2 - y^2}} = n \frac{dx}{x}$$

ou bien

$$x \frac{dy}{dx} = -n \sqrt{a^2 - y^2}.$$

Différentions de nouveau, et nous aurons

$$x \frac{d^2 y}{dx^2} + \frac{dy}{dx} = \frac{ny}{\sqrt{a^2 - y^2}} \frac{dy}{dx}$$

ou, en tenant compte de l'équation (3),

$$\frac{d^2 y}{dx^2} + x \frac{dy}{dx} + n^2 y = 0;$$

différentions n fois à l'aide de la formule de Leibnitz, et il viendra

$$x^2 \frac{d^{n+2}y}{dx^{n+2}} + 2nx \frac{d^{n+1}y}{dx^{n+1}} + n(n-1) \frac{d^n y}{dx^n} + x \frac{d^{n+1}y}{dx^{n+1}}$$
$$+ n \frac{d^n y}{dx^n} + n^2 \frac{d^n y}{dx^n} = 0;$$

en réduisant, on tombe sur l'équation (2).

2.

Problème n° 13.

Trouver la dérivée $n^{ième}$ de $y = e^{\frac{1}{x}}$.

On a

$$(1) \qquad y = e^{\frac{1}{x}},$$

$$(2) \qquad \frac{dy}{dx} = -\frac{1}{x^2} e^{\frac{1}{x}},$$

$$\frac{d^2 y}{dx^2} = \frac{1}{x^4}(1 + 2x) e^{\frac{1}{x}},$$

$$\frac{d^3 y}{dx^3} = -\frac{1}{x^6}(1 + 6x + 6x^2) e^{\frac{1}{x}},$$

. . . .

On est conduit à poser

$$(3) \qquad \frac{d^n y}{dx^n} = \frac{(-1)^n}{x^{2n}} Q_n e^{\frac{1}{x}},$$

Q_n étant un polynôme de la forme

$$(4) \qquad Q_n = 1 + a_1 x + a_2 x^2 + \ldots + a_{n-1} x^{n-1}.$$

Il faut trouver la loi des coefficients $a_1, a_2, \ldots, a_{n-1}$.

Des deux équations (1) et (2), je tire

$$(5) \qquad x^2 \frac{dy}{dx} + y = 0.$$

Je prends la dérivée $n^{ième}$ du premier membre de cette équation, en appliquant la formule de Leibnitz, et j'obtiens

$$x^2 \frac{d^{n+1} y}{dx^{n+1}} + 2nx \frac{d^n y}{dx^n} + n(n-1) \frac{d^{n-1} y}{dx^{n-1}} + \frac{d^n y}{dx^n} = 0;$$

dans cette équation, je remplace $\frac{d^{n+1} y}{dx^{n+1}}$, $\frac{d^n y}{dx^n}$, $\frac{d^{n-1} y}{dx^{n-1}}$ respectivement par

$$(-1)^{n+1} x^{-2n-2} Q_{n+1} e^{\frac{1}{x}}, \quad (-1)^n x^{-2n} Q_n e^{\frac{1}{x}}, \quad (-1)^{n-1} x^{-2n+2} Q_{n-1} e^{\frac{1}{x}},$$

valeurs tirées de la formule (3), et je trouve, en supprimant le facteur commun $e^{\frac{1}{x}}$,

$$(6) \qquad Q_{n+1} - (2nx + 1) Q_n + n(n-1)x^2 Q_{n-1} = 0;$$

nous avons ainsi une relation entre les trois polynômes consécutifs Q_{n-1}, Q_n, Q_{n+1}.

Je différentie la formule (3), ce qui me donne

$$\frac{d^{n+1}y}{dx^{n+1}} = (-1)^n e^{\frac{1}{x}} \left[x^{-2n} \frac{dQ_n}{dx} - (2nx+1)x^{-2n-2} Q_n \right],$$

ou bien, en remplaçant $\frac{d^{n+1}y}{dx^{n+1}}$ par $(-1)^{n+1} x^{-2n-2} Q_{n+1} e^{\frac{1}{x}}$,

$$Q_{n+1} - (2nx+1) Q_n + x^2 \frac{dQ_n}{dx} = 0.$$

Comparant cette formule à la formule (6), on en conclut

$$(7) \qquad \frac{dQ_n}{dx} = n(n-1) Q_{n-1}.$$

Voilà encore une relation importante entre nos polynômes.

Je différentie les deux membres de la dernière équation, je trouve

$$\frac{d^2 Q_n}{dx^2} = n(n-1) \frac{dQ_{n-1}}{dx};$$

la formule (7), où l'on remplace n par $n-1$, donne

$$\frac{dQ_{n-1}}{dx} = (n-1)(n-2) Q_{n-2},$$

et, des deux dernières formules, on déduit

$$(8) \qquad \frac{d^2 Q_n}{dx^2} = n (n-1)^2 (n-2) Q_{n-2}.$$

Dans l'expression (6), je remplace n par $n-1$, ce qui me donne

$$(9) \quad Q_n - [2(n-1)x + 1] Q_{n-1} + (n-1)(n-2)x^2 Q_{n-2} = 0,$$

et, entre les équations (7), (8), (9), j'élimine Q_{n-1} et Q_{n-2}. Je suis ainsi conduit à l'équation

$$(10) \quad x^2 \frac{d^2 Q_n}{dx^2} - [1 + 2(n-1)x] \frac{dQ_n}{dx} + n(n-1)Q_n = 0.$$

Nous avons ainsi formé une équation différentielle linéaire du second ordre à laquelle satisfait le polynôme Q_n. Il ne reste plus qu'à substituer l'expression (4) de Q_n dans cette équation, et, en égalant à zéro les coefficients des diverses puissances de x, on aura des relations propres à déterminer les coefficients $a_1, a_2, \ldots, a_{n-1}$. Le coefficient de x^p est, comme on s'en assure aisément,

$$a_p [p(p-1) - 2p(n-1) + n(n-1)] - (p+1) a_{p+1}$$

ou

$$a_p (n-p)(n-p-1) - (p+1) a_{p+1}.$$

On aura donc

$$a_{p+1} = \frac{(n-p)(n-p-1)}{p+1} a_p;$$

en faisant successivement $p = 0, 1, 2, \ldots,$ et remplaçant

a_0 par 1, on trouvera

$$a_1 = \frac{n}{1}(n-1),$$

$$a_2 = \frac{n(n-1)}{1 \cdot 2}(n-1)(n-2),$$

$$a_3 = \frac{n(n-1)(n-2)}{1 \cdot 2 \cdot 3}(n-1)(n-2)(n-3).$$

. . . .

Nous aurons donc

$$(11) \quad \begin{cases} \dfrac{d^n e^{\frac{1}{x}}}{dx^n} = \dfrac{(-1)^n}{x^{2n}} e^{\frac{1}{x}} \left[1 + \dfrac{n}{1}(n-1)x \right. \\ \qquad\qquad \left. + \dfrac{n(n-1)}{1 \cdot 2}(n-1)(n-2)x^2 + \ldots \right]. \end{cases}$$

Problème n° 14.

Trouver la dérivée $n^{\text{ième}}$ de $\varphi\left(\dfrac{1}{x}\right)$.

Soient $y = \varphi\left(\dfrac{1}{x}\right)$, $u = \dfrac{1}{x}$; on trouve successivement

$$\frac{dy}{dx} = -\frac{1}{x^2}\varphi'(u),$$

$$\frac{d^2 y}{dx^2} = +\frac{1}{x^4}[\varphi''(u) + 2x\,\varphi'(u)],$$

$$\frac{d^3 y}{dx^3} = -\frac{1}{x^6}[\varphi'''(u) + 6x\,\varphi'(u) + 6x^2\,\varphi(u)],$$

. . . .

$$\frac{d^n y}{dx^n} = \frac{(-1)^n}{x^{2n}}[\varphi^{(n)}(u) + b_1\,x\,\varphi^{(n-1)}(u) + b_2\,x^2\,\varphi^{(n-2)}(u) + \ldots],$$

les coefficients $b_1, b_2, \ldots$ étant indépendants de la fonction $\varphi(u)$; faisons, pour déterminer ces coefficients, $\varphi(u) = e^u$, et nous aurons, en supprimant $e^{\frac{1}{x}}$ dans les deux membres,

$$\frac{d^n e^{\frac{1}{x}}}{dx^n} = \frac{(-1)^n}{x^{2n}}(1 + b_1 x + b_2 x^2 + \dots);$$

comparant cette expression avec celle trouvée dans l'exercice précédent pour la dérivée $n^{i\text{ème}}$ de $e^{\frac{1}{x}}$, nous voyons que

$$b_1 = \frac{n}{1}(n-1), \quad b_2 = \frac{n(n-1)}{1 \cdot 2}(n-1)(n-2), \dots.$$

Nous avons donc, pour la formule cherchée,

$$\frac{d^n \varphi\left(\frac{1}{x}\right)}{dx^n} = \frac{(-1)^n}{x^{2n}}\left[\varphi^{(n)}(u) + \frac{n}{1}(n-1)x\varphi^{(n-1)}(u) \right.$$
$$\left. + \frac{n(n-1)}{1 \cdot 2}(n-1)(n-2)x^2 \varphi^{(n-2)}(u) + \dots \right].$$

Problème nº 15.

Trouver la dérivée $n^{i\text{ème}}$ de $y = e^{-x^2}$.

On trouve successivement

(1) $$y = e^{-x^2};$$

(2) $$\frac{dy}{dx} = -2x e^{-x^2},$$

$$\frac{d^2 y}{dx^2} = (4x^2 - 2)e^{-x^2},$$

$$\frac{d^3 y}{dx^3} = (-8x^3 + 12x)e^{-x^2},$$

$$\dots\dots\dots\dots\dots\dots\dots\dots$$

et l'on est conduit à poser

(3)
$$\frac{d^n y}{dx^n} = e^{-x^2} U_n,$$

U_n étant un polynôme de la forme

(4)
$$U_n = (-2x)^n + a_2 x^{n-2} + a_4 x^{n-4} + \dots,$$

$a_2, a_4, \dots$ désignant des coefficients qu'il s'agit de déterminer.

Des équations (1) et (2) on tire

(5)
$$\frac{dy}{dx} + 2xy = 0,$$

et, en différentiant n fois et appliquant la formule de Leibnitz,

$$\frac{d^{n+1} y}{dx^{n+1}} + 2x \frac{d^n y}{dx^n} + 2n \frac{d^{n-1} y}{dx^{n-1}} = 0;$$

dans cette expression, je remplace les dérivées d'ordres $n+1$, n, $n-1$ respectivement par $e^{-x^2} U_{n+1}$, $e^{-x^2} U_n$, $e^{-x^2} U_{n-1}$, je supprime le facteur commun e^{-x^2}, et je trouve

(6)
$$U_{n+1} + 2x U_n + 2n U_{n-1} = 0.$$

Voilà une relation simple entre trois polynômes consécutifs; je différentie l'expression (3), ce qui me donne

$$\frac{d^{n+1} y}{dx^{n+1}} = e^{-x^2} \left(\frac{dU_n}{dx} - 2x U_n \right).$$

Je remplace dans cette équation $\frac{d^{n+1} y}{dx^{n+1}}$ par $e^{-x^2} U_{n+1}$, je supprime le facteur commun e^{-x^2}, et j'arrive à l'équation

$$\frac{dU_n}{dx} = U_{n+1} + 2x U_n,$$

qui, en vertu de la relation (6), se réduit à

$$(7) \qquad \frac{dU_n}{dx} = -2n\,U_{n-1};$$

j'en déduis par la différentiation

$$\frac{d^2U_n}{dx^2} = -2n\,\frac{dU_{n-1}}{dx};$$

mais la formule (7), quand on y remplace n par $n-1$, donne

$$\frac{dU_{n-1}}{dx} = -2(n-1)\,U_{n-2},$$

et des deux dernières formules je conclus

$$(8) \qquad \frac{d^2U_n}{dx^2} = 4n(n-1)\,U_{n-2}.$$

Dans la relation (6), en remplaçant n par $n-1$, je trouve

$$(9) \qquad U_n + 2x\,U_{n-1} + 2(n-1)\,U_{n-2} = 0;$$

éliminant U_{n-1} et U_{n-2} entre les équations (7), (8), (9), il vient

$$(10) \qquad \frac{d^2U_n}{dx^2} - 2x\,\frac{dU_n}{dx} + 2n\,U_n = 0.$$

Voilà donc une équation linéaire du second ordre à laquelle satisfait le polynôme U_n.

Il ne nous reste plus qu'à remplacer dans cette équation U_n par l'expression (4); en égalant à zéro les coefficients des diverses puissances de x, nous aurons des équations propres à déterminer les coefficients $a_2, a_4, \ldots$ On trouve que le coefficient de x^{n-2p-2} est égal à

$$(n-2p)(n-2p-1)\,a_{2p} + 4(p+1)\,a_{2p+2};$$

on a donc

$$a_{2p+2} = -\frac{(n-2p)(n-2p-1)}{4(p+1)}\, a_{2p};$$

faisant successivement $p = 0, 1, 2, \ldots$, nous aurons

$$a_2 = -\frac{n(n-1)}{1}\frac{a_0}{2^2},$$

$$a_4 = +\frac{n(n-1)(n-2)(n-3)}{1.2}\frac{a_0}{2^4},$$

$$\ldots\ldots\ldots\ldots\ldots\ldots\ldots\ldots\ldots\ldots$$

L'expression à laquelle nous arrivons pour la dérivée $n^{\text{ième}}$ de e^{-x^2} est donc

$$(11)\left\{\begin{array}{l}\dfrac{d^n e^{-x^2}}{dx^n} = (-1)^n e^{-x^2}\left[(2x)^n - \dfrac{n(n-1)}{1}(2x)^{n-2}\right.\\[3mm]\left.\qquad\qquad + \dfrac{n(n-1)(n-2)(n-3)}{1.2}(2x)^{n-4} - \ldots\right].\end{array}\right.$$

L'équation

$$U_n = 0 \quad \text{ou} \quad (2x)^n - \frac{n(n-1)}{1}(2x)^{n-2} + \ldots = 0$$

a toutes ses racines réelles ; cela résulte très-simplement du théorème de Rolle. En effet, la fonction $y = e^{-x^2}$ s'annule pour $x = -\infty$ et $x = +\infty$; entre ces limites, elle est fonction continue de x ; donc la dérivée s'annule au moins une fois quand x varie de $-\infty$ à $+\infty$; soit α cette valeur de x qui annule la dérivée de y ou $e^{-x^2}U_1$: elle annule donc U_1. Nous voyons que la dérivée s'annule pour $x = -\infty$, $x = \alpha$, $x = +\infty$; entre ces limites, elle est fonction continue de x ; donc sa dérivée ou $e^{-x^2}U_2$ s'annulera au moins pour deux valeurs β et γ de x, β étant compris entre $-\infty$ et α, γ entre α et $+\infty$; β et γ sont donc les racines de l'équation $U_2 = 0$, qui est du second degré. On montrera de même que la fonction $e^{-x^2} U_2$, s'annulant pour $x = -\infty$, $x = \beta$, $x = \gamma$, $x = +\infty$, sa dérivée $e^{-x^2} U_3$ aura trois racines δ, ε, ζ comprises; δ entre $-\infty$ et β, ε entre β et γ, ζ entre γ et $+\infty$; l'équation $U_3 = 0$, qui est du troisième degré, aura donc ses trois racines réelles. On arrivera ainsi à montrer que l'équation $U_n = 0$ a toutes ses racines réelles.

Nous laisserons au lecteur le soin de prouver que les racines de l'équation $U_n = 0$ sont comprises, en valeur absolue, entre $\dfrac{1}{\sqrt{n}}$ et $\sqrt{\dfrac{n(n-1)}{2}}$.

Les résultats précédents sont dus à M. Hermite.

Problème n° 16.

Trouver la dérivée $n^{ième}$ de $y = \varphi(x^2)$.

Soient $x^2 = u$, $y = \varphi(u)$; on trouve de proche en proche

$$\frac{dy}{dx} = 2x\,\varphi'(u),$$

$$\frac{d^2y}{dx^2} = 4x^2\varphi''(u) + 2\varphi'(u),$$

. . . . ,

$$\frac{d^ny}{dx^n} = (2x)^n \varphi^{(n)}(u) + (2x)^{n-2} b_1 \varphi^{(n-1)}(u) + (2x)^{n-4} b_2 \varphi^{(n-2)}(u) + \ldots,$$

b_1, b_2, ..., étant des coefficients indépendants de la nature de la fonction φ; nous les déterminerons en remplaçant dans l'équation précédente y par la fonction particulière e^{-x^2}; nous trouverons ainsi

$$\frac{d^n.\,e^{-x^2}}{dx^n} = (-1)^n e^{-x^2}\left[(2x)^n - b_1(2x)^{n-2} + b_2(2x)^{n-4} - \ldots\right];$$

comparant cette expression avec l'expression (11), on

voit que

$$b_1 = \frac{n(n-1)}{1}, \quad b_2 = \frac{n(n-1)(n-2)(n-3)}{1.2}, \ldots,$$

et il en résulte la formule

$$(12) \quad \begin{cases} \dfrac{d^n.\varphi(x^2)}{dx^n} = (2x)^n \varphi^{(n)}(u) + \dfrac{n(n-1)}{1}(2x)^{n-1}\varphi^{(n-1)}(u) \\[2mm] \qquad + \dfrac{n(n-1)(n-2)(n-3)}{1.2}(2x)^{n-4}\varphi^{(n-2)}(u) + \ldots. \end{cases}$$

APPLICATIONS.

1° Faisons

$$\varphi(u) = (1-u)^{n+\frac{1}{2}},$$

d'où

$$f^{(p)}(u) = (-1)^p \left(n+\frac{1}{2}\right)\left(n-\frac{1}{2}\right)\cdots\left(n+\frac{3}{2}-p\right)(1-u)^{n+\frac{1}{2}-p},$$

et nous trouverons

$$\frac{d^n(1-x^2)^{n+\frac{1}{2}}}{dx^n} = 1.3.5\ldots(2n+1)(-x)^n\sqrt{1-x^2}$$
$$\times\left[1 - \frac{n(n-1)}{1.2.3}\left(\frac{\sqrt{1-x^2}}{x}\right)^2\right.$$
$$\left. + \frac{n(n-1)(n-2)(n-3)}{1.2.3.4.5}\left(\frac{\sqrt{1-x^2}}{x}\right)^4 - \ldots\right],$$

ou, en changeant n en $n-1$,

$$\frac{d^{n-1}(1-x^2)^{n-\frac{1}{2}}}{dx^{n-1}} = (-1)^{n-1}\frac{1.3.5\ldots(2n-1)}{n}$$
$$\times\left[\frac{n}{1}x^{n-1}\sqrt{1-x^2} - \frac{n(n-1)(n-2)}{1.2.3}x^{n-3}(\sqrt{1-x^2})^3 + \ldots\right].$$

Or, si l'on pose $x = \cos\varphi$, l'expression entre parenthèses devient

$$\frac{n}{1}\cos^{n-1}\varphi\sin\varphi - \frac{n(n-1)(n-2)}{1.2.3}\cos^{n-3}\varphi\sin^3\varphi + \ldots$$

C'est l'expression de $\sin n\varphi = \sin(n\arccos x)$; on a donc

$$\frac{d^{n-1}\left(1-x^2\right)^{n-\frac{1}{2}}}{dx^{n-1}} = (-1)^{n-1}\frac{1.3.5\ldots(2n-1)}{n}\sin(n\arccos x);$$

cette formule est due à Jacobi.

2° Posons $\varphi(u) = \frac{1}{1+u}$, $n = m-1$, il viendra

$$\varphi^{(p)}(u) = (-1)^p\frac{1.2.3\ldots p}{(1+u)^{p+1}},$$

et la formule (11) donnera

$$\frac{d^m\arctan x}{dx^m} = (-1)^{m-1}1.2.3\ldots(m-1)$$

$$\times\left[\frac{(2x)^{m-1}}{(1+x^2)^m} - \frac{m-2}{1}\frac{(2x)^{m-3}}{(1+x^2)^{m-1}}\right.$$

$$\left.+ \frac{(m-3)(m-4)}{1.2}\frac{(2x)^{m-5}}{(1+x^2)^{m-2}} - \ldots\right];$$

posons $x = \tan\varphi$, et il viendra

$$\frac{d^m\arctan x}{dx^m} = (-1)^{m-1}1.2.3\ldots(m-1)\cos^{m+1}\varphi$$

$$\times\left[(2\sin\varphi)^{m-1} - \frac{m-2}{1}(2\sin\varphi)^{m-3}\right.$$

$$\left.+ \frac{(m-3)(m-4)}{1.2}(2\sin\varphi)^{m-5} - \ldots\right].$$

3° Posons $\varphi(u) = \frac{1}{\sqrt{1-u}}$, $n = m-1$, et nous aurons

$$\varphi^{(p)}(u) = \frac{1.3.5\ldots(2p-1)}{2^p}(1-x^2)^{-p-\frac{1}{2}}.$$

La formule (11) donnera donc

$$\frac{d^m \arcsin x}{dx^m} = 1.3.5\ldots(2m-3)\left(\frac{x}{1-x^2}\right)^m$$

$$\times\left[\frac{\sqrt{1-x^2}}{x} + \frac{(m-1)(m-2)}{2(2m-3)}\left(\frac{\sqrt{1-x^2}}{x}\right)^3\right]$$

$$+ \frac{(m-1)(m-2)(m-3)(m-4)}{2.4(2m-3)(2m-5)}\left(\frac{\sqrt{1-x^2}}{x}\right)^5 + \ldots$$

Problème nº 17.

Trouver la dérivée d'ordre n de $y = \arcsin x$.

Nous avons déjà donné une expression de cette dérivée en partant de la formule qui fait connaître la dérivée $n^{\text{ième}}$ de $f(x^2)$; nous en aurions une nouvelle en cherchant la dérivée $(n-1)^{\text{ième}}$ de $\dfrac{1}{\sqrt{1-x^2}} = (1-x)^{-\frac{1}{2}}(1+x)^{-\frac{1}{2}}$ et appliquant la formule de Leibnitz. Cette formule se trouve dans les *Exercices* de M. Frenet, p. 84.

Nous allons suivre une autre méthode, semblable à celle employée dans le cas de e^{-x^2} et $e^{\frac{1}{x}}$; faisons

$$(1) \qquad\qquad y = \frac{1}{\sqrt{1-x^2}},$$

et nous aurons

$$\frac{d^{n+1}\arcsin x}{dx^{n+1}} = \frac{d^n y}{dx^n}.$$

Or on trouve successivement

$$(2) \qquad\qquad \frac{dy}{dx} = \frac{x}{\left(1-x^2\right)^{\frac{3}{2}}},$$

$$\frac{d^2 y}{dx^2} = \frac{1 + 2 x^2}{\left(1 - x^2\right)^{\frac{5}{2}}},$$

$$\frac{d^3 y}{dx^3} = \frac{9 x + 6 x^3}{\left(1 - x^2\right)^{\frac{7}{2}}},$$

$$\frac{d^4 y}{dx^4} = \frac{9 + 72 x^2 + 24 x^4}{\left(1 - x^2\right)^{\frac{9}{2}}},$$

$$\dots\dots\dots\dots\dots\dots;$$

on est conduit à poser

$$(3) \qquad\qquad \frac{d^n y}{dx^n} = \frac{\mathrm{P}_n}{\left(1 - x^2\right)^{n + \frac{1}{2}}},$$

P_n étant un polynôme de degré n, pair ou impair, en même temps que n, et dans lequel le coefficient de x^n est $1.2.3\dots n$; ainsi ce coefficient est $6 = 1.2.3$ dans $\frac{d^3 y}{dx^3}$, il est $24 = 1.2.3.4$ dans $\frac{d^4 y}{dx^4}$, et l'on démontre sans peine que, si on le suppose égal à $1.2.3\dots n$ dans $\frac{d^n y}{dx^n}$, on le trouvera égal à $1.2.3\dots(n+1)$ dans la dérivée suivante.

Pour déterminer les autres coefficients de P_n, nous allons trouver une équation linéaire dont P_n est une solution, en opérant comme il suit : des équations (1) et (2) nous tirons

$$\left(1 - x^2\right) \frac{dy}{dx} - xy = 0 ;$$

nous différentions n fois cette équation à l'aide de la formule de Leibnitz, et nous trouvons

$$\left(1 - x^2\right) \frac{d^{n+1} y}{dx^{n+1}} - 2 n x \frac{d^n y}{dx^n} - n(n-1) \frac{d^{n-1} y}{dx^{n-1}}$$

$$- x \frac{d^n y}{dx^n} - n \frac{d^{n-1} y}{dx^{n-1}} = 0 ;$$

réduisant et remplaçant les dérivées par leurs valeurs tirées de l'équation (3), dans laquelle on remplace n par $n + 1$, n et $n - 1$, nous aurons

$$(4) \qquad P_{n+1} - (2n + 1)x P_n - n^2(1 - x^2) P_{n-1} = 0.$$

Je différentie l'équation (3), ce qui me donne, en remplaçant immédiatement $\dfrac{d^{n+1}y}{dx^{n+1}}$ par $\dfrac{P_{n+1}}{(1 - x^2)^{n+\frac{3}{2}}}$,

$$\frac{P_{n+1} - (2n + 1)x P_n}{1 - x^2} = \frac{dP_n}{dx},$$

ou bien, en tenant compte de la relation (4),

$$(5) \qquad \frac{dP_n}{dx} = n^2 P_{n-1}.$$

De cette dernière équation je tire

$$\frac{d^2 P_n}{dx^2} = n^2 \frac{dP_{n-1}}{dx}.$$

Or l'équation (5), quand on y change n en $n - 1$, donne

$$\frac{dP_{n-1}}{dx} = (n - 1)^2 P_{n-2};$$

nous concluons de là que

$$(6) \qquad \frac{d^2 P_n}{dx^2} = n^2(n - 1)^2 P_{n-2};$$

entre les équations (4), (5) et (6), nous éliminons P_{n-1} et P_{n-2}, et nous trouvons

$$(7) \qquad (1 - x^2) \frac{d^2 P_n}{dx^2} + (2n - 1)x \frac{dP_n}{dx} - n^2 P_n = 0.$$

Voilà une équation différentielle linéaire qui va nous servir à déterminer les coefficients du polynôme P_n. Posons

$$P_n = A_0\, x^n + A_1\, x^{n-2} + A_2\, x^{n-4} + \ldots$$

Substituons cette expression dans l'équation (7), égalons à zéro les coefficients des diverses puissances de x, et nous aurons les relations suivantes :

$$- 2^2 A_1 + n(n-1) A_0 = 0,$$
$$- 4^2 A_2 + (n-2)(n-3) A_1 = 0,$$
$$\ldots\ldots\ldots\ldots\ldots\ldots\ldots\ldots\ldots\ldots,$$

d'où l'on tire

$$A_1 = \frac{n(n-1)}{1.2}\, \frac{1}{2}\, A_0,$$

$$A_2 = \frac{n(n-1)(n-2)(n-3)}{1.2.3.4}\, \frac{1.3}{2.4}\, A_0,$$

$$\ldots\ldots\ldots\ldots\ldots\ldots\ldots\ldots\ldots$$

Nous aurons donc, en remplaçant A_0 par sa valeur,

$$\frac{1}{1.2\ldots n}\, \frac{d^{n+1} \arcsin x}{dx^{n+1}}$$

$$= \frac{1}{(1-x^2)^{n+\frac{1}{2}}}\left[x^n + \frac{n(n-1)}{1.2}\, \frac{1}{2}\, x^{n-2} + \frac{n(n-1)(n-2)(n-3)}{1.2.3.4}\, \frac{1.3}{2.4}\, x^{n-4} \right.$$

$$\left. + \frac{n(n-1)(n-2)(n-3)(n-4)(n-5)}{1.2.3.4.5.6}\, \frac{1.3.5}{2.4.6}\, x^{n-6} + \ldots \right]$$

Dans la formule

$$\frac{d^n \frac{1}{\sqrt{1-x^2}}}{dx^n} = \frac{P_n}{(1-x^2)^{n+\frac{1}{2}}};$$

changeons x en $x\sqrt{-1}$; nous en déduirons

$$\frac{d^n \frac{1}{\sqrt{1+x^2}}}{dx^n} = \frac{Q_n}{(1+x^2)^{n+\frac{1}{2}}},$$

et nous aurons cette expression du polynôme Q_n

$$(-1)^n \frac{Q_n}{1.2\ldots n} = x^n - \frac{n(n-1)}{1.2}\frac{1}{2}x^{n-2}$$
$$+ \frac{n(n-1)(n-2)(n-3)}{1.2\ 3.4}\frac{1.3}{2.4}x^{n-4} - \ldots$$

L'équation $Q_n = 0$ a toutes ses racines réelles; on le démontre à l'aide du théorème de Rolle, comme on l'a fait pour l'équation $U_n = 0$, à propos de la dérivée $n^{ième}$ de e^{-x^2}. En effet la fonction $\frac{1}{\sqrt{1+x^2}}$, qui s'annule pour $x = -\infty$ et $x = +\infty$, reste finie et continue dans tout cet intervalle; donc sa dérivée ou $\frac{Q_1}{(1+x^2)^{\frac{3}{2}}}$ s'annule pour une valeur $x = \alpha$ comprise entre $-\infty$ et $+\infty$; α est la racine unique de l'équation $Q_1 = 0$. L'expression $\frac{Q_1}{(1+x^2)^{\frac{3}{2}}}$ s'annulant pour $x = -\infty$, $x = \alpha$, $x = +\infty$, et restant finie et continue, sa dérivée s'annule au moins pour deux valeurs β et γ de x, β étant compris entre $-\infty$ et α, γ entre α et $+\infty$; cette dérivée est d'ailleurs $\frac{Q_2}{(1+x^2)^{\frac{5}{2}}}$; donc l'équation $Q_2 = 0$, qui est du second degré, a ses deux racines réelles, β et γ; en continuant ainsi de proche en proche, on arrive à démontrer que l'équation $Q_n = 0$ a toutes ses racines réelles.

Nous allons, pour terminer ce sujet, donner, d'après M. Hermite, un dernier moyen pour arriver à la dérivée $n^{ième}$ de $\frac{1}{\sqrt{1-x^2}}$ ou de $\frac{1}{\sqrt{1+x^2}}$.

Considérons l'intégrale définie

$$\int_{-1}^{+1} \frac{dx}{(a-x)\sqrt{1-x^2}},$$

dans laquelle $a > 1$, et où, par conséquent, l'élément différentiel n'est jamais infini, excepté aux limites. Pour obtenir la valeur de cette intégrale, nous emploierons la substitution

$$x = \frac{1 + a\cos\varphi}{a + \cos\varphi},$$

d'où l'on déduit

$$\sqrt{1 - x^2} = \sqrt{a^2 - 1}\, \frac{\sin\varphi}{a + \cos\varphi},$$

$$a - x = + \frac{a^2 - 1}{a + \cos\varphi},$$

$$dx = - (a^2 - 1)\, \frac{\sin\varphi\, d\varphi}{(a + \cos\varphi)^2};$$

$d\varphi$ est négatif; pour $x = -1$, nous prendrons $\varphi = \pi$, et
pour $x = +1$, $\varphi = 0$, notre intégrale deviendra

$$- \int_{\pi}^{0} \frac{d\varphi}{\sqrt{a^2 - 1}} = + \frac{\pi}{\sqrt{a^2 - 1}};$$

nous avons donc

$$\frac{\pi}{\sqrt{a^2 - 1}} = \int_{-1}^{+1} \frac{dx}{(a - x)\sqrt{1 - x^2}}.$$

Nous allons différentier relativement à a; nous pourrons
le faire sous le signe $\int$, puisque l'élément différentiel reste
fini; nous obtiendrons ainsi

$$\frac{\pi}{1.2.3\ldots n}\, \frac{d^n\frac{1}{\sqrt{a^2 - 1}}}{da^n} = \int_{-1}^{+1} \frac{(-1)^n dx}{(a - x)^{n+1}\sqrt{1 - x^2}};$$

l'intégrale du second membre, quand on met au lieu de x
sa valeur en fonction de φ, devient

$$\frac{(-1)^n}{(a^2 - 1)^{n+\frac{1}{2}}} \int_{0}^{\pi} (a + \cos\varphi)^n\, d\varphi;$$

nous aurons donc

$$\frac{\pi}{1.2.3\ldots n}\frac{d^n\frac{1}{\sqrt{a^2-1}}}{da^n}=\frac{(-1)^n}{(a^2-1)^{n+\frac{1}{2}}}\int_0^\pi(a+\cos\varphi)^n d\varphi.$$

Or, par la formule du binôme,

$$(a+\cos\varphi)^n=a^n+\frac{n}{1}a^{n-1}\cos\varphi+\frac{n(n-1)}{1.2}a^{n-2}\cos^2\varphi+\ldots,$$

et l'on a, du reste,

$$\int_0^\pi\cos\varphi\,d\varphi=0,$$

$$\int_0^\pi\cos^2\varphi\,d\varphi=\frac{1}{2}\pi,$$

$$\int_0^\pi\cos^3\varphi\,d\varphi=0,$$

$$\int_0^\pi\cos^4\varphi\,d\varphi=\frac{1.3}{2.4}\pi,$$

$$\ldots\ldots\ldots\ldots\ldots;$$

il viendra donc

$$\frac{1}{1.2.3\ldots n}\frac{d^n\frac{1}{\sqrt{a^2-1}}}{da^n}$$
$$=\frac{(-1)^n}{(a^2-1)^{n+\frac{1}{2}}}\left[a^n+\frac{n(n-1)}{1.2}\frac{1}{2}a^{n-2}\right.$$
$$\left.+\frac{n(n-1)(n-2)(n-3)}{1.2.3.4}\frac{1.3}{2.4}a^{n-4}+\ldots\right].$$

On en conclut, en divisant les deux membres par $\sqrt{-1}$,
l'expression de $\dfrac{d^n\frac{1}{\sqrt{1-a^2}}}{da^n}$ et celle de $\dfrac{d^n\frac{1}{\sqrt{a^2+1}}}{da^n}$, en changeant a en $a\sqrt{-1}$.

Problème n° 18.

Trouver la dérivée $n^{ième}$ de $y = \varphi(e^x)$.

Posons $u = e^x$, et nous trouverons successivement

$$(1) \begin{cases} \dfrac{dy}{dx} = e^x \varphi'(u), \\[2mm] \dfrac{d^2y}{dx^2} = e^{2x} \varphi''(u) + e^x \varphi'(u), \\[2mm] \dots\dots\dots\dots\dots\dots\dots, \\[2mm] \dfrac{d^ny}{dx^n} = e^x \varphi'(u) + \dfrac{a_2}{1.2} e^{2x} \varphi''(u) \\[2mm] \qquad + \dfrac{a_3}{1.2.3} e^{3x} \varphi'''(u) + \dots + e^{nx} \varphi^{(n)}(u). \end{cases}$$

Pour déterminer les coefficients qui sont indépendants de la nature de la fonction φ, je ferai $\varphi(u) = u^z = e^{xz}$; l'équation (1) deviendra, après la suppression du facteur commun e^{xz},

$$(2) \qquad z^n = z + a_2 \frac{z(z-1)}{1.2} + a_3 \frac{z(z-1)(z-2)}{1.2.3} + \dots;$$

dans cette équation, je fais successivement $z = 2.3\dots$, ce qui me donne

$$2^n = 2 + a_2,$$
$$3^n = 3 + 3a_2 + a_3,$$
$$4^n = 4 + 2.3a_2 + 4a_3 + a_4,$$
$$\dots\dots\dots\dots\dots\dots\dots,$$

et j'en tire

$$a_2 = 2^n - 1^n,$$
$$a_3 = 3^n - 3.2^n + 3.1^n,$$
$$a_4 = 4^n - 4.4^n + 6.2^n - 4.1^n,$$
$$a_5 = 5^n - 5.4^n + 10.3^n - 10.2^n + 5.1^n,$$
$$\dots\dots\dots\dots\dots\dots\dots\dots\dots\dots,$$

on a généralement

$$a_m = m^n - \frac{m}{1}(m-1)^n + \frac{m(m-1)}{1.2}(m-2)^n - \ldots$$

On saura ainsi trouver la dérivée $n^{ième}$ d'une fonction de $\sin x$ et $\cos x$, en remplaçant $\sin x$ et $\cos x$ respectivement par $\dfrac{e^{x\sqrt{-1}} - e^{-x\sqrt{-1}}}{2\sqrt{-1}}$ et $\dfrac{e^{x\sqrt{-1}} + e^{-x\sqrt{-1}}}{2}$. Si, par exemple, on veut trouver la dérivée $n^{ième}$ de $\tang x$, on aura

$$\tang x = \frac{e^{x\sqrt{-1}} - e^{-x\sqrt{-1}}}{e^{x\sqrt{-1}} + e^{-x\sqrt{-1}}} \frac{1}{\sqrt{-1}} = \frac{e^{2x\sqrt{-1}} - 1}{e^{2x\sqrt{-1}} + 1} \frac{1}{\sqrt{-1}},$$

ou bien, en faisant

$$X = 2x\sqrt{-1},$$

il viendra

$$\sqrt{-1}\,\tang x = \frac{e^X - 1}{e^X + 1} = 1 - \frac{2}{e^X + 1};$$

comme

$$dX = 2\sqrt{-1}\,dx,$$

il viendra

$$\frac{d^n \tang x}{dx^n} = (2\sqrt{-1})^{n+1} \frac{d^n \dfrac{1}{e^X + 1}}{dX^n}.$$

Problème nº 19.

Trouver la dérivée $n^{ième}$ de $y = f\log(x)$.

Je vais faire un changement de variable en posant

$$\log x = u,$$

d'où je tire

$$x = e^u, \quad dx = e^u \, du.$$

J'aurai successivement

$$\frac{dy}{dx} = e^{-u} \frac{dy}{du},$$

$$\frac{d^2 y}{dx^2} = e^{-u} \frac{d}{du} \left(e^{-u} \frac{dy}{du} \right) = e^{-2u} \frac{d^2 y}{du^2} - e^{-2u} \frac{dy}{du},$$

$$\frac{d^3 y}{dx^3} = e^{-u} \frac{d}{du} \left(e^{-2u} \frac{d^2 y}{du^2} - e^{-2u} \frac{dy}{du} \right)$$

$$= e^{-3u} \frac{d^3 y}{du^3} - 3 e^{-3u} \frac{d^2 y}{du^2} + 2 e^{-3u} \frac{dy}{du}, \cdots,$$

. . . .

On peut écrire symboliquement

$$\frac{d^2 y}{dx^2} = e^{-2u} \frac{dy}{du} \left(\frac{dy}{du} - 1 \right),$$

$$\frac{d^3 y}{dx^3} = e^{-3u} \frac{dy}{du} \left(\frac{dy}{du} - 1 \right) \left(\frac{dy}{du} - 2 \right),$$

en convenant, une fois les multiplications faites, de remplacer $\left(\frac{dy}{du} \right)^2$, $\left(\frac{dy}{du} \right)^3, \cdots$ par $\frac{d^2 y}{du^2}$, $\frac{d^3 y}{du^3}, \cdots$.

Nous sommes donc conduits à poser

$$(1) \quad \frac{d^n y}{dx^n} = e^{-nu} \frac{dy}{du} \left(\frac{dy}{du} - 1 \right) \left(\frac{dy}{du} - 2 \right) \cdots \left[\frac{dy}{du} - (n-1) \right].$$

Je dis que cette formule est générale; je vais prouver que, si elle est vraie pour la $n^{ième}$ dérivée, elle l'est aussi pour la $(n+1)^{ième}$. En effet, posons

$$\frac{d^n y}{dx^n} = e^{-nu} \mathrm{U},$$

et nous aurons

$$\frac{d^{n+1}y}{dx^{n+1}} = e^{-u}\frac{d.e^{-nu}U}{du} = e^{-(n+1)u}\left(\frac{dU}{du} - nU\right).$$

Former $\frac{dU}{du}$, dans notre notation symbolique, c'est mul-

tiplier U par $\frac{dy}{du}$; nous aurons donc symboliquement

$$\frac{d^{n+1}y}{dx^{n+1}} = e^{-(n+1)u}U\left(\frac{dy}{du} - n\right)$$

$$= e^{-(n+1)u}\frac{dy}{du}\left(\frac{dy}{du} - 1\right)\cdots\left(\frac{dy}{du} - n\right),$$

ce qui démontre la généralité de la formule (1). Définissons les coefficients $A_1, A_2, \ldots, A_{n-1}$ par la formule

$$(2)\quad \begin{cases} (z - 1)(z - 2)\ldots[z - (n - 1)] \\ = z^{n-1} - A_1 z^{n-2} + A_2 z^{n-3} - \ldots + (-1)^{n-1}A_{n-1}; \end{cases}$$

remplaçons dans l'expression (1) e^{-nu} par x^{-n}, et nous aurons

$$(3)\quad \frac{d^n f(\log x)}{dx^n} = x^{-n}[f^{(n)}(u) - A_1 f^{(n-1)}(u) + A_2 f^{(n-2)}(u) - \ldots].$$

D'après la formule (2), on voit que A_1 est la somme des $n - 1$ premiers nombres; A_2 est la somme des produits de ces nombres deux à deux, etc.

Problème n° 20.

Montrer que la fonction $u = \sqrt{x^2 + y^2 + z^2}$ vérifie l'équation

$$\frac{d^4 u}{dx^4} + \frac{d^4 u}{dy^4} + \frac{d^4 u}{dz^4} + 2\frac{d^4 u}{dy^2 dz^2} + 2\frac{d^4 u}{dz^2 dx^2} + 2\frac{d^4 u}{dx^2 dy^2} = 0.$$

On trouve aisément

$$\frac{d^2 u}{dx^2} = \frac{y^2 + z^2}{\left(x^2 + y^2 + z^2\right)^{\frac{3}{2}}},$$

$$\frac{d^2 u}{dy^2} = \frac{z^2 + x^2}{\left(x^2 + y^2 + z^2\right)^{\frac{3}{2}}},$$

$$\frac{d^2 u}{dz^2} = \frac{x^2 + y^2}{\left(x^2 + y^2 + z^2\right)^{\frac{3}{2}}},$$

et l'on en conclut

$$(1) \qquad v = \frac{d^2 u}{dx^2} + \frac{d^2 u}{dy^2} + \frac{d^2 u}{dz^2} = \frac{2}{\sqrt{x^2 + y^2 + z^2}}.$$

On trouve maintenant

$$\frac{d^2 v}{dx^2} = 2\,\frac{2x^2 - y^2 - z^2}{\left(x^2 + y^2 + z^2\right)^{\frac{5}{2}}},$$

$$\frac{d^2 v}{dy^2} = 2\,\frac{2y^2 - z^2 - x^2}{\left(x^2 + y^2 + z^2\right)^{\frac{5}{2}}},$$

$$\frac{d^2 v}{dz^2} = 2\,\frac{2z^2 - x^2 - y^2}{\left(x^2 + y^2 + z^2\right)^{\frac{5}{2}}},$$

d'où

$$\frac{d^2 v}{dx^2} + \frac{d^2 v}{dy^2} + \frac{d^2 v}{dz^2} = 0;$$

mais, en se reportant à la définition (1) de v, on trouve que $\frac{d^2 v}{dx^2} + \frac{d^2 v}{dy^2} + \frac{d^2 v}{dz^2}$ est égal à

$$\frac{d^4 u}{dx^4} + \frac{d^4 u}{dy^4} + \frac{d^4 u}{dz^4} + 2\,\frac{d^4 u}{dy^2 dz^2} + 2\,\frac{d^4 u}{dz^2 dx^2} + 2\,\frac{d^4 u}{dx^2 dy^2};$$

donc cette dernière expression est nulle identiquement.

Problème n° 21.

Que devient l'équation

$$x^2 \frac{d^2V}{dx^2} + y^2 \frac{d^2V}{dy^2} + z^2 \frac{d^2V}{dz^2} + yz \frac{d^2V}{dy\,dz} + zx \frac{d^2V}{dz\,dx} + xy \frac{d^2V}{dx\,dy} = 0$$

quand on remplace les variables indépendantes x, y, z par les nouvelles variables X, Y, Z, *liées aux premières par les relations* $x = YZ$, $y = ZX$, $z = XY$?

On a les formules

$$\frac{dV}{dX} = Z \frac{dV}{dy} + Y \frac{dV}{dz},$$

$$\frac{dV}{dY} = X \frac{dV}{dz} + Z \frac{dV}{dx},$$

$$\frac{dV}{dZ} = Y \frac{dV}{dx} + X \frac{dV}{dy},$$

$$\frac{d^2V}{dX^2} = Z^2 \frac{d^2V}{dy^2} + 2 \frac{d^2V}{dy\,dz} YZ + \frac{d^2V}{dz^2} Y^2,$$

$$\frac{d^2V}{dY^2} = X^2 \frac{d^2V}{dz^2} + 2 \frac{d^2V}{dz\,dx} ZX + \frac{d^2V}{dx^2} Z^2,$$

$$\frac{d^2V}{dZ^2} = Y^2 \frac{d^2V}{dx^2} + 2 \frac{d^2V}{dx\,dy} XY + \frac{d^2V}{dy^2} X^2.$$

Multipliant les trois dernières équations par X^2, Y^2, Z^2, tenant compte des relations entre x, y, z et X, Y, Z, nous trouvons

$$2 \left(x^2 \frac{d^2V}{dx^2} + y^2 \frac{d^2V}{dy^2} + z^2 \frac{d^2V}{dz^2} + yz \frac{d^2V}{dy\,dz} + z.x \frac{d^2V}{dz\,dx} + xy \frac{d^2V}{dx\,dy} \right)$$

$$= X^2 \frac{d^2V}{dX^2} + Y^2 \frac{d^2V}{dY^2} + Z^2 \frac{d^2V}{dZ^2} = 0.$$

Problème n° 22.

Que devient l'expression $\dfrac{d^2V}{dx^2} + \dfrac{d^2V}{dy^2} + \dfrac{d^2V}{dz^2}$ *quand on remplace les variables indépendantes* x, y, z, *considérées comme étant les coordonnées rectangulaires d'un point quelconque, par les nouvelles variables* x', y', z', *coordonnées du même point par rapport à de nouveaux axes rectangulaires, ayant même origine que les premiers?*

Soient

$$x' = ax + by + cz,$$
$$y' = a'x + b'y + c'z,$$
$$z' = a''x + b''y + c''z,$$

on trouve

$$\frac{dV}{dx} = a\frac{dV}{dx'} + a'\frac{dV}{dy'} + a''\frac{dV}{dz'},$$

$$\frac{dV}{dy} = b\frac{dV}{dx'} + b'\frac{dV}{dy'} + b''\frac{dV}{dz'},$$

$$\frac{dV}{dz} = c\frac{dV}{dx'} + c'\frac{dV}{dy'} + c''\frac{dV}{dz'},$$

$$\frac{d^2V}{dx^2} = a^2\frac{d^2V}{dx'^2} + a'^2\frac{d^2V}{dy'^2} + a''^2\frac{d^2V}{dz'^2}$$
$$+ 2a'a''\frac{d^2V}{dy'dz'} + 2a''a\frac{d^2V}{dz'dx'} + 2aa'\frac{d^2V}{dx'dy'},$$

$$\frac{d^2V}{dy^2} = b^2\frac{d^2V}{dx'^2} + b'^2\frac{d^2V}{dy'^2} + b''^2\frac{d^2V}{dz'^2}$$
$$+ 2b'b''\frac{d^2V}{dy'dz'} + 2b''b\frac{d^2V}{dz'dx'} + 2bb'\frac{d^2V}{dx'dy'},$$

$$\frac{d^2V}{dz^2} = c^2\frac{d^2V}{dx'^2} + c'^2\frac{d^2V}{dy'^2} + c''^2\frac{d^2V}{dz'^2}$$
$$+ 2c'c''\frac{d^2V}{dy'dz'} + 2c''c\frac{d^2V}{dz'dx'} + 2cc'\frac{d^2V}{dx'dy'}.$$

En faisant la somme et tenant compte des relations connues entre les neuf cosinus, on trouve

$$\frac{d^2V}{dx^2} + \frac{d^2V}{dy^2} + \frac{d^2V}{dz^2} = \frac{d^2V}{dx'^2} + \frac{d^2V}{dy'^2} + \frac{d^2V}{dz'^2}.$$

Problème n° 23.

Développer en série $\arcsin x$, *par la formule de Mac-laurin.*

Partons de la formule établie page 31, savoir :

$$(1) \quad \begin{cases} \dfrac{d^{2m+1}\arcsin x}{dx^{2m+1}} \\[2mm] = \dfrac{1.2.3\ldots 2m}{(1-x^2)^{2m+\frac{1}{2}}}\left[x^{2m} + \dfrac{2m(2m-1)}{1.2}\dfrac{1}{2}x^{2m-2} \right. \\[4mm] \left. \qquad + \dfrac{2m(2m-1)(2m-2)(2m-3)}{1.2.3.4} \right. \\[4mm] \left. \qquad\qquad\qquad \times \dfrac{1.3}{2.4}x^{2m-4} + \ldots \right]. \end{cases}$$

Faisant $x = 0$, nous aurons

$$\frac{1}{1.2\ldots(2m+1)}\left(\frac{d^{2m+1}\arcsin x}{dx^{2m+1}} \right)_{x=0} = \frac{1.3.5\ldots(2m-1)}{2.4.6\ldots 2m}\frac{1}{2m+1},$$

et par suite

$$\arcsin x = \frac{x}{1} + \frac{1}{2}\frac{x^3}{3} + \frac{1.3}{2.4}\frac{x^5}{5} + \ldots$$
$$+ \frac{1.3.5\ldots(2n-3)}{2.4.6\ldots(2n-2)}\frac{x^{2n-1}}{2n-1} + R_{2n+1},$$

en choisissant la seconde forme du reste

$$R_{2n+1} = \frac{(1-\theta)^{2n}x^{2n+1}}{1.2.3\ldots 2n}f^{(2n+1)}(\theta x).$$

Remplaçant $f^{(2n+1)}(\theta x)$ par sa valeur déduite de l'équation (1), il viendra

$$R_{2n+1} = \frac{(1-\theta)^{2n} x^{2n+1}}{(1-\theta^2 x^2)^{2n+\frac{1}{2}}} \left[(\theta x)^{2n} + \frac{2n(2n-1)}{1.2} \frac{1}{2} (\theta x)^{2n-2} \right.$$

$$+ \frac{2n(2n-1)(2n-2)(2n-3)}{1.2.3.4}$$

$$\left. \times \frac{1.3}{2.4} (\theta x)^{2n-4} + \dots \right].$$

Nous bornant aux valeurs positives de x, nous allons montrer que R_{2n+1} tend vers zéro, lorsque n tend vers l'infini, quand on a $0 < x < 1$.

En effet la parenthèse de la dernière formule est plus petite que

$$(\theta x)^{2n} + \frac{2n(2n-1)}{1.2} (\theta x)^{2n-2}$$

$$+ \frac{2n(2n-1)(2n-2)(2n-3)}{1.2.3.4} (\theta x)^{2n-4} + \dots,$$

laquelle expression est égale à $\frac{1}{2} \left[(1+\theta x)^{2n} + (1-\theta x)^{2n} \right]$;
on aura donc

$$R_{2n+1} < \frac{(1-\theta)^{2n} x^{2n+1}}{2(1-\theta^2 x^2)^{2n+\frac{1}{2}}} \left[(1+\theta x)^{2n} + (1-\theta x)^{2n} \right],$$

ou bien

$$R_{2n+1} < \frac{x^{2n+1}}{2\sqrt{1-\theta^2 x^2}} \left[\left(\frac{1-\theta}{1-\theta x} \right)^{2n} + \left(\frac{1-\theta}{1+\theta x} \right)^{2n} \right].$$

Or on a toujours $\frac{1-\theta}{1+\theta x}$ au plus égal à 1, et il en est de même de $\dfrac{1-\theta}{1-\theta x}$ si x est plus petit que 1; donc

$$R_{2n+1} < \frac{x^{2n+1}}{\sqrt{1-\theta^2 x^2}} < \frac{x^{2n+1}}{\sqrt{1-x^2}};$$

donc

$$\lim R_{2n+1} = 0$$

pour n infini.

La formule

$$\arcsin x = \frac{x}{1} + \frac{1}{2}\frac{x^3}{3} + \frac{1.3}{2.4}\frac{x^5}{5} + \ldots$$

est ainsi démontrée pour les valeurs de x comprises entre -1 et $+1$; elle subsiste encore pour $x = +1$ et pour $x = -1$, parce que, dans ces deux cas, la série du second membre reste convergente, et fonction continue de x.

Problème n° 24.

Étudier les variations du rapport de la somme des aires des cercles tangents aux côtés d'un triangle à l'aire du cercle circonscrit au même triangle.

Soient r, r_a, r_b, r_c les rayons des cercles tangents, R le rayon du cercle circonscrit; on a

$$r_a = p \tan\frac{A}{2}, \quad r_b = p \tan\frac{B}{2}, \quad r_c = p \tan\frac{C}{2}, \quad r = (p-c) \tan\frac{C}{2}.$$

Des formules

$$\frac{a}{\sin A} = \frac{b}{\sin B} = \frac{c}{\sin C} = 2R,$$

on conclut

$$2R = \frac{a+b+c}{\sin A + \sin B + \sin C} = \frac{a+b-c}{\sin A + \sin B - \sin C},$$

ou bien

$$4R = \frac{p}{\cos\dfrac{A}{2}\cos\dfrac{B}{2}\cos\dfrac{C}{2}} = \frac{p-c}{\sin\dfrac{A}{2}\sin\dfrac{B}{2}\cos\dfrac{C}{2}},$$

et il en résulte

$$r_a = 4R \sin\frac{A}{2}\cos\frac{B}{2}\cos\frac{C}{2},$$

$$r_b = 4R \cos\frac{A}{2}\sin\frac{B}{2}\cos\frac{C}{2},$$

$$r_v = 4R \cos\frac{A}{2}\cos\frac{B}{2}\sin\frac{C}{2},$$

$$r = 4R \sin\frac{A}{2}\sin\frac{B}{2}\sin\frac{C}{2}.$$

Si donc on désigne par V le rapport $\dfrac{\pi r_a^2 + \pi r_b^2 + \pi r_c^2 + \pi r^2}{\pi R^2}$, on aura

$$\frac{1}{16}V = \sin^2\frac{A}{2}\cos^2\frac{B}{2}\cos^2\frac{C}{2} + \cos^2\frac{A}{2}\sin^2\frac{B}{2}\cos^2\frac{C}{2}$$

$$+ \cos^2\frac{A}{2}\cos^2\frac{B}{2}\sin^2\frac{C}{2} + \sin^2\frac{A}{2}\sin^2\frac{B}{2}\sin^2\frac{C}{2}.$$

En remplaçant les sin et cos des demi-angles par leurs valeurs en fonction des cos des angles, et réduisant, on trouve

$$\frac{1}{8}V = 1 - \cos A \cos B \cos C,$$

ou bien

$$(1) \qquad \frac{1}{8}V = 1 + \cos A \cos B \cos(A + B).$$

Telle est la fonction de deux variables indépendantes qu'il s'agit d'étudier; je forme le tableau des dérivées du premier et du second ordre :

$$(2) \begin{cases} \dfrac{1}{8}\dfrac{dV}{dA} = -\cos B \sin(2A + B), \\[2mm] \dfrac{1}{8}\dfrac{dV}{dB} = -\cos A \sin(2B + A), \\[2mm] \dfrac{1}{8}\dfrac{d^2V}{dA^2} = -2\cos B \cos(2A + B), \\[2mm] \dfrac{1}{8}\dfrac{d^2V}{dAdB} = -\cos(2A + 2B), \\[2mm] \dfrac{1}{8}\dfrac{d^2V}{dB^2} = -2\cos A \cos(2B + A). \end{cases}$$

Je pose les équations $\dfrac{dV}{dA} = 0$, $\dfrac{dV}{dB} = 0$, ou bien

$$\cos B \sin(2A + B) = 0,$$
$$\cos A \sin(A + 2B) = 0.$$

Les hypothèses

$$\cos B = 0 \quad \text{et} \quad \cos A = 0, \qquad \text{ou} \quad A = B = \frac{\pi}{2},$$
$$\cos B = 0 \quad \text{et} \quad \sin(A + 2B) = 0, \quad \text{ou} \quad A = 0, \quad B = \frac{\pi}{2},$$
$$\cos A = 0 \quad \text{et} \quad \sin(2A + B) = 0, \quad \text{ou} \quad A = \frac{\pi}{2}, \quad B = 0$$

sont inadmissibles; il reste seulement

$$\sin(2A + B) = 0 \quad \text{et} \quad \sin(A + 2B) = 0.$$

On doit donc avoir

$$2A + B = \pi \quad \text{et} \quad A + 2B = \pi,$$

ou

$$2A + B = 0 \quad \text{et} \quad A + 2B = 0,$$

ou

$$2A + B = \pi \quad \text{et} \quad A + 2B = 2\pi.$$

T. — *Rec.* 4

Les premières de ces conditions donnent

$$A = B = C = \frac{\pi}{3} :$$

le triangle est donc équilatéral; les dernières conduisent à

$$A = 0, \quad B = 0, \quad C = \pi,$$
$$A = 0, \quad B = \pi, \quad C = 0,$$

c'est-à-dire que le triangle a ses trois côtés en ligne droite. Nous pouvons nous borner à ces deux résultats

$$(3) \qquad\qquad A = B = C = \frac{\pi}{3},$$

$$(4) \qquad\qquad A = 0, \quad B = 0, \quad C = \pi.$$

Cherchons si chacun d'eux répond à un maximum ou un minimum de V. Pour les valeurs (3) de A, B, C, on a

$$\frac{1}{8}\frac{d^2V}{dA^2} = 1, \quad \frac{1}{8}\frac{d^2V}{dA\,dB} = \frac{1}{2}, \quad \frac{1}{8}\frac{d^2V}{dB^2} = 1;$$

on a donc

$$\frac{d^2V}{dA^2} > 0, \quad \left(\frac{d^2V}{dA\,dB}\right)^2 - \frac{d^2V}{dA^2}\frac{d^2V}{dB^2} < 0.$$

Nous avons donc un minimum; ainsi le rapport V est minimum quand le triangle est équilatéral, et alors sa valeur est 7.

Pour les valeurs (4) de A et B, on a

$$\frac{1}{8}\frac{d^2V}{dA^2} = -2, \quad \frac{1}{8}\frac{d^2V}{dA\,dB} = -1, \quad \frac{1}{8}\frac{d^2V}{dB^2} = -2.$$

Les conditions $\frac{d^2V}{dA^2} < 0$. $\left(\frac{d^2V}{dA\,dB}\right)^2 - \frac{d^2V}{dA^2}\frac{d^2V}{dB^2} < 0$ se trouvent remplies; on a un maximum. Donc le maximum du rapport V a lieu quand les trois côtés du triangle se trouvent couchés sur la même droite, et il est égal à 16.

On peut remarquer que, pour un triangle rectangle quelconque, $V = 8$.

Problème n° 25.

Étudier les variations du rapport de la somme des circonférences tangentes aux côtés d'un triangle à la circonférence circonscrite au même triangle.

Soit U le rapport $\dfrac{2\pi r_a + 2\pi r_b + 2\pi r_c + 2\pi r}{2\pi R}$; on aura

$$U = \quad \sin\frac{A}{2}\cos\frac{B}{2}\cos\frac{C}{2} + \cos\frac{A}{2}\sin\frac{B}{2}\cos\frac{C}{2}$$
$$+ \cos\frac{A}{2}\cos\frac{B}{2}\sin\frac{C}{2} + \sin\frac{A}{2}\sin\frac{B}{2}\sin\frac{C}{2}.$$

Par des transformations faciles, on trouve

$$\frac{1}{4}U = 1 + 2\sin\frac{A}{2}\sin\frac{B}{2}\sin\frac{C}{2}$$

ou bien

$$\frac{1}{4}U = 1 + 2\sin\frac{A}{2}\sin\frac{B}{2}\cos\frac{A+B}{2}.$$

C'est là la fonction des deux variables A et B, dont il s'agit d'étudier les variations. Formons le tableau des dérivées

$$\frac{1}{4}\frac{dU}{dA} = \sin\frac{B}{2}\cos\frac{2A+B}{2},$$

$$\frac{1}{4}\frac{dU}{dB} = \sin\frac{A}{2}\cos\frac{A+2B}{2},$$

$$\frac{1}{4}\frac{d^2U}{dA^2} = -\sin\frac{B}{2}\sin\frac{2A+B}{2},$$

$$\frac{1}{4}\frac{d^2U}{dA\,dB} = \frac{1}{2}\cos(A+B),$$

$$\frac{1}{4}\frac{d^2U}{dB^2} = -\sin\frac{A}{2}\sin\frac{A+2B}{2}.$$

4.

Posons les équations $\dfrac{d\mathrm{U}}{d\mathrm{A}} = 0$, $\dfrac{d\mathrm{U}}{d\mathrm{B}} = 0$, c'est-à-dire

$$\sin \frac{\mathrm{B}}{2} \cos \frac{2\mathrm{A} + \mathrm{B}}{2} = 0,$$

$$\sin \frac{\mathrm{A}}{2} \cos \frac{\mathrm{A} + 2\mathrm{B}}{2} = 0,$$

ou encore

$$\sin(\mathrm{A} + \mathrm{B}) = \sin\mathrm{A},$$

$$\sin(\mathrm{A} + \mathrm{B}) = \sin\mathrm{B},$$

c'est-à-dire

$$\sin\mathrm{A} = \sin\mathrm{B} = \sin\mathrm{C}.$$

Ces équations exigent que les trois angles A, B, C soient égaux entre eux ou que deux d'entre eux soient nuls, le troisième étant égal à π; nous n'aurons donc à considérer que les deux cas suivants :

(1) $\qquad\qquad\qquad\qquad \mathrm{A} = \mathrm{B} = \dfrac{\pi}{3},$

(2) $\qquad\qquad\qquad\qquad \mathrm{A} = \mathrm{B} = 0.$

Dans le premier cas, les valeurs des dérivées secondes $\dfrac{1}{4}\dfrac{d^2\mathrm{U}}{d\mathrm{A}^2} = -\dfrac{1}{2}$, $\dfrac{1}{4}\dfrac{d^2\mathrm{U}}{d\mathrm{A}\,d\mathrm{B}} = -\dfrac{1}{4}$, $\dfrac{1}{4}\dfrac{d^2\mathrm{U}}{d\mathrm{B}^2} = -\dfrac{1}{2}$ vérifient les conditions $\dfrac{d^2\mathrm{U}}{d\mathrm{A}^2} < 0$ et $\left(\dfrac{d^2\mathrm{U}}{d\mathrm{A}\,d\mathrm{B}}\right)^2 - \dfrac{d^2\mathrm{U}}{d\mathrm{A}^2}\dfrac{d^2\mathrm{U}}{d\mathrm{B}^2} < 0$. On a donc un maximum. Ainsi le rapport U est le plus grand possible quand le triangle est équilatéral, et alors sa valeur est 5.

Passons à l'hypothèse (2); on trouve

$$\frac{1}{4}\frac{d^2\mathrm{U}}{d\mathrm{A}^2} = 0, \quad \frac{1}{4}\frac{d^2\mathrm{U}}{d\mathrm{A}\,d\mathrm{B}} = \frac{1}{2}, \quad \frac{1}{4}\frac{d^2\mathrm{U}}{d\mathrm{B}^2} = 0;$$

de telle sorte que, si h et k désignent les accroissements de A et B, la variation de U sera de même signe que

$hk \dfrac{d^2 \mathrm{U}}{d\mathrm{A}\, d\mathrm{B}} = 2\, hk$. Elle pourra donc être à volonté positive ou négative; par conséquent il n'y a ni maximum ni minimum.

Toutefois il est à remarquer que les angles A et B du triangle ne peuvent pas être négatifs; donc h et k sont toujours positifs, et le terme $hk \dfrac{d^2 \mathrm{U}}{d\mathrm{A}\, d\mathrm{B}}$ est toujours positif; donc, en prenant $\mathrm{A} = 0$ et $\mathrm{B} = 0$, on a un minimum relatif.

Résumons le résultat de cette question et de la précédente :

La somme des surfaces des cercles tangents aux côtés d'un triangle est toujours plus grande que 7 fois la surface du cercle circonscrit, et moindre que 16 fois cette surface.

La somme des circonférences tangentes aux côtés d'un triangle est toujours plus grande que 4 fois la circonférence circonscrite, et moindre que 5 fois cette circonférence.

Problème n° 26.

Rechercher le maximum et le minimum de la fonction

$$\mathrm{U} = (a \cos\alpha + b \cos\beta + c \cos\gamma)^2 + (a \sin\alpha + b \sin\beta + c \sin\gamma)^2,$$

dans laquelle a, b, c *désignent des nombres positifs donnés, et* α, β, γ *des angles variables.*

Nous écrirons

$$\mathrm{U} = a^2 + b^2 + c^2 + 2bc \cos(\beta - \gamma) + 2ca \cos(\gamma - \alpha) + 2ab \cos(\alpha - \beta),$$

et, en posant $\beta - \gamma = x$, $\gamma - \alpha = y$, il en résultera

$$\beta - \alpha = x + y,$$

(1) $$\mathrm{U} = a^2 + b^2 + c^2 + 2\mathrm{V}abc;$$

en faisant encore

(2) $$\mathrm{V} = \frac{\cos x}{a} + \frac{\cos y}{b} + \frac{\cos(x+y)}{c},$$

nous sommes ainsi conduits à chercher le maximum et le minimum de V, fonction de deux variables indépendantes. Formons le tableau des dérivées du premier et du second ordre

$$(3) \begin{cases} \dfrac{dV}{dx} = -\dfrac{\sin x}{a} - \dfrac{\sin(x+y)}{c}, \\[2mm] \dfrac{dV}{dy} = -\dfrac{\sin y}{b} - \dfrac{\sin(x+y)}{c}, \\[2mm] \dfrac{d^2V}{dx^2} = -\dfrac{\cos x}{a} - \dfrac{\cos(x+y)}{c}, \\[2mm] \dfrac{d^2V}{dx\,dy} = \qquad - \dfrac{\cos(x+y)}{c}, \\[2mm] \dfrac{d^2V}{dy^2} = -\dfrac{\cos y}{b} - \dfrac{\cos(x+y)}{c}; \end{cases}$$

les équations $\dfrac{dV}{dx} = 0$, $\dfrac{dV}{dy} = 0$ seront

$$(4) \begin{cases} \dfrac{\sin x}{a} + \dfrac{\sin(x+y)}{c} = 0, \\[2mm] \dfrac{\sin y}{b} + \dfrac{\sin(x+y)}{c} = 0. \end{cases}$$

Cherchons les solutions des équations (4); on aperçoit de suite les suivantes :

$$\begin{aligned} x &= 0, & y &= 0, \\ x &= 0, & y &= \pi, \\ x &= \pi, & y &= 0, \\ x &= \pi, & y &= \pi. \end{aligned}$$

Nous n'avons pas à nous occuper des solutions dans lesquelles x ou y est supérieur à 2π, puisque la fonction V ne change pas quand on remplace x et y par $2\pi + x$ et $2\pi + y$.

Trouvons les autres solutions des équations (4); la première de ces équations peut s'écrire

$$(c + a \cos y) \sin x + a \sin y \cos x = 0$$

ou bien

$$\frac{\sin x}{- a \sin y} = \frac{\cos x}{c + a \cos y},$$

et, par des combinaisons faciles, en ayant égard à la deuxième équation (4), on formera cette suite de rapports égaux

$$(5) \quad \begin{cases} \dfrac{\sin x}{- a \sin y} = \dfrac{\cos x}{c + a \cos y} \\ = \dfrac{- 1}{\sqrt{a^2 + c^2 + 2ac \cos y}} = \dfrac{\sin(x + y)}{c \sin y} = -\dfrac{1}{b}. \end{cases}$$

On déduit de là

$$b^2 = a^2 + c^2 + 2ac \cos y,$$

$$- \cos y = \frac{a^2 + c^2 - b^2}{2ac}.$$

Pour que cette valeur de $\cos y$ soit admissible, il faut que, avec les trois longueurs a, b, c comme côtés, on puisse former un triangle. Soient A, B, C les angles de ce triangle; nous aurons

$$y = \pi - B \quad \text{ou} \quad y = \pi + B.$$

Prenons d'abord $y = \pi - B$; nous aurons, par les formules (5),

$$\frac{\sin x}{- a \sin B} = \frac{\cos x}{c - a \cos B} = -\frac{1}{b},$$

$$\sin x = \frac{a}{b} \sin B = \sin A;$$

donc

$$x = A \quad \text{ou} \quad x = \pi - A.$$

On ne peut pas avoir $x = A$, car le rapport $\dfrac{\cos x}{c - a\cos B}$ deviendrait $\dfrac{\cos A}{c - a\cos B}$ ou $\dfrac{1}{b}$, à cause de $c = a\cos B + b\cos A$, et ce rapport doit être égal à $-\dfrac{1}{b}$; nous avons donc $x = \pi - A\,\pi$ et $y = -B$. Avec $y = \pi + B$, on trouvera qu'il faut prendre $x = \pi + B$; nous avons donc, en résumé, les six solutions suivantes :

1°	$x = 0$	et	$y = 0$,
2°	$x = 0$	et	$y = \pi$,
3°	$x = \pi$	et	$y = 0$,
4°	$x = \pi$	et	$y = \pi$,
5°	$x = \pi - A$	et	$y = \pi - B$,
6°	$x = \pi + A$	et	$y = \pi + B$.

Voyons si ces solutions répondent à des maxima ou à des minima de la fonction V.

1° La première solution donne

$$\frac{d^2 V}{dx^2} = -\frac{1}{a} - \frac{1}{c}, \quad \frac{d^2 V}{dx\,dy} = -\frac{1}{c}, \quad \frac{d^2 V}{dy^2} = -\frac{1}{b} - \frac{1}{c};$$

elle donne donc lieu aux inégalités

$$\frac{d^2 V}{dx^2} < 0, \quad \left(\frac{d^2 V}{dx\,dy}\right)^2 - \frac{d^2 V}{dx^2}\frac{d^2 V}{dy^2} = -\left(\frac{1}{bc} + \frac{1}{ca} + \frac{1}{ab}\right) < 0.$$

On a donc un maximum; ce maximum est $\dfrac{1}{a} + \dfrac{1}{b} + \dfrac{1}{c}$, et la valeur correspondante de U est

$$a^2 + b^2 + c^2 + 2bc + 2ca + 2ab = (a + b + c)^2.$$

2° La seconde solution nous fournit les valeurs suivantes des dérivées secondes :

$$\frac{d^2 V}{dx^2} = -\frac{1}{a} + \frac{1}{c}, \quad \frac{d^2 V}{dx\,dy} = \frac{1}{c}, \quad \frac{d^2 V}{dy^2} = +\frac{1}{b} + \frac{1}{c}.$$

On trouve

$$\left(\frac{d^2V}{dx\,dy}\right)^2 - \frac{d^2V}{dx^2}\frac{d^2V}{dy^2} = \frac{1}{abc}\,(c+b-a).$$

Cette quantité sera négative si a est plus grand que $b+c$, et, comme $\dfrac{d^2V}{dx^2} = \dfrac{a-c}{ac}$, cette expression sera positive; nous aurons donc un minimum. Il n'y aurait ni maximum ni minimum si a était plus petit que $b+c$; le minimum de V est $\dfrac{1}{a} - \dfrac{1}{b} - \dfrac{1}{c}$, et celui de U

$$a^2 + b^2 + c^2 + 2bc - 2ca - 2ab = (a-b-c)^2.$$

3° Un calcul analogue au précédent montre que, en supposant $b > a + c$, nous aurons un minimum; la valeur minima de U sera $(b-a-c)^2$.

4° Si $c > a + b$, on aura un minimum; U sera égal à $(c-a-b)^2$.

5° $x = \pi - A$, $y = \pi - B$; nous trouverons

$$\frac{d^2V}{dx^2} = \frac{\cos A}{a} + \frac{\cos C}{c} = \frac{b}{ac},$$

$$\frac{d^2V}{dx\,dy} = \frac{\cos C}{c},$$

$$\frac{d^2V}{dy^2} = \frac{\cos B}{b} + \frac{\cos C}{c} = \frac{a}{bc},$$

$$\left(\frac{d^2V}{dx\,dy}\right)^2 - \frac{d^2V}{dx^2}\frac{d^2V}{dy^2} = -\frac{1}{c^2} + \frac{\cos^2 C}{c^2} = -\frac{\sin^2 C}{c^2}.$$

Cette quantité est négative, et $\dfrac{d^2V}{dx^2}$, étant égal à $\dfrac{b}{ac}$, est positif; nous avons donc un minimum. La valeur correspondante de V est $-\left(\dfrac{\cos A}{a} + \dfrac{\cos B}{b} + \dfrac{\cos C}{c}\right)$ et celle de U

$$a^2 + b^2 + c^2 - 2bc\cos A - 2ca\cos B - 2ab\cos C = 0.$$

6° $x = \pi + A$, $y = \pi + B$. Les valeurs des dérivées secondes sont les mêmes que dans le cas précédent; nous aurons donc encore un minimum; la valeur de U est encore zéro; mais il faut remarquer que les deux dernières solutions n'existent que si aucun des côtés ne surpasse la somme des deux autres. Nous ferons, pour résumer la discussion, le tableau suivant :

a, b, c quelconques,	$x = 0$,	$y = 0$,	maximum,	$V = (a + b - c)^2$;
$a > b + c$ »	$x = 0$,	$y = \pi$,	minimum,	$V = (a - b - c)^2$;
$b > c + a$ »	$x = \pi$,	$y = 0$,	»	$V = (b - a - c)^2$;
$c > a + b$ »	$x = \pi$,	$y = \pi$,	»	$V = (c - a - b)^2$;
$a < b + c$ »	$x = \pi - A$, $y = \pi - B$,	»	$V = 0$;	
$b < c + a$ »	$x = \pi + A$, $y = \pi + B$,	»	$V = 0$;	
$c < a + a$				

Le problème précédent a une signification géométrique très-simple; soit la figure OABC (*fig.* 4), dans laquelle

Fig. 4.

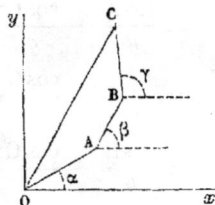

$OA = a$, $AB = b$, $BC = c$, les côtés faisant avec Ox les angles α, β, γ : les coordonnées du point C sont

$$a \cos \alpha + b \cos \beta + c \cos \gamma,$$
$$a \sin \alpha + b \sin \beta + c \sin \gamma,$$

et l'on a par suite

$$U = OC^2.$$

Ce qu'on demandait, c'était donc de trouver le maximum ou le minimum de la droite OC qui ferme le polygone, lorsque les côtés OA, AB, BC tournent de toutes les façons possibles autour des points O, A, B, C, comme charnières. On voit de suite que le maximum de OC a lieu quand les trois côtés sont en ligne droite (*fig.* 5), et dans ce cas

Fig. 5.

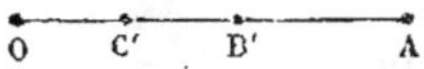

$OC = a + b + c$. De même, en formant, quand c'est possible, un triangle avec les droites OA, AB, BC, on a

$$OC = 0,$$

et c'est évidemment le minimum de OC ou de U.

Les minima qui n'ont lieu que si un côté est plus grand que la somme des deux autres correspondent au cas où les points OABC sont en ligne droite, dans l'ordre O, C', B', A; alors $OC' = OA - AB' - B'C' = a - b - c$.

Problème n° 27.

Le lieu des points M *tels que la somme des longueurs de deux normales* MN, MN', *menées à une même courbe ou à deux courbes données, soit constante, a pour tangente la bissectrice de l'angle des deux normales.*

Soient α, β les coordonnées du point M; x, y, x', y' celles des points N et N', $MN = l$, $MN' = l$; on doit avoir

$$l + l' = \text{const.},$$

d'où

(1) $$dl + dl' = 0.$$

Or

$$l = \sqrt{(\alpha - x)^2 + (\beta - y)^2},$$

$$dl = \frac{(\alpha - x)d\alpha + (\beta - y)d\beta}{l} - \frac{(\alpha - x)dx + (\beta - y)dy}{l},$$

et, la droite MN étant normale au lieu du point N, on a

$$(\alpha - x)dx + (\beta - y)dy = 0;$$

il reste donc seulement

$$dl = \frac{(\alpha - x)d\alpha + (\beta - y)d\beta}{l}.$$

Soit φ l'angle que fait la direction MN avec l'axe des x; on a

$$\frac{x - \alpha}{l} = \cos\varphi, \quad \frac{y - \beta}{l} = \sin\varphi.$$

Donc

$$dl = - (\cos\varphi\, d\alpha + \sin\varphi\, d\beta);$$

de même

$$dl' = - (\cos\varphi'\, d\alpha + \sin\varphi'\, d\beta),$$

et l'équation (1) devient

$$(\cos\varphi + \cos\varphi')d\alpha + (\sin\varphi + \sin\varphi')d\beta = 0,$$

d'où

$$\frac{d\beta}{d\alpha} = \tang\left(90° + \frac{\varphi + \varphi'}{2}\right),$$

ce qui montre que la tangente au lieu du point M est la bissectrice de l'un des angles formés par les normales MN et MN'.

Problème n° 28.

Soient $M_0 M$ *l'arc d'une courbe, compté à partir d'un point fixe* M_0 *jusqu'à un point quelconque* M, G *le centre de gravité de l'arc* $M_0 M$ *supposé homogène; on demande de trouver la tangente de la courbe lieu du point* G.

Soient x et y les coordonnées du point M, l'origine étant en M_0, s la longueur de l'arc $M_0 M$, ξ et η les coordonnées du point G; on a les formules connues

$$s\xi = \int_0^s x\, ds, \quad s\eta = \int_0^s y\, ds;$$

on en déduit, en différentiant,

$$s\frac{d\xi}{ds} = x - \xi, \quad s\frac{d\eta}{ds} = y - \eta, \quad \text{d'où} \quad \frac{d\eta}{d\xi} = \frac{y - \eta}{x - \xi}.$$

Donc la tangente cherchée est la droite GM.

Problème n° 29.

Trouver le lieu géométrique du sommet d'un angle constant circonscrit à une cycloïde.

Je prends les équations de la cycloïde sous la forme $x = a(\varphi - \sin\varphi)$, $y = a\cos\varphi$. Soient φ et φ' les valeurs de la variable auxiliaire qui répondent aux points M et M′ de contact de la cycloïde avec les côtés de l'angle circonscrit; soit cet angle égal à α; l'angle de la tangente en M avec l'axe des x est $\frac{\pi}{2} - \frac{\varphi}{2}$, l'angle de la tangente en M′ avec Ox est $\frac{\pi}{2} - \frac{\varphi'}{2}$; nous aurons donc

$$\alpha = \frac{\varphi' - \varphi}{2}.$$

Nous poserons $\psi = \dfrac{\varphi' + \varphi}{2}$, et nous déduirons de là

$$\varphi' = \psi + \alpha, \quad \varphi = \psi - \alpha;$$

l'équation de la tangente à la cycloïde au point M est

$$y - a(1 - \cos\varphi) = \frac{\cos\frac{\varphi}{2}}{\sin\frac{\varphi}{2}}(x - a\varphi + a\sin\varphi)$$

ou

$$y\sin\frac{\varphi}{2} - x\cos\frac{\varphi}{2} = a\left(2\sin\frac{\varphi}{2} - \varphi\cos\frac{\varphi}{2}\right).$$

Remplaçons successivement dans cette équation φ par $\dfrac{\psi + \alpha}{2}$ et par $\dfrac{\psi - \alpha}{2}$, et nous aurons pour les équations des côtés de l'angle circonscrit

$$y\sin\frac{\psi + \alpha}{2} - x\cos\frac{\psi + \alpha}{2} = 2a\left(\sin\frac{\psi + \alpha}{2} - \frac{\psi + \alpha}{2}\cos\frac{\psi + \alpha}{2}\right),$$

$$y\sin\frac{\psi - \alpha}{2} - x\cos\frac{\psi - \alpha}{2} = 2a\left(\sin\frac{\psi - \alpha}{2} - \frac{\psi - \alpha}{2}\cos\frac{\psi - \alpha}{2}\right).$$

En résolvant ces deux équations, nous aurons en fonction de la variable auxiliaire ψ les expressions suivantes des coordonnées d'un point quelconque du lieu :

$$x\sin\alpha = a(\psi\sin\alpha - \alpha\sin\psi),$$
$$y\sin\alpha = a(2\sin\alpha - \alpha\cos\alpha - \alpha\cos\psi),$$

ou bien, en divisant ces expressions par $\sin\alpha$, et transportant les axes parallèlement à eux-mêmes en un point de l'axe des y dont l'ordonnée est $a(1 - \alpha\cot\alpha)$; il viendra

$$(1)\qquad \begin{cases} x = a\left(\psi - \dfrac{\alpha}{\sin\alpha}\sin\psi\right), \\[2mm] y = a\left(1 - \dfrac{\alpha}{\sin\alpha}\cos\psi\right). \end{cases}$$

Je dis que le lieu cherché coïncide avec la courbe décrite par un point invariablement lié à un cercle de rayon a, qui roule sans glisser sur l'axe des x.

Soit, en effet (*fig. 6*), le point M lié invariablement au cercle C qui roule sur Ox; soient CM $= b$, CA $= a$,

Fig. 6.

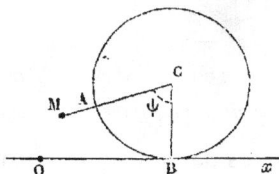

BCA $= \psi$; prenons pour origine l'un des points de l'axe des x que le point A vient occuper successivement après une, deux,... révolutions. Les coordonnées du point M seront

$$x = a\psi - b\sin\psi,$$
$$y = a \quad - b\cos\psi;$$

elles coïncideront avec les coordonnées (1) d'un point quelconque du lieu, si l'on prend CM $= b = \dfrac{a\alpha}{\sin\alpha}$.

Problème n° 30.

Si l'on considère dans un plan deux courbes quelconques, que l'on regarde comme correspondants les points pour lesquels les tangentes sont parallèles, et que, par un point fixe, on mène des droites égales et parallèles à celles qui réunissent deux points correspondants, la tangente à la nouvelle courbe est parallèle aux tangentes aux deux courbes aux points correspondants, et son arc est la somme ou la différence des arcs des deux courbes.

Soient en effet x et y les coordonnées d'un point quelconque de la première courbe, α l'angle de la tangente en ce point avec l'axe des x, s l'arc de cette courbe, compté à partir d'un point fixe jusqu'au point x, y; soient x', y' α et s' les quantités correspondantes pour la seconde courbe; désignons enfin par X et Y les coordonnées du point correspondant de la nouvelle courbe. Nous aurons

$$X = x' - x, \qquad Y = y' - y,$$
$$dx = ds\cos\alpha, \qquad dx' = ds'\cos\alpha,$$
$$dy = ds\sin\alpha, \qquad dy' = ds'\sin\alpha,$$

les arcs étant comptés dans un sens convenable, d'où nous déduirons

$$dX = (ds' - ds)\cos\alpha,$$
$$dY = (ds' - ds)\cos\alpha;$$

mais, en désignant par S l'arc de nouvelle courbe, par A l'angle de sa tangente avec l'axe des x, on a aussi

$$dX = dS\cos A, \quad dY = dS\sin A;$$

comparant ces valeurs de dX et dY aux précédentes, on en conclut

$$A = \alpha \quad \text{et} \quad dS = ds' - ds,$$

d'où

$$S = s' - s + \text{const.}$$

Si l'arc s venait à être compté en sens contraire sur la première courbe, on aurait

$$S = s' + s + \text{const.}$$

Problème n° 31.

Si l'on mène par chaque point d'une courbe une droite de longueur donnée, faisant un angle constant avec la tangente, la normale à la courbe, lieu des extrémités de cette droite, passe par le centre de courbure de la courbe proposée.

Soient en effet x, y les coordonnées d'un point quelconque de la courbe proposée, α l'angle que fait la tangente en ce point avec Ox, ρ le rayon de courbure, s la longueur de l'arc compté d'un point fixe, i l'angle constant que fait avec la tangente de la courbe donnée la longueur constante l, x et y les coordonnées de son extrémité. Nous aurons les formules suivantes :

$$x_1 = x + l\cos(\alpha + i),$$
$$y_1 = y + l\sin(\alpha + i),$$
$$dx = ds\cos\alpha = \rho\cos\alpha\, d\alpha,$$
$$dy = ds\sin\alpha = \rho\sin\alpha\, d\alpha,$$
$$dx_1 = [\rho\cos\alpha - l\sin(\alpha + i)]\, d\alpha,$$
$$dy_1 = [\rho\sin\alpha + l\cos(\alpha + i)]\, d\alpha;$$

l'équation de la normale à la nouvelle courbe sera donc

$$Y - y - l\sin(\alpha + i) = \frac{l\sin(\alpha + i) - \rho\cos\alpha}{l\cos(\alpha + i) + \rho\sin\alpha}[X - x - l\cos(\alpha + i)].$$

Cette équation est satisfaite quand on y remplace X et Y par les coordonnées du centre de courbure de la courbe donnée, lesquelles sont

$$X = x - \rho\sin\alpha,$$
$$Y = y + \rho\cos\alpha.$$

Problème n° 32.

On mène (fig. 7) la tangente MT en un point d'une courbe représentée par l'équation $y = f(x)$, puis une série de cordes parallèles à cette tangente; le lieu des *milieux* P *de ces cordes est une courbe qui passe au point* M : *on demande de trouver le coefficient angulaire de la tangente à la nouvelle courbe, au point* M.

Fig. 7.

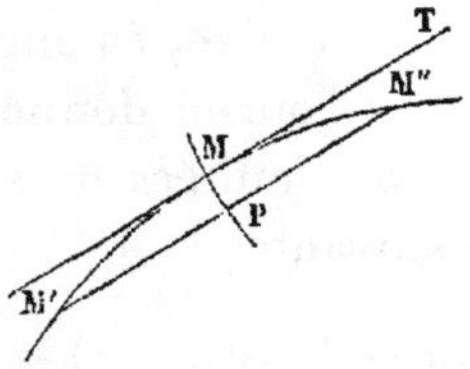

Soient x et y les coordonnées du point M; menons M'M'' parallèle à la tangente MT et à une distance infiniment petite de cette tangente; soient $x' = x - h'$ et $x'' = x + h''$ les abscisses des points M' et M'' où cette parallèle coupe la courbe; les ordonnées de ces deux points seront

$$y' = f(x - h'), \quad y'' = f(x + h'')$$

ou, en développant par la série de Taylor,

$$y' = y - h' f'(x) + \frac{h'^2}{2} f''(x) - \frac{h'^3}{6} f'''(x) + \dots,$$

$$y'' = y + h'' f'(x) + \frac{h''^2}{2} f''(x) + \frac{h''^3}{6} f'''(x) + \dots.$$

Écrivons que M'M'' est parallèle à MT, nous aurons

$$\frac{y'' - y'}{x'' - x'} = f'(x);$$

or

$$x'' - x' = h'' + h',$$

et

$$y'' - y' = (h'' + h') f'(x) + \frac{h''^2 - h'^2}{2} f''(x) + \frac{h''^3 + h'^3}{6} f'''(x) + \dots;$$

on aura donc

$$f'(x) = \frac{(h'' + h')f'(x) + \dfrac{h''^2 - h'^2}{2}f''(x) + \dfrac{h''^3 + h'^3}{6}f'''(x) + \ldots}{h'' + h'},$$

d'où, en effectuant la division par $h'' + h'$ et supprimant $f'(x)$ de part et d'autre,

$$0 = (h'' - h')f''(x) + \frac{h''^2 - h''h' + h'^2}{3}f'''(x) + \ldots,$$

d'où l'on déduit, en supposant $f''(x) \gtreqless 0$,

$$h'' = h' - \frac{h''^2 - h''h' + h'^2}{3}\frac{f'''(x)}{f''(x)} + \ldots.$$

En négligeant les termes du troisième ordre, on peut remplacer, dans le second terme du second membre de l'équation précédente, h'' par h'; on trouve ainsi

$$(1) \qquad\qquad h'' = h' - \frac{h'^2}{3}\frac{f'''(x)}{f''(x)} + \ldots.$$

Le coefficient angulaire de la tangente cherchée est la limite de celui de la droite MP, quand h' et, par suite, h'' tendent vers zéro; c'est donc la limite de

$$u = \frac{\dfrac{y' + y''}{2} - y}{\dfrac{x' + x''}{2} - x} = \frac{f(x - h') + f(x + h'') - 2f(x)}{h'' - h'};$$

en remplaçant $f(x - h')$ et $f(x + h'')$ par leurs développements, on trouve

$$u = f'(x) + \frac{h''^2 + h'^2}{2(h'' - h')}f''(x) + \ldots,$$

5.

et en mettant pour h'' sa valeur (1), on aura

$$u = f'(x) - 3\,\frac{h''^2 + h'^2}{2\,h'^2 f'''(x)}\,f''^2(x) + \ldots$$

On peut, pour avoir la limite de u, remplacer, dans l'expression précédente, h'' par h'; on obtient ainsi, pour le coefficient angulaire de la courbe diamétrale en M,

$$f'(x) - \frac{3 f''^2(x)}{f'''(x)}.$$

Soient (*fig*. 8) α l'angle que fait la tangente MT avec Ox, β l'angle correspondant pour la courbe diamétrale, γ l'angle

Fig. 8.

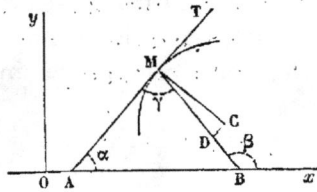

de ces deux tangentes, ρ le rayon de courbure de la courbe donnée; on aura

$$\tan\alpha = f'(x), \quad \tan\beta = f'(x) - \frac{3 f''^2(x)}{f'''(x)}, \quad \gamma = \beta - \alpha,$$

$$\tan\gamma = \frac{-\dfrac{3 f''^2(x)}{f'''(x)}}{1 + f'^2(x) - \dfrac{3 f''^2(x) f'(x)}{f'''(x)}},$$

D'autre part, on a

$$\rho = \frac{\left[1 + f'^2(x)\right]^{\frac{3}{2}}}{f''(x)},$$

d'où l'on tire

$$\frac{1}{\rho}\,d\rho = \left[\frac{3f'(x)f''(x)}{1+f'^2(x)} - \frac{f'''(x)}{f''(x)}\right]dx,$$

$$\frac{f''(x)}{1+f'^2(x)}\,dx = d\alpha;$$

on déduit de là

$$\frac{1}{\rho}\,\frac{d\rho}{d\alpha} = 3f'(x) - \frac{f'''(x)}{f''^2(x)}[1+f'^2(x)];$$

il en résulte

$$\tan\gamma = \frac{3\rho}{\dfrac{d\rho}{d\alpha}}.$$

En appelant ρ' le rayon de courbure de la développée de la courbe proposée à cause de la relation $\rho' = \dfrac{d\rho}{d\alpha}$, on aura

$$\tan\gamma = \frac{3\rho}{\rho'}.$$

Soient C le point de la développée qui correspond au point M, CD parallèle à MT la normale à la développée; le triangle rectangle MCD donne

$$\cot CMD = \tan\gamma = \frac{MC}{CD} = \frac{\rho}{CD};$$

remplaçant $\tan\gamma$ par $\dfrac{3\rho}{\rho'}$, nous avons

$$\frac{\rho}{CD} = \frac{3\rho}{\rho'},$$

$$\rho' = 3\,CD.$$

Ainsi le rayon de courbure de la développée d'une courbe est triple de la portion de la normale de cette développée, comprise entre son point de départ et la tangente de la courbe diamétrale relative à la courbe proposée.

APPLICATIONS.

1° *Quelles sont les courbes qui, en chacun de leurs points, sont normales à leurs diamètres?*

On doit avoir

$$\gamma = 90°, \quad \tang\gamma = \frac{3\rho}{\rho'};$$

on a donc

$$\rho' = 0, \quad \rho = \text{const.};$$

on sait que la courbe, dont le rayon de courbure est constant, est un cercle.

2° *Quelles sont les courbes qui, en chacun de leurs points, font un angle constant avec le diamètre correspondant?*

On doit avoir

$$\gamma = \text{const.},$$

par suite

$$\frac{3\rho}{\rho'} = \text{const.} = \frac{3}{k};$$

il en résulte

$$\frac{\rho'}{\rho} = k, \quad \log\rho = k\alpha + \log a,$$

en appelant $\log a$ la constante ; on a donc

$$\rho = ae^{k\alpha}.$$

On verra (p. 80) que l'équation précédente définit une spirale logarithmique.

Problème nᵒ 33.

Trouver le lieu des centres des ellipses qui ont en un point donné un contact du troisième ordre avec une courbe donnée.

Prenons pour axe des x la tangente à la courbe au point considéré, et pour axe des y sa normale.

L'équation générale des ellipses tangentes à la courbe à l'origine sera

$$(1) \qquad a x^2 + 2 b x y + c y^2 + 2 e y = 0.$$

Il faut écrire qu'à l'origine y'' et y''' ont sur l'ellipse des valeurs données m et n, celles qui conviennent à la courbe.

Différentiant l'équation (1) trois fois de suite, et faisant $x = 0$, $y = 0$, $y' = 0$, on trouve

$$a + em = 0,$$
$$nc + 3bm = 0,$$

d'où

$$\frac{b}{a} = \frac{n}{3\,m^2}.$$

Le centre de l'ellipse (1) est donné par deux équations, dont l'une est

$$ax + by = 0,$$

et, en tenant compte de la relation trouvée entre a et b, il vient

$$y + \frac{3\,m^2}{n}\,x = 0;$$

donc le lieu des centres des ellipses est une droite passant par le point de contact

Problème n° 34.

Trouver le lieu des centres des hyperboles équilatères qui ont en un point donné un contact du second ordre avec une courbe donnée.

Gardant les axes et les notations du problème précédent, nous voyons que l'équation générale des hyperboles équilatères tangentes à la courbe, à l'origine, est

$$(1) \qquad a x^2 + 2 b xy - a y^2 + 2 c y = 0.$$

On aura encore, pour exprimer que le contact est du second ordre, la condition

$$(2) \qquad a + c m = 0.$$

Le centre de l'hyperbole (1) est déterminé par les deux équations

$$(3) \qquad a x + b y = 0,$$
$$(4) \qquad b x - a y + e = 0;$$

l'élimination de a, b, e entre les équations (2), (3), (4) donne

$$x^2 + y^2 + \frac{y}{m} = 0,$$

équation d'un cercle passant par le point de contact, dont le centre est sur la normale à la courbe, et dont le rayon est $\frac{1}{2m}$, ou la moitié du rayon de courbure de la courbe proposée; car ce dernier rayon est à l'origine

$$\frac{(1 + y'^2)^{\frac{3}{2}}}{y''} = \frac{1}{y''} = \frac{1}{m}.$$

Problème n° 35.

On considère la série des paraboles qui, en un point donné, ont avec une courbe plane donnée un contact du second ordre; on demande :

1° *L'équation générale de ces paraboles;*
2° *Le lieu des foyers de ces paraboles;*
3° *L'enveloppe de leurs axes.*

1° Prenons pour axes de coordonnées la tangente et la normale à la courbe donnée au point considéré; désignons par R le rayon de courbure en ce point. On a, pour la courbe à l'origine,

$$y = 0, \quad y' = 0, \quad y'' = \frac{1}{R},$$

en vertu de l'expression $R = \dfrac{(1 + y'^2)^{\frac{3}{2}}}{y''}$. Pour toutes nos paraboles, on devra avoir aussi, à l'origine,

$$y = 0, \quad y' = 0, \quad y'' = \frac{1}{R}.$$

Soit α l'angle que fait l'axe de l'une d'elles avec Ox; son équation sera de la forme

$$(y \cos\alpha - x \sin\alpha)^2 = 2\,A y.$$

En différentiant deux fois, faisant ensuite $x = y = y' = 0$, $y'' = \dfrac{1}{R}$, on trouve

$$A = R \sin^2\alpha;$$

l'équation générale de nos paraboles est donc

(1) $(y \cos\alpha - x \sin\alpha)^2 = 2\,R \sin^2\alpha\, y,$

et le paramètre variable est α.

2º On trouve aisément, pour les coordonnées du foyer de la parabole représentée par l'équation (1),

$$x_1 = -\frac{R}{2}\sin\alpha\cos\alpha,$$

$$y_1 = \frac{R}{2}\sin^2\alpha.$$

Pour avoir le lieu du foyer, il faut éliminer α entre ces deux équations; on en tire

$$x_1^2 + y_1^2 = \frac{R^2}{4}\sin^2\alpha = \frac{R}{2}y_1.$$

Le lieu du foyer a donc pour équation

$$x_1^2 + y_1^2 - \frac{R}{2}y_1 = 0.$$

Donc ce lieu est une circonférence tangente à la courbe et dont le rayon est le quart du rayon de courbure R.

2º L'équation de l'axe de la parabole est

$$x\sin\alpha - y\cos\alpha = -R\sin^2\alpha\cos\alpha.$$

Pour trouver l'enveloppe, je prends la dérivée par rapport à α

$$x\cos\alpha + y\sin\alpha = -R(2\sin\alpha\cos^2\alpha - \sin^3\alpha).$$

Il faudrait maintenant éliminer α entre ces deux dernières équations; mais il vaut mieux tirer de ces équations les valeurs de x et y en fonction de α; on obtient ainsi

$$(2)\qquad \begin{cases} x = -R\sin 2\alpha\cos^2\alpha, \\ y = -R\cos 2\alpha\sin^2\alpha. \end{cases}$$

Pour construire la courbe, il faut faire varier α de zéro à 2π.

Afin de suivre facilement les variations de x et y, formons $\frac{dx}{d\alpha}$ et $\frac{dy}{d\alpha}$; après quelques réductions, nous trouverons

$$(3) \quad \begin{cases} \dfrac{dx}{d\alpha} = -2\,R\cos\alpha\cos3\alpha, \\[2mm] \dfrac{dy}{d\alpha} = -2\,R\sin\alpha\cos3\alpha, \end{cases} \Bigg\} \quad \frac{dy}{dx} = \tang\alpha,$$

et la discussion va se faire au moyen des équations (2) et (3). Pour $\alpha = 0$, $x = 0$, $y = 0$, $\frac{dy}{dx} = 0$, la courbe part de l'origine où elle est tangente à l'axe des x; α augmentant, x et y sont négatifs, et vont en diminuant jusqu'à ce qu'on ait $\alpha = 30°$, auquel cas $\frac{dx}{d\alpha}$ et $\frac{dy}{d\alpha}$ s'annulent.

Ceci nous donne la branche de courbe AO; continuons à faire augmenter α ou l'angle que fait la tangente à la courbe avec Ox, $\frac{dx}{d\alpha}$ et $\frac{dy}{d\alpha}$ deviennent positifs; donc x et y vont en croissant. Ceci nous donne la branche de courbe AQ située au-dessus de AT, puisque la tangente s'incline de plus en plus sur l'axe des x; le point A est donc un point de rebroussement du premier genre, x et y augmentent jusqu'à ce qu'on ait $\alpha = 90°$; alors $x = 0$, $y = R$; la courbe passe par le centre de courbure de la courbe donnée; nous avons ainsi la branche QB tangente en B à l'axe des y.

Quand on change α en $\pi + \alpha$, x et y restent les mêmes; il suffit donc de faire varier α de zéro à π; si l'on change α en $\pi - \alpha$, x change de signe et y reste le même; donc la courbe est symétrique par rapport à l'axe des y. Nous pouvons achever de la construire; nous voyons (fig. 9) qu'elle offre trois points de rebroussement de première espèce.

Il est facile d'avoir le rayon de courbure ρ en un point quelconque de cette courbe; on a, en effet,

$$\rho = \frac{ds}{d\alpha};$$

mais les formules (3) donnent

$$\frac{ds}{d\alpha} = 2R\cos 3\alpha;$$

donc

$$\rho = 2R\cos 3\alpha.$$

La courbe enveloppe des axes des paraboles est tangente

Fig. 9.

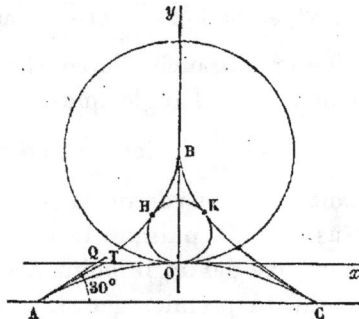

au cercle lieu des foyers en trois points O, H, K; en effet, reprenons les formules

$$x_1 = -\frac{R}{2}\sin\alpha\cos\alpha, \quad x = -R\sin 2\alpha\cos^2\alpha,$$

$$y_1 = \frac{R}{2}\sin^2\alpha, \quad y = -R\cos 2\alpha\sin^2\alpha,$$

d'où

$$\frac{dy_1}{dx_1} = -\tan 2\alpha, \quad \frac{dy}{dx} = \tan\alpha.$$

Les points communs aux deux courbes sont donnés par l'équation

$$\sin\alpha \cos\alpha \left(\cos^2\alpha - \frac{1}{4}\right) = 0,$$

d'où

$$\alpha = 0, \quad \text{ou} \quad \alpha = 90°, \quad \text{ou} \quad \alpha = 60°, \quad \text{ou} \quad \alpha = 120°.$$

Pour toutes ces valeurs, sauf $\alpha = 90°$, on a

$$- \tan 2\alpha = \tan\alpha \quad \text{ou} \quad \frac{dy_1}{dx_1} = \frac{dy}{dx}.$$

On verra, dans le problème 1 de la troisième Partie, que la relation $\rho = 2R\cos 3\alpha$ suffit pour prouver que la courbe dont nous venons de nous occuper est une épicycloïde engendrée par un point d'une circonférence de rayon $\frac{R}{2}$ roulant à l'intérieur d'une circonférence de rayon $\frac{3R}{4}$.

Problème n° 36.

Montrer qu'il existe en général une conique ayant avec une courbe donnée, en un point donné, un contact du quatrième ordre, et trouver l'équation de cette conique connaissant l'équation de la courbe sous la forme

$$(1) \qquad\qquad \rho = f(\alpha),$$

ρ *étant le rayon de courbure et α l'angle que fait la tangente avec une droite fixe.*

Prenons (*fig.* 10) l'un des points de la courbe pour origine, la tangente et la normale pour axes des x et des y;

nous allons chercher, relativement à ces axes, l'équation de la conique; soit cette équation

$$(2) \qquad Ay^2 + 2Bxy + Cx^2 + 2Dy = 0.$$

Il faut écrire que les valeurs de y, y', y'', y''', y^{IV}, tirées de cette équation quand on y fait $x = 0$, sont les mêmes que pour la courbe donnée au point A; nous représente-

Fig. 10.

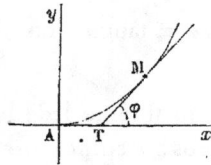

rons ces dernières par y''_0, y'''_0, y^{IV}_0. Différentions quatre fois l'équation (2), et faisons ensuite $x = 0$, $y = 0$; nous trouverons

$$Dy''_0 + C = 0,$$
$$Dy'''_0 + 3By''_0 = 0,$$
$$Dy^{\mathrm{IV}}_0 + 4By'''_0 + 3Ay''^2_0 = 0.$$

Tirons de là les rapports $\dfrac{C}{D}$, $\dfrac{B}{D}$, $\dfrac{A}{D}$, reportons-les dans l'équation de la conique, et elle deviendra

$$(3) \quad (4y'''^2_0 - 3y''_0 y^{\mathrm{IV}}_0)y^2 - 6y''^3_0 y'''_0 xy - 9y''^4_0 x^2 + 18y''^3_0 y = 0.$$

Il reste à tirer les valeurs des y''_0, y'''_0, y^{IV}_0 de l'équation (1); or nous avons

$$\rho = \frac{ds}{d\varphi} = f(\alpha + \varphi),$$

α désignant l'angle que fait la tangente Ax avec une droite fixe ;

$$(4) \quad \begin{cases} ds = f(\alpha + \varphi)\, d\varphi, \\[4pt] dx = ds \cos \varphi, \\[4pt] dy = ds \sin \varphi. \\[4pt] dx = f(\alpha + \varphi) \cos \varphi\, d\varphi, \\[4pt] dy = f(\alpha + \varphi) \sin \varphi\, d\varphi, \\[4pt] y' = \dfrac{dy}{dx} = \tang \varphi \end{cases}$$

Nous tirons de là

$$y'' = \frac{dy'}{dx} = \frac{d \tang \varphi}{f(\alpha + \varphi) \cos \varphi\, d\varphi} = \frac{1}{\rho \cos^3 \varphi},$$

$$y''' = \frac{dy''}{dx} = \frac{d \dfrac{1}{\rho \cos^3 \varphi}}{\rho \cos \varphi\, d\varphi} = \frac{3 \sin \varphi}{\rho^2 \cos^5 \varphi} - \frac{\dfrac{d\rho}{d\alpha}}{\rho^3 \cos^4 \varphi},$$

$$y^{\mathrm{IV}} = \frac{1}{\rho \cos \varphi} \frac{d \left(\dfrac{3 \sin \varphi}{\rho^2 \cos^3 \varphi} - \dfrac{\dfrac{d\rho}{d\alpha}}{\rho^3 \cos^4 \varphi} \right)}{d\varphi}.$$

Calculons cette dernière expression ; faisons-y ensuite $\varphi = 0$, comme dans les précédentes ; ρ et ses dérivées ne dépendront plus que de l'angle α que fait la tangente à la courbe au point A avec une droite fixe OX ; nous trouverons

$$y''_0 = \frac{1}{\rho},$$

$$y'''_0 = - \frac{1}{\rho^3} \frac{d\rho}{d\alpha},$$

$$y^{\mathrm{IV}}_0 = \frac{3}{\rho^3} + \frac{3}{\rho^5} \left(\frac{d\rho}{d\alpha} \right)^2 - \frac{1}{\rho^4} \frac{d^2\rho}{d\alpha^2}.$$

Je trouverai pour les valeurs des coefficients de l'équation de l'ellipse les expressions suivantes :

$$\mathrm{D} = \quad 9\rho^3,$$
$$\mathrm{C} = -9\rho^2,$$
$$\mathrm{B} = \quad 3\rho\frac{d\rho}{d\alpha},$$
$$\mathrm{A} = \quad 3\rho\frac{d^2\rho}{d\alpha^2} - 9\rho^2 - 5\left(\frac{d\rho}{d\alpha}\right)^2.$$

Soient x_1 et y_1 les coordonnées du centre ; on a

$$\mathrm{B}y_1 + \mathrm{C}x_1 = 0,$$
$$\frac{y_1}{x_1} = -\frac{\mathrm{C}}{\mathrm{B}} = \frac{3\rho}{\dfrac{d\rho}{d\alpha}}.$$

Donc l'angle formé par la droite menée du point A au centre de la conique, avec la tangente AT, a pour tangente $\dfrac{3\rho}{\dfrac{d\rho}{d\alpha}}$. C'est précisément ce que nous avons trouvé pour la tangente du diamètre en A, page 69 ; la tangente du diamètre va donc passer par le centre de la conique.

Appliquons les formules précédentes à la spirale logarithmique ; pour cette courbe, on a

$$\rho = k e^{m\alpha};$$

il en résulte

$$\mathrm{C} = -9k^2 e^{2m\alpha},$$
$$\mathrm{B} = \quad 3k^2 m e^{2m\alpha},$$
$$\mathrm{A} = -(9 + 2m^2) k^2 e^{2m\alpha},$$
$$\mathrm{AC} - \mathrm{B}^2 > 0;$$

la conique est donc une ellipse. Soit λ l'angle que fait le grand axe de l'ellipse avec la tangente ; la formule

$$\tan 2\lambda = \frac{2\,\mathrm{B}}{\mathrm{C} - \mathrm{A}} \text{ donnera}$$

$$\tan 2\lambda = \frac{3}{m}.$$

Ainsi, pour tous les points de la courbe, le grand axe de l'ellipse fait le même angle avec la tangente.

Dans le cas de la cycloïde, $\rho = a \sin\alpha$, $\dfrac{d\rho}{d\alpha} = a \cos\alpha$, $\dfrac{d^2\rho}{d\alpha^2} = -\,a\sin\alpha$,

$$\mathrm{C} = -\ 9\,a^2\sin^2\alpha,$$
$$\mathrm{B} = \quad 3\,a^2\sin\alpha\cos\alpha,$$
$$\mathrm{A} = -\,12\,a^2\sin^2\alpha - 5\,a^2\cos^2\alpha\,;$$

$\mathrm{AC} - \mathrm{B}^2$ étant positif, la conique est encore une ellipse.

Nous laissons au lecteur le soin de discuter la courbe lieu des centres des ellipses ayant en chaque point de la cycloïde un contact du quatrième ordre avec cette courbe.

Problème n° 37.

Trouver le lieu des points de rebroussement des courbes du troisième degré qui ont pour asymptotes trois droites données.

Prenons (*fig.* 11) deux des asymptotes données pour

Fig. 11.

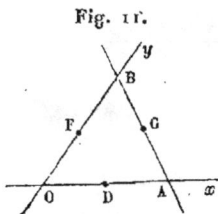

axes des x et des y, et soit alors $ax + by + c = 0$ l'équation de la troisième AB; l'équation générale des courbes

T. — *Rec.*   6

du troisième degré, ayant pour asymptotes les trois droites données, sera

$$xy(ax + by + c) - (px + qy + r) = 0,$$

où p, q, r sont des paramètres variables; désignons par f le premier membre de l'équation précédente; les coordonnées x et y d'un point de rebroussement devront vérifier les équations

$$f = 0, \quad \frac{df}{dx} = 0, \quad \frac{df}{dy} = 0, \quad \left(\frac{d^2 f}{dx\,dy}\right)^2 - \frac{d^2 f}{dx^2}\,\frac{d^2 f}{dy^2} = 0.$$

Or on trouve

$$\frac{df}{dx} = y(2ax + by + c) - p,$$

$$\frac{df}{dy} = x(ax + 2by + c) - q,$$

$$\frac{d^2 f}{dx^2} = 2ay,$$

$$\frac{d^2 f}{dx\,dy} = 2ax + 2by + c,$$

$$\frac{d^2 f}{dy^2} = 2bx;$$

l'équation $\left(\dfrac{d^2 f}{dx\,dy}\right)^2 - \dfrac{d^2 f}{dx^2}\,\dfrac{d^2 f}{dy^2} = 0$ devient donc

(1) $$(2ax + 2by + c)^2 - 4abxy = 0.$$

Cette équation, qui ne contient plus les paramètres variables p, q, r, est celle du lieu des points de rebroussement de toutes nos courbes du troisième degré. Ce lieu est une ellipse tangente aux axes des x et des y, aux points D et F, milieux de OA et OB; la droite $ax + by + c = 0$ est aussi tangente à l'ellipse au point G, milieu de AB; on a donc ce théorème :

Le lieu des points de rebroussement des courbes du troisième degré qui ont pour asymptotes trois droites données est l'ellipse de plus grande surface inscrite dans le triangle formé par ces trois droites.

Problème n° 38.

Trouver la développée de la lemniscate.

L'équation de la lemniscate est $(x^2 + y^2)^2 = a^2 (x^2 - y^2)$; nous exprimerons x et y à l'aide d'une variable auxiliaire, qui sera l'angle polaire θ ; nous trouverons

$$x = a \cos\theta \sqrt{\cos 2\theta}, \quad y = a \sin\theta \sqrt{\cos 2\theta}.$$

En différentiant et réduisant, on a

$$dx = -a \frac{\sin 3\theta}{\sqrt{\cos 2\theta}} d\theta, \quad dy = a \frac{\cos 3\theta}{\sqrt{\cos 2\theta}} d\theta;$$

on en conclut, pour l'équation de la normale à la lemniscate,

$$X \sin 3\theta - Y \cos 3\theta = a \sin 2\theta \sqrt{\cos 2\theta}.$$

Cherchons l'enveloppe de cette droite ; nous prenons la dérivée par rapport à θ

$$X \cos 3\theta + Y \sin 3\theta = \frac{a}{3} \frac{2\cos^2 2\theta - \sin^2 2\theta}{\sqrt{\cos 2\theta}}.$$

Les deux dernières équations peuvent s'écrire

$$X \sin 3\theta - Y \cos 3\theta = \frac{a}{2} \frac{\sin 4\theta}{\sqrt{\cos 2\theta}},$$

$$X \cos 3\theta + Y \sin 3\theta = \frac{a}{6} \frac{1 + 3\cos 4\theta}{\sqrt{\cos 2\theta}};$$

6.

en les résolvant par rapport à X et Y, on trouve

$$X = \frac{a}{6} \frac{3\cos\theta + \cos 3\theta}{\sqrt{\cos 2\theta}},$$

$$Y = \frac{a}{6} \frac{-3\sin\theta + \sin 3\theta}{\sqrt{\cos 2\theta}}$$

ou bien

(1) $$X = \frac{2a}{3} \frac{\cos^3\theta}{\sqrt{\cos 2\theta}}, \quad Y = -\frac{2a}{3} \frac{\sin^3\theta}{\sqrt{\cos 2\theta}}:$$

telles sont les coordonnées du point de la développée correspondant au point x, y de la courbe. Il est facile d'éliminer θ de ces deux équations ; on a, en effet,

$$\tan\theta = -\left(\frac{Y}{X}\right)^{\frac{1}{3}}, \quad X^{\frac{2}{3}} + Y^{\frac{2}{3}} = \left(\frac{2a}{3}\right)^{\frac{2}{3}} \frac{1}{(\cos 2\theta)^{\frac{1}{3}}},$$

d'où

$$\left(X^{\frac{2}{3}} + Y^{\frac{2}{3}}\right)^2 \left(X^{\frac{2}{3}} - Y^{\frac{2}{3}}\right) = \frac{4a^2}{9}.$$

pour équation de la développée ; mais il vaut mieux discuter la courbe avec les formules (1), auxquelles nous joindrons les suivantes :

(2) $$\begin{cases} \dfrac{dX}{d\theta} = \dfrac{8a}{3} \dfrac{\sin^2\theta - \frac{1}{4}}{(\cos 2\theta)^{\frac{3}{2}}} \sin\theta\cos^2\theta, \\ \dfrac{dY}{d\theta} = \dfrac{8a}{3} \dfrac{\frac{1}{4} - \cos^2\theta}{(\cos 2\theta)^{\frac{3}{2}}} \sin^2\theta\cos\theta, \end{cases} \qquad \dfrac{dY}{dX} = \tan 3\theta,$$

pour $\theta = 0$, $y = 0$, $X = \frac{2a}{3}$, $\frac{dY}{dX} = 0$.

La courbe (*fig.* 12) part du point A, où elle est tangente à l'axe des X ; θ augmentant, X est positif et décroissant, Y négatif et décroissant ; pour $\theta = 30°$, X est un minimum ; pour $\theta > 30°$, X croît et Y décroît ; pour $\theta = 45°$, X et Y

sont infinis ; la courbe a une branche infinie ; $\lim \dfrac{Y}{X} = -1$;
l'asymptote, si elle existe, est parallèle à la droite $Y+X=0$.
Il faut, pour avoir l'ordonnée à l'origine, chercher

$$\lim (Y + X) = \lim \frac{2a}{3} \frac{\cos^3 \theta - \sin^3 \theta}{\sqrt{\cos 2\theta}} = \lim \frac{2a}{3} \frac{\cos^3 \theta - \sin^3 \theta}{\sqrt{\cos^2 \theta - \sin^2 \theta}}$$

pour $\theta = 45°$; or cette limite est zéro, car

$$\frac{2a}{3} \frac{\cos^3 \theta - \sin^3 \theta}{\sqrt{\cos^2 \theta - \sin^2 \theta}} = \frac{2a}{3} \sqrt{\frac{\cos \theta - \sin \theta}{\cos \theta + \sin \theta}} (\cos^2 \theta + \cos \theta \sin \theta + \sin^2 \theta),$$

et cette dernière quantité s'annule pour $\theta = 45°$. L'asym-

Fig. 12.

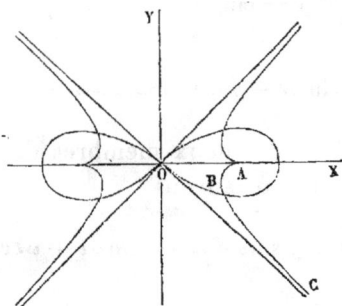

ptote est donc la droite $Y + X = 0$; la courbe se compose
de quatre parties égales à la branche ABC que nous venons
de déterminer.

Problème n° 39.

*Trouver l'enveloppe des positions d'une droite mobile
qui tourne uniformément autour d'un de ses points pen-
dant que ce point se meut d'un mouvement rectiligne et
uniforme.*

Prenons (*fig*. 13) pour axe des x la droite décrite par le point considéré, et pour origine la position occupée par

Fig. 13.

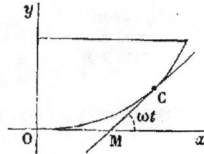

ce point quand la droite mobile est couchée sur l'axe des x; soient $OM = 2a\omega t$, $CMx = \omega t$, où t représente le temps écoulé; l'équation de la droite MC est

$$y = \tang \omega t (x - 2a\omega t)$$

ou bien

$$x \sin \omega t - y \cos \omega t = 2a\omega t \sin \omega t.$$

Prenons la dérivée des deux membres de cette équation par rapport à t, et nous aurons

$$x \cos \omega t + y \sin \omega t = 2a(\sin \omega t + \omega t \cos \omega t).$$

Nous pourrions éliminer t entre les deux dernières équations pour avoir l'enveloppe; mais il vaut mieux garder t comme variable auxiliaire. Des équations précédentes on tire

$$x = a(\sin 2\omega t + 2\omega t),$$
$$y = a(1 - \cos 2\omega t).$$

Soit posé $2\omega t = \pi - \varphi$; nous aurons

$$x = a(\pi - \varphi + \sin \varphi),$$
$$y = a(1 + \cos \varphi),$$

ou encore

$$x = \pi a - a(\varphi - \sin\varphi),$$
$$y = 2a - a(1 - \cos\varphi).$$

On reconnaît les équations d'une cycloïde tangente à l'axe des x et dont le sommet est à l'origine.

Problème n° 40.

Sur les caustiques par réflexion.

Des rayons lumineux, partis du point L (*fig.* 14), viennent rencontrer une courbe C; ils sont réfléchis; la caustique est, comme on sait, l'enveloppe des rayons réfléchis. Un théorème intéressant, dû à Quetelet, ramène la recherche de la caustique à celle de la développée d'une cer-

Fig, 14.

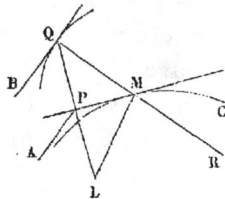

taine courbe; voici ce théorème : *Qu'on abaisse du point lumineux la perpendiculaire LP sur l'une quelconque des tangentes de la courbe proposée, que l'on prolonge cette perpendiculaire en Q d'une quantité égale à elle-même, et la caustique sera la développée du lieu des points Q.*

On voit, en effet, tout d'abord que, en menant la droite QM et la prolongeant, on a le rayon réfléchi; en second lieu, la tangente au lieu du point Q est parallèle à la tangente au lieu du point P, et cette dernière (FRENET, 2e édition, problème 230) fait avec PL un angle APL = PML; si donc BQ est la tangente au lieu du point Q, on aura

$$PQB = PML = PMQ,$$

et par suite

$$PQB + PQM = BQM = PQM + PMQ = 90°.$$

Donc les rayons réfléchis sont les normales de la courbe Q, et par suite la développée de cette courbe est la caustique.

APPLICATIONS.

1° La courbe donnée (*fig.* 14) est une spirale logarithmique au pôle de laquelle se trouve le point lumineux; dans la spirale logarithmique, l'angle PML est constant; le lieu du point P et par suite celui du point Q sont donc des spirales semblables à la proposée; la développée du lieu du point Q sera donc encore une spirale logarithmique égale à la proposée; c'est la caustique cherchée.

2° La courbe donnée est une hyperbole équilatère au centre de laquelle se trouve le point lumineux.

Prenant pour axes les axes de l'hyperbole, on trouve aisément que le lieu du point P a pour équation

$$(x^2 + y^2)^2 = a^2(x^2 - y^2),$$

et par suite celui du point Q

$$(x^2 + y^2)^2 = 4a^2(x^2 - y^2);$$

le lieu du point Q est donc une lemniscate, et comme, à la page 85 de cet Ouvrage, nous avons construit la développée de la lemniscate, nous avons par cela même étudié la caustique demandée.

3° La courbe donnée est une circonférence, et le point lumineux est placé sur la circonférence.

Je dis que le lieu du point Q est une épicycloïde. Pour le

prouver (*fig.* 15), j'élève au point Q la perpendiculaire QC sur MQ; je la prolonge jusqu'à sa rencontre avec OM; je prolonge également MO jusqu'en D. Les deux triangles rectangles MQC et MLD sont égaux comme ayant l'angle

Fig. 15.

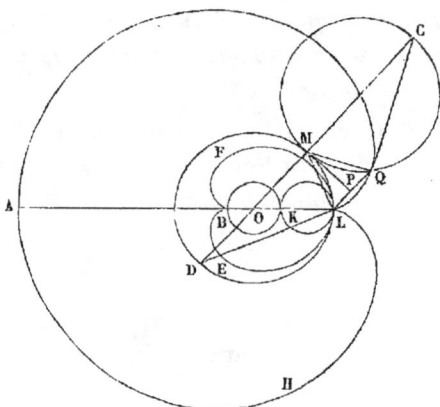

QMC = LMD, et le côté MQ = ML; donc MC = MD. Si je fais passer une circonférence par les trois points M, Q et C, elle sera donc égale à la proposée, et, à cause de l'égalité des cordes MQ = ML, on voit que les arcs MQ et ML sont égaux. Donc, en faisant rouler extérieurement sur la circonférence proposée une circonférence égale, le point de cette circonférence, qui était d'abord en L, décrira le lieu du point Q; c'est l'épicycloïde LQAH. On sait que la développée d'une épicycloïde est une épicycloïde semblable.

Prenons donc OB = OK = $\frac{OL}{3}$, et décrivons des circonférences sur BK et KL comme diamètres; en faisant rouler la seconde sur la première, le point qui était d'abord en L décrira l'épicycloïde LFBE, qui sera la caustique demandée.

Problème n° 41.

Sur les rayons vecteurs d'une courbe comme diamètres, on décrit des circonférences; on demande de montrer que l'enveloppe de ces circonférences n'est autre chose que le lieu des pieds des perpendiculaires abaissées de l'origine sur les tangentes de la courbe, ou la podaire de la courbe par rapport à l'origine.

Soient, en effet, x et y les coordonnées d'un point quelconque de la courbe dont l'équation est $y = f(x)$; l'équation du cercle correspondant sera

$$(1) \qquad X^2 + Y^2 - Xx - Yy = 0.$$

Pour trouver l'enveloppe, il faudra joindre à l'équation précédente celle qu'on obtient en en prenant la dérivée par rapport à x, savoir :

$$(2) \qquad X + Yy' = 0.$$

En prenant le point où la droite, représentée par l'équation (2), rencontre la circonférence (1), on aura un point de l'enveloppe. Or la droite (2) est la perpendiculaire abaissée de l'origine sur la tangente; son pied, qui doit être sur la circonférence, coïncide donc avec le point de l'enveloppe, et la podaire est identique à l'enveloppe.

La même propriété a lieu pour les surfaces : l'enveloppe des sphères décrites sur les rayons vecteurs d'une surface comme diamètres n'est autre chose que le lieu des pieds des perpendiculaires abaissées de l'origine sur les plans tangents de la surface.

Soit, en effet,

$$(3) \qquad z = f(x, y)$$

l'équation de la surface, $p = \dfrac{dz}{dx}$, $q = \dfrac{dz}{dy}$; l'équation d'une des sphères est

(4)
$$X^2 + Y^2 + Z^2 - Xx - Yy - Zz = 0.$$

Si l'on remplace z par sa valeur en x et y, au moyen de l'équation de la surface, l'équation précédente contiendra deux paramètres variables x et y; il faudra, comme on sait, différentier par rapport à chacun de ces paramètres pour avoir l'enveloppe; on aura ainsi

(5)
$$X + Zp = 0,$$

(6)
$$Y + Zq = 0,$$

et l'équation de l'enveloppe résultera de l'élimination de x, y, z entre les équations (3), (4), (5) et (6); or les deux dernières sont les équations de la perpendiculaire abaissée de l'origine sur le plan tangent à la surface; le pied de cette perpendiculaire, qui doit être sur la sphère (4), coïncide donc avec le point de l'enveloppe déterminé précédemment, et la podaire et l'enveloppe sont identiques.

Problème n° 42.

Trouver la caustique par réflexion pour des rayons lumineux perpendiculaires à l'axe d'une parabole.

L'équation de la parabole, en prenant le foyer pour origine et l'axe pour axe des x, est

$$y^2 = 2px + p^2.$$

Soient PM (*fig.* 16) un rayon incident, MN la normale, MR le rayon réfléchi, φ l'angle MNP; on aura

$$NMP = NMR = \frac{\pi}{2} - \varphi,$$

$$MR.x = \frac{3\pi}{2} - 2\varphi,$$

et l'équation de MR sera

(1) $$Y - y = + \frac{\cos 2\varphi}{\sin 2\varphi} (X - x).$$

Dans le triangle rectangle MPN,

$$PN = p = y \cot \varphi, \quad \text{d'où} \quad y = p \tan \varphi.$$

Reportant cette valeur de y dans l'équation de la parabole, il vient

$$2x = \frac{p \sin^2 \varphi}{\cos^2 \varphi} - p = - \frac{p \cos 2\varphi}{\cos^2 \varphi}.$$

L'équation (1) du rayon réfléchi pourra s'écrire

$$Y \sin 2\varphi - X \cos 2\varphi = y \sin 2\varphi - x \cos 2\varphi$$

ou

(2) $$Y \sin 2\varphi - X \cos 2\varphi = \frac{p}{2 \cos^2 \varphi}.$$

Pour avoir l'enveloppe de cette droite, je prends les déri-

Fig. 16.

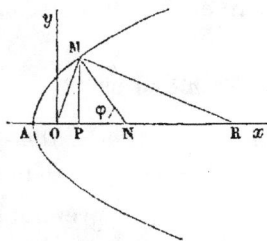

vées des deux membres de l'équation (2) par rapport à φ, ce qui me donne

(3) $$Y \cos 2\varphi + X \sin 2\varphi = \frac{p \sin \varphi}{2 \cos^3 \varphi}.$$

Je résous les équations (2) et (3) par rapport à X et Y, et

Je trouve

$$(4) \quad \begin{cases} X = -\dfrac{p}{2\cos^3\varphi}\cos 3\varphi, \\[2mm] Y = +\dfrac{p}{2\cos^3\varphi}\sin 3\varphi. \end{cases}$$

Voilà donc les coordonnées d'un point quelconque de la caustique, exprimées bien simplement en fonction de la variable auxiliaire φ; la courbe est évidemment symétrique par rapport à l'axe des x, et, pour la construire, il suffira de faire varier φ de zéro à $\dfrac{\pi}{2}$; on trouve, du reste,

$$(5) \quad \begin{cases} \dfrac{dX}{d\varphi} = \dfrac{3p\sin 2\varphi}{2\cos^4\varphi}, \\[2mm] \dfrac{dY}{d\varphi} = \dfrac{3p\cos 2\varphi}{2\cos^4\varphi}. \end{cases}$$

On construira sans difficulté la courbe à l'aide des équations (4) et (5); on peut calculer aisément la longueur d'un arc de cette courbe; on a, en effet,

$$\frac{dS}{d\varphi} = \frac{3p}{2\cos^4\varphi} = \frac{3p}{2}(1 + \operatorname{tang}^2\varphi)\, d\operatorname{tang}\varphi,$$

d'où

$$S = \frac{3p}{2}\left(\operatorname{tang}\varphi + \tfrac{1}{3}\operatorname{tang}^3\varphi\right).$$

L'aire U du secteur AOM de la parabole est

$$U = \frac{p^2}{4}\left(\operatorname{tang}\varphi + \tfrac{1}{3}\operatorname{tang}^3\varphi\right);$$

il en résulte

$$S = \frac{6U}{p}.$$

La longueur d'un arc de la caustique, multipliée par p, est

donc égale à 6 fois l'aire du secteur parabolique correspondant.

Cherchons l'équation de la caustique en coordonnées polaires; prenons OA pour axe polaire; nous ferons donc

$$X = -r\cos\theta, \quad Y = r\sin\theta;$$

il en résultera

$$r\cos\theta = \frac{p}{2\cos^3\varphi}\cos 3\varphi, \quad r\sin\theta = \frac{p}{2\sin^3\varphi}\sin 3\varphi;$$

d'où

$$r = \frac{p}{2\cos^3\varphi}, \quad \theta = 3\varphi,$$

et par suite

$$r^{\frac{1}{3}}\cos\frac{\theta}{3} = \left(\frac{p}{2}\right)^{\frac{1}{3}},$$

équation de la forme $r^m\cos m\theta = a^m$.

Problème n° 43.

On considère la courbe définie par les équations

$$(1)\quad \begin{cases} x = e^{m\varphi}(\sin\varphi + m\cos\varphi) + e^{-m\varphi}(\sin\varphi - m\cos\varphi), \\ y = e^{m\varphi}(-\cos\varphi + m\sin\varphi) - e^{-m\varphi}(\cos\varphi + m\sin\varphi), \end{cases}$$

*φ étant la variable auxiliaire. On considère ensuite la
développée de cette courbe, puis la développée de la nouvelle courbe; on demande de montrer qu'elle est semblable à la courbe primitive; construire la courbe.*

On peut écrire

$$x = \sin\varphi(e^{m\varphi} + e^{-m\varphi}) + m\cos\varphi(e^{m\varphi} - e^{-m\varphi}),$$
$$y = -\cos\varphi(e^{m\varphi} + e^{-m\varphi}) + m\sin\varphi(e^{m\varphi} - e^{-m\varphi}).$$

On en déduit, en différentiant et réduisant,

$$\frac{dx}{d\varphi} = (1 + m^2)(e^{m\varphi} + e^{-m\varphi})\cos\varphi,$$

$$\frac{dy}{d\varphi} = (1 + m^2)(e^{m\varphi} + e^{-m\varphi})\sin\varphi;$$

d'où

$$\frac{ds}{d\varphi} = (1 + m^2)(e^{m\varphi} + e^{-m\varphi}),$$

$$\frac{dx}{ds} = \cos\varphi, \quad \frac{dy}{ds} = \sin\varphi.$$

Donc φ est l'angle que fait la tangente à la courbe avec l'axe des x, et, ρ désignant le rayon de courbure, on aura

$$\rho = (1 + m^2)(e^{m\varphi} + e^{-m\varphi}).$$

Pour la développée, φ et ρ deviennent φ' et ρ', et l'on a

$$\varphi' = \varphi + \frac{\pi}{2}, \quad ds' = d\rho,$$

d'où

$$d\varphi' = d\varphi, \quad \frac{ds'}{d\varphi'} = \frac{d\rho}{d\varphi}.$$

On a donc

$$\rho' = \frac{d\rho}{d\varphi} = m(1 + m^2)(e^{m\varphi} - e^{-m\varphi}).$$

Pour la développée suivante,

$$\varphi'' = \varphi' + \frac{\pi}{2} = \varphi + \pi, \quad \rho'' = \frac{d\rho'}{d\varphi'} = \frac{d\rho'}{d\varphi},$$

d'où

$$\rho'' = m^2(1 + m^2)(e^{m\varphi} + e^{-m\varphi}) = m^2\rho.$$

Donc, pour cette nouvelle courbe, on a

$$\varphi'' = \varphi + \pi, \quad \rho'' = m^2\rho.$$

Les tangentes aux points correspondants de ces deux courbes sont donc parallèles et les rayons de courbure proportionnels, ce qui démontre bien que les deux courbes sont semblables.

On peut, du reste, chercher directement les coordonnées x', y', x'', y'' des points qui, sur la première et la seconde développée, correspondent au point xy de la courbe donnée. Ainsi la normale à la courbe donnée a pour équation

$$Y \sin \varphi + X \cos \varphi = x \cos \varphi + y \sin \varphi = m \left(e^{m\varphi} - e^{-m\varphi} \right).$$

Prenons la dérivée par rapport à φ pour avoir l'enveloppe de la normale, et nous trouverons

$$Y \cos \varphi - X \sin \varphi = m^2 \left(e^{m\varphi} + e^{-m\varphi} \right),$$

et des deux équations précédentes on tire, pour x' et y', ces valeurs

$$(2) \quad \begin{cases} y' = m^2 \cos \varphi \left(e^{m\varphi} + e^{-m\varphi} \right) + m \sin \varphi \left(e^{m\varphi} - e^{-m\varphi} \right), \\ x' = - m^2 \sin \varphi \left(e^{m\varphi} + e^{-m\varphi} \right) + m \cos \varphi \left(e^{m\varphi} - e^{-m\varphi} \right). \end{cases}$$

En opérant de même sur la développée, on trouvera

$$x'' = - m^2 \sin \varphi \left(e^{m\varphi} + e^{-m\varphi} \right) - m^3 \cos \varphi \left(e^{m\varphi} - e^{-m\varphi} \right),$$
$$y'' = m^2 \cos \varphi \left(e^{m\varphi} + e^{-m\varphi} \right) - m^3 \sin \varphi \left(e^{m\varphi} - e^{-m\varphi} \right)$$

ou bien

$$x'' = - m^2 x, \quad y'' = - m^2 y,$$

ce qui montre que la développée de la développée s'obtient en réduisant les rayons vecteurs de la courbe proposée dans le rapport de 1 à m^2, et faisant tourner de 180 degrés la courbe obtenue.

La courbe définie par les équations (2) jouit de la même propriété que la proposée, c'est-à-dire qu'on aura aussi

$$x''' = - m^2 x', \quad y''' = - m^2 y'.$$

La courbe (1) est facile à construire; on sait, en effet, immédiatement quels sont les signes de $\dfrac{dx}{d\varphi}$ et $\dfrac{dy}{d\varphi}$: pour $\varphi = 0$, $x = 0$, $y = -2$, φ variant de zéro à $\dfrac{\pi}{2}$, x et y augmentent; φ variant de $\dfrac{\pi}{2}$ à π, x diminue et y augmente; la courbe est une spirale.

Problème n° 44.

Deux spirales logarithmiques ont le même pôle (fig. 17); on considère sur ces courbes deux points A et B correspon-

Fig. 17.

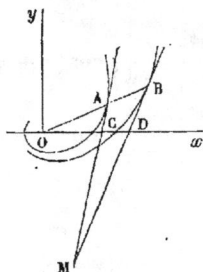

dant à un même angle polaire variable. En ces points, on mène les tangentes aux deux courbes; elles se coupent en un point M; est-il possible de déterminer les deux spirales de manière que le lieu du point M soit égal à sa développée?

Soient $r = ae^{m\theta}$, $r = ae^{n\theta}$ les équations des deux spirales en coordonnées polaires; faisons $m = \cot\varphi$, $n = \cot\psi$; l'angle ACx sera égal à $\theta + \varphi$ et l'angle BDx égal à $\theta + \varphi$; donc, en coordonnées rectangulaires, l'équation de la tangente AM sera

$$y - ae^{m\theta}\sin\theta = \operatorname{tang}(\theta + \varphi)(x - ae^{m\theta}\cos\theta).$$

De même celle de la tangente BM sera

$$y - ae^{n\theta}\sin\theta = \text{tang}\,(\theta + \psi)\,(x - ae^{n\theta}\cos\theta).$$

Résolvant les deux équations précédentes, on a, pour les coordonnées x et y du point M,

$$(1) \begin{cases} x = \dfrac{a}{\sin(\varphi - \psi)}\,[e^{n\theta}\cos(\theta + \psi)\sin\varphi - e^{n\theta}\cos(\theta + \varphi)\sin\psi], \\[2mm] y = \dfrac{a}{\sin(\varphi - \psi)}\,[e^{m\theta}\sin(\theta + \psi)\sin\varphi - e^{n\theta}\sin(\theta + \varphi)\sin\psi]: \end{cases}$$

telles sont les équations du lieu du point M avec la variable auxiliaire θ. En différentiant, remplaçant dans certains termes m par $\cot\varphi$, n par $\cot\psi$ et réduisant, on trouve

$$\frac{dx}{d\theta} = a\,\frac{e^{m\theta} - e^{n\theta}}{\sin(\varphi - \psi)}\cos(\theta + \varphi + \psi),$$

$$\frac{dy}{d\theta} = a\,\frac{e^{m\theta} - e^{n\theta}}{\sin(\varphi - \psi)}\sin(\theta + \varphi + \psi);$$

d'où

$$\frac{ds}{d\theta} = a\,\frac{e^{m\theta} - e^{n\theta}}{\sin(\varphi - \psi)},$$

$$\frac{dx}{ds} = \cos(\theta + \varphi + \psi), \quad \frac{dy}{ds} = \sin(\theta + \varphi + \psi).$$

Donc, en appelant α l'angle que la tangente au lieu du point M fait avec Ox et ρ le rayon de courbure de ce lieu au point M, on aura

$$\alpha = \theta + \varphi + \psi, \quad \rho = \frac{ds}{d\alpha} = \frac{ds}{d\theta} = a\,\frac{e^{m\theta} - e^{n\theta}}{\sin(\varphi - \psi)}.$$

Soient α' et ρ' les quantités analogues à α et ρ pour la développée; on aura

$$\alpha' = \frac{\pi}{2} + \theta + \varphi + \psi, \quad \rho' = \frac{d\rho}{d\theta} = a\,\frac{me^{m\theta} - ne^{n\theta}}{\sin(\varphi - \psi)}.$$

Soit $\varphi + \psi = k$; pour le lieu du point M, on a entre ρ et α l'équation

$$(2) \qquad \rho = a\,\frac{e^{n(\alpha-k)} - e^{n(\alpha-k)}}{\sin(\varphi - \psi)},$$

et pour sa développée

$$(3) \qquad \rho' = a\,\frac{me^{m\left(\alpha'-k-\frac{\pi}{2}\right)} - ne^{n\left(\alpha'-k-\frac{\pi}{2}\right)}}{\sin(\varphi - \psi)}.$$

Posons, dans l'expression (3), $\alpha' = \alpha + \frac{\pi}{2} - \alpha_0$; elle deviendra

$$\rho' = a\,\frac{me^{m(\alpha-k-\alpha_0)} - ne^{n(\alpha-k-\alpha_0)}}{\sin(\varphi - \psi)},$$

et cette expression sera égale à l'expression (2) pour toutes les valeurs de α, si l'on peut déterminer α_0 de manière à vérifier les équations

$$me^{m(\alpha-k-\alpha_0)} = e^{m(\alpha-k)}, \quad ne^{n(\alpha-k-\alpha_0)} = e^{n(\alpha-k)},$$

quel que soit α; s'il en est ainsi, le lieu du point M sera égal à sa développée. Les équations précédentes reviennent à

$$me^{-m\alpha_0} = 1, \quad ne^{-n\alpha_0} = 1.$$

Nous voyons d'abord que m et n doivent être positifs; on a ensuite

$$\alpha_0 = \frac{\log m}{m} = \frac{\log n}{n};$$

les paramètres m et n sont donc liés entre eux par la relation $\frac{\log m}{m} = \frac{\log n}{n}$.

Construisons (*fig.* 18) la courbe qui a pour équation $Y = \frac{\log X}{X}$; $OA = 1$, $OB = e$, $BC = \frac{1}{e}$; en C la tangente est

7.

parallèle à OX. Menons à OX une parallèle quelconque du côté des Y positifs, et à une distance moindre que $\frac{1}{e}$; elle rencontrera la courbe en deux points M et N, dont les

Fig. 18.

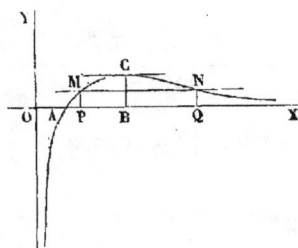

abscisses sont OP et OQ; nous pouvons prendre $m = OP$, $n = OQ$, car nous aurons bien

$$\frac{\log m}{m} = \frac{\log n}{n}.$$

Si la parallèle était menée au-dessous de OX, elle ne rencontrerait la courbe qu'en un point. La conclusion est donc la suivante : m ayant une valeur quelconque supérieure à 1, il y a toujours une valeur correspondante de n telle que le lieu du point M soit égal à sa développée.

Problème n° 45.

Un point M d'une ellipse est défini par son anomalie excentrique φ. On demande :

1° De trouver l'anomalie excentrique du nouveau point P, où le cercle de courbure au point M va rencontrer l'ellipse;

2° *De montrer qu'il existe deux autres points* M′ *et* M″ *de l'ellipse tels, que leurs cercles de courbure vont aussi passer par le point* P;

3° *De prouver que le centre de gravité du triangle* MM′M″ *coïncide avec le centre de l'ellipse;*

4° *De prouver que les quatre points* M, M′, M″ *et* P *sont sur un même cercle;*

5° *De trouver le lieu décrit par le centre du cercle précédent quand le point* M *se meut sur l'ellipse*

1° Soient x et y les coordonnées du point M; nous aurons

$$x = a\cos\varphi, \quad y = b\sin\varphi.$$

On trouve facilement que l'équation du cercle de courbure au point M est

(1) $\begin{cases} (X - a\cos\varphi)^2 + (Y - b\sin\varphi)^2 \\ \quad + 2(b^2\cos^2\varphi + a^2\sin^2\varphi)\left(\dfrac{X - a\cos\varphi}{a} + \dfrac{Y - b\sin\varphi}{b}\right) = 0. \end{cases}$

Pour trouver le point P où ce cercle va de nouveau rencontrer l'ellipse, nous ferons

$$X = a\cos\Phi, \quad Y = b\sin\Phi,$$

moyennant quoi l'équation précédente, après quelques transformations, s'écrira

$$\sin^2\frac{\Phi - \varphi}{2}\left(a^2\sin^2\frac{\Phi + \varphi}{2} + b^2\cos^2\frac{\Phi + \varphi}{2} - b^2\cos^2\varphi - a^2\sin^2\varphi\right) = 0.$$

Nous avons déjà la racine double $\Phi = \varphi$; en la supprimant et transformant, on obtient

$$a^2 - a^2\cos(\Phi + \varphi) + b^2 + b^2\cos(\Phi + \varphi)$$
$$- b^2 - a^2 - b^2\cos 2\varphi + a^2\cos 2\varphi = 0$$

ou bien

$$\cos(\Phi + \varphi) = \cos 2\varphi,$$

ce qui donne

$$\Phi + \varphi = 2\varphi \quad \text{et} \quad \Phi + \varphi = 2\pi - 2\varphi,$$

c'est-à-dire

$$\Phi = \varphi \quad \text{et} \quad \Phi = 2\pi - 3\varphi.$$

Ainsi, comme cela devait être, nous avons trouvé la racine triple $\Phi = \varphi$, et l'anomalie excentrique du point P est $2\pi - 3\varphi$.

2° Considérons les points M′ et M″ ayant pour anomalies excentriques $\varphi' = \varphi + \dfrac{2\pi}{3}$, $\varphi'' = \varphi + \dfrac{4\pi}{3}$; les points P′ et P″, correspondant à ces points M′ et M″, auront pour anomalies excentriques

$$2\pi - 3\left(\varphi + \frac{2\pi}{3}\right) \quad \text{et} \quad 2\pi - 3\left(\varphi + \frac{4\pi}{3}\right),$$

ou bien

$$- 3\varphi \quad \text{et} \quad - 2\pi - 3\varphi.$$

Ces points coïncident donc avec le point P.

3° Soient x', y', x'', y'' les coordonnées des points M′ et M″; on aura

$$x = a\cos\varphi, \qquad y = b\sin\varphi,$$

$$x' = a\cos\left(\varphi + \frac{2\pi}{3}\right), \quad y' = b\sin\left(\varphi + \frac{2\pi}{3}\right),$$

$$x'' = a\cos\left(\varphi + \frac{4\pi}{3}\right), \quad y'' = b\sin\left(\varphi + \frac{4\pi}{3}\right).$$

On conclut de là, quel que soit φ,

$$x + x' + x'' = 0, \quad y + y' + y'' = 0,$$

ce qui démontre bien que le centre de gravité du triangle $MM'M''$ coïncide avec le centre de l'ellipse.

Il convient de remarquer les relations

$$x^2 + x'^2 + x''^2 = \frac{3a^2}{2}, \quad y^2 + y'^2 + y''^2 = \frac{3b^2}{2},$$

d'où l'on déduit que la somme des carrés des distances des points M, M', M'' au centre de l'ellipse est égale à la constante $3\,\dfrac{a^2 + b^2}{2}$.

4° On trouve, par un calcul direct et facile, que l'équation du cercle qui passe par les trois points M, M', M'' est

$$x^2 + y^2 - \frac{a^2 - b^2}{2a}\,x\cos 3\varphi - \frac{a^2 - b^2}{2b}\,y\sin 3\varphi = \frac{a^2 + b^2}{2},$$

et l'on vérifie que cette équation est satisfaite quand on y remplace x par $a\cos 3\varphi$ et y par $-b\sin 3\varphi$; elle devient, en effet,

$$\cos^2 3\varphi\left(a^2 - \frac{a^2 - b^2}{2}\right) + \sin^2 3\varphi\left(b^2 + \frac{a^2 - b^2}{2}\right) = \frac{a^2 + b^2}{2}$$

ou

$$\frac{a^2 + b^2}{2}(\cos^2 3\varphi + \sin^2 3\varphi) = \frac{a^2 + b^2}{2}.$$

5° Soient α et β les coordonnées du centre du cercle précédent; on a

$$\alpha = \frac{a^2 - b^2}{4a}\cos 3\varphi,$$

$$\beta = \frac{a^2 - b^2}{4b}\sin 3\varphi.$$

On en déduit

$$a^2\alpha^2 + b^2\beta^2 = \frac{(a^2 - b^2)^2}{16},$$

équation d'une ellipse ayant même centre et mêmes directions pour ses axes que l'ellipse proposée.

Comme enveloppe du même cercle, on trouve la courbe du quatrième degré, dont l'équation est

$$\left(\frac{a^2-b^2}{4}\right)^2\left(\frac{x^2}{a^2}+\frac{y^2}{b^2}\right)=\left(x^2+y^2-\frac{a^2+b^2}{2}\right)^2.$$

Problème n° 46.

On demande (fig. 19) :

1° *De trouver le lieu du milieu de la corde commune à*

Fig. 19.

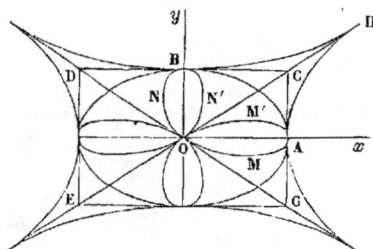

une ellipse et à son cercle osculateur, et de calculer l'aire de la courbe;

2° *De trouver l'enveloppe de cette corde et l'aire de la nouvelle courbe.*

1° Les coordonnées des extrémités de la corde sont

$$x_1 = a\cos\varphi, \qquad y_1 = \quad b\sin\varphi,$$
$$x_2 = a\cos 3\varphi, \qquad y_2 = -b\sin 3\varphi;$$

les coordonnées du milieu seront donc

$$x = \frac{a}{2}(\cos\varphi + \cos 3\varphi),$$
$$y = \frac{b}{2}(\sin\varphi - \sin 3\varphi)$$

ou bien

$$(1) \qquad \begin{cases} x = a\cos 2\varphi \cos\varphi, \\ y = -b\cos 2\varphi \sin\varphi, \end{cases}$$

et l'on en tire

$$(2) \qquad \begin{cases} \dfrac{dx}{d\varphi} = a\sin\varphi\,(1 - 6\cos^2\varphi), \\[2mm] \dfrac{dy}{d\varphi} = b\cos\varphi\,(6\sin^2\varphi - 1). \end{cases}$$

A l'aide des équations (1) et (2), il est facile de construire la courbe : pour $\varphi = 0$, $x = a$, $y = 0$; φ augmentant, $\dfrac{dx}{d\varphi}$ et $\dfrac{dy}{d\varphi}$ sont négatifs; x décroît, y est négatif et décroissant; le minimum de y a lieu pour $\varphi = \varphi_1$, φ_1 étant défini par l'équation $\sin\varphi_1 = \dfrac{1}{\sqrt{6}}$, après quoi x décroît toujours et y croît; pour $\varphi = \dfrac{\pi}{4}$, $x = 0$, $y = 0$ et $\dfrac{dy}{dx} = -\dfrac{b}{a}$; en O la courbe est donc tangente à la diagonale DG du rectangle construit sur les axes; φ augmentant toujours, x décroît jusqu'à ce qu'on ait $\varphi = \dfrac{\pi}{2} - \varphi_1$; enfin, pour $\varphi = \dfrac{\pi}{2}$, $x = 0$ et $y = b$; nous obtenons ainsi la partie AMONB de la courbe. Cette courbe étant symétrique par rapport aux axes de l'ellipse, on achèvera aisément de la tracer.

Cherchons l'aire de la courbe; on trouve

$$y\,dx - x\,dy = ab\cos^2 2\varphi\,d\varphi.$$

Soit u_1 l'aire de la partie OMAM'O; nous aurons

$$u_1 = ab\int_0^{\frac{\pi}{4}} \cos^2 2\varphi\,d\varphi.$$

De même, si u_2 désigne l'aire de la partie ONBN'O, on aura

$$u_2 = ab \int_{\frac{\pi}{4}}^{\frac{\pi}{2}} \cos^2 2\varphi \, d\varphi,$$

ou bien, en posant $\varphi = \frac{\pi}{4} + \psi$ et mettant ensuite la lettre φ au lieu de ψ,

$$u_2 = ab \int_0^{\frac{\pi}{4}} \sin^2 2\varphi \, d\varphi.$$

Les deux intégrales qui figurent dans les expressions de u_1 et u_2 sont égales entre elles, comme on le voit en les décomposant en éléments infiniment petits; on a donc

$$u_1 = u_2 = \frac{1}{2}(u_1 + u_2) = \frac{1}{2} ab \int_0^{\frac{\pi}{4}} (\cos^2 2\varphi + \sin^2 2\varphi) \, d\varphi = \frac{1}{2} ab \frac{\pi}{4},$$

$$u_1 + u_2 = \frac{\pi ab}{4},$$

et l'aire de la courbe entière est $\frac{\pi ab}{2}$, ou la moitié de celle de l'ellipse.

2° Cherchons l'enveloppe de la corde commune à l'ellipse et à son cercle osculateur; cette corde passe par les points x_1, y_1, x_2, y_2; elle a donc pour équation, en mettant pour x_1, y_1, x_2, y_2 leurs valeurs,

$$y - b \sin\varphi = \frac{b}{a} \frac{\sin\varphi + \sin 3\varphi}{\cos\varphi - \cos 3\varphi} (x - a \cos\varphi)$$

ou encore

$$y - b \sin\varphi = \frac{b}{a} \frac{\cos\varphi}{\sin\varphi} (x - a \cos\varphi),$$

ce qui peut s'écrire

$$(3) \qquad ay \sin\varphi - b x \cos\varphi = - ab \cos 2\varphi.$$

Je prends la dérivée de cette équation par rapport à φ, afin d'avoir l'enveloppe demandée ; j'obtiens ainsi

$$(4) \qquad ay \cos\varphi + b x \sin\varphi = 2ab \sin 2\varphi.$$

L'élimination de φ entre les équations (3) et (4) donnerait l'enveloppe, mais je préfère garder la variable auxiliaire φ ; je résous les équations précédentes par rapport à x et y, ce qui me donne

$$y = b\,(2 \sin 2\varphi \cos\varphi - \cos 2\varphi \sin\varphi),$$
$$x = a\,(2 \sin 2\varphi \sin\varphi + \cos 2\varphi \cos\varphi)$$

ou bien

$$(5) \qquad \begin{cases} x = a \cos\varphi (1 + 2 \sin^2\varphi), \\ y = b \sin\varphi (1 + 2 \cos^2\varphi). \end{cases}$$

En différentiant et réduisant, j'obtiens

$$(6) \qquad \begin{cases} \dfrac{dx}{d\varphi} = 3a \sin\varphi \cos 2\varphi, \\[2mm] \dfrac{dy}{d\varphi} = 3b \cos\varphi \cos 2\varphi \end{cases} \quad \dfrac{dy}{dx} = \dfrac{b \cos\varphi}{a \sin\varphi}.$$

On peut remarquer que le coefficient angulaire $\dfrac{dy}{dx}$ est égal et de signe contraire à celui de la tangente à l'ellipse ; la corde commune à l'ellipse et à son cercle osculateur et la tangente à l'ellipse sont donc symétriques par rapport à l'ordonnée du point M.

Il est facile de discuter la courbe avec les équations (5) et (6) : pour $\varphi = 0$, $x = 0$, $y = 0$, $\dfrac{dy}{dx} = \infty$; φ augmentant, x et y augmentent jusqu'à ce qu'on ait $\varphi = \dfrac{\pi}{4}$; alors

$\dfrac{x}{a} = \dfrac{y}{b} = \sqrt{2}$, $\dfrac{dy}{dx} = \dfrac{b}{a}$; nous obtenons ainsi l'arc AH tangent en H à la diagonale OH; φ augmentant, x et y diminuent; mais le coefficient angulaire $\dfrac{dy}{dx} = \dfrac{b \cot \varphi}{a}$ va toujours en diminuant, ce qui exige que la courbe passe de l'autre côté de sa tangente HO; le point H est un point de rebroussement de première espèce. On achève la discussion sans difficulté, et l'on trouve que la courbe a la figure dessinée plus haut.

Cherchons l'aire de cette courbe; on a

$$(7) \qquad x\,dy - y\,dx = 3ab \cos^2 2\varphi\, d\varphi;$$

l'aire entière U sera donc

$$U = 6ab \int_0^{\frac{\pi}{2}} \cos^2 2\varphi\, d\varphi = \frac{3\pi ab}{2};$$

la partie de cette aire comprise entre l'ellipse et la courbe est donc la moitié de l'aire de l'ellipse.

Il est à remarquer que l'expression (7) est égale à trois fois l'expression correspondante dans le problème précédent; donc l'aire d'un secteur de la seconde courbe est égale à trois fois celle du secteur correspondant dans la première courbe.

Problème n° 47.

Démontrer que la surface

$$(1) \qquad y^2 z^2 + z^2 x^2 + x^2 y^2 - 2xyz = 0$$

est coupée par la sphère

$$(2) \qquad x^2 + y^2 + z^2 = 1$$

suivant quatre cercles.

En tenant compte de l'équation (2), l'équation (1) peut s'écrire

$$x^2 y^2 - 2xyz + z^2 - z^4 = 0.$$

Cette équation, qui est celle d'une surface passant par les points communs aux deux proposées, donne

$$xy = z \pm z^2.$$

On a, du reste,

$$x^2 + y^2 = 1 - z^2,$$

et l'on en déduit

$$(x \pm y)^2 = (1 \pm z)^2$$

ou bien

$$(x+y+z+1)(x+y-z-1)(x-y+z-1)(x-y-z+1) = 0.$$

Donc l'intersection des surfaces (1) et (2) se compose des quatre circonférences suivant lesquelles la sphère $x^2 + y^2 + z^2 = 1$ est coupée par les quatre plans

$$x + y + z = -1,$$
$$x + y - z = 1,$$
$$x - y + z = 1,$$
$$x - y - z = -1.$$

Problème n° 48.

Par les divers points d'une hélice, on mène des parallèles à la tangente en un point de l'hélice; on demande de trouver le lieu de la trace de chacune de ces droites sur la base.

Soient les équations de l'hélice

$$x = a \cos\varphi, \quad y = a \sin\varphi, \quad z = ma\varphi;$$

nous pouvons toujours supposer que le point qui figure

dans l'énoncé soit celui qui répond à $\varphi = 0$; la tangente
en ce point fait avec les axes des angles dont les cosinus
sont proportionnels à 0, 1 et m; les équations de la parallèle à cette tangente, menées par un point quelconque x,
y, z de l'hélice, seront donc

$$X = x, \quad Y - y = \frac{Z - z}{m}.$$

Faisons dans ces équations $Z = 0$, et remplaçons x, y, z
par leurs valeurs en fonction de φ; nous trouverons 1 pour
les coordonnées de la trace sur la place de base

$$X = a \cos\varphi, \quad Y = a \sin\varphi - a\varphi.$$

Faisons le changement d'axes défini par les formules

$$X = a - Y', \quad Y = - X',$$

et nous obtiendrons

$$X' = a(\varphi - \sin\varphi), \quad Y' = a(1 - \cos\varphi);$$

ce sont les équations d'une cycloïde engendrée par un point
d'un cercle de rayon a roulant sur l'axe des X'.

Examinons ce que devient le lieu quand, par les divers
points de l'hélice, on mène des parallèles à une droite quelconque, et demandons-nous quel sera, dans ce cas, le lieu
des traces de ces droites sur la base.

Nous pouvons supposer le plan des yz parallèle à la direction donnée; cette direction fera avec les axes des angles
dont les cosinus seront 0, $\sin\gamma$, $\cos\gamma$, et nous aurons, pour
les équations de la parallèle menée par le point x, y, z,

$$X = x, \quad Y - y = \tan\gamma (Z - z).$$

Faisons dans ces équations $Z = 0$; remplaçons x, y, z par
leurs valeurs, et, au lieu de m, introduisons l'angle i que
font avec l'axe du cylindre toutes les tangentes de l'hélice;

uous aurons, pour les coordonnées d'un point quelconque
du lieu,

$$\mathrm{X} = a\cos\varphi, \quad \mathrm{Y} = a\sin\varphi - a\varphi\frac{\tan g\,\gamma}{\tan g\,i}.$$

Faisons le changement d'axes défini par les formules sui-
vantes : $\mathrm{X} = a\dfrac{\tan g\,\gamma}{\tan g\,i} - \mathrm{Y'}$, $\mathrm{Y} = -\mathrm{X'}$, et posons $a\dfrac{\tan g\,\gamma}{\tan g\,i} = b$;
il viendra

$$\mathrm{X'} = b\varphi - a\sin\varphi,$$
$$\mathrm{Y'} = b \ - a\cos\varphi.$$

Nous trouvons une cycloïde allongée ou raccourcie, sui-
vant que $\tan g\,\gamma$ sera plus petit ou plus grand que $\tan g\,i$:
pour $\tan g\,\gamma = \tan g\,i$, on a la cycloïde ordinaire. Telle est
la nature de l'ombre portée sur le plan de la base du cylindre par une hélice éclairée par des rayons parallèles.

Problème n° 49.

*Trouver le lieu des pieds des perpendiculaires abais-
sées d'un point de l'axe d'un cylindre circulaire droit
sur les tangentes à toutes les hélices de même pas que
l'on peut tracer sur ce cylindre.*

Prenons le point considéré pour origine; les équations
d'une des hélices seront

$$x = a\cos(\varphi + \alpha), \quad y = a\sin(\varphi + \alpha), \quad z = a\varphi\cot i.$$

On obtiendra tous les points de cette hélice en faisant varier φ de $-\infty$ à $+\infty$; on obtiendra toutes les hélices de
même pas en laissant i constant et donnant à α toutes les
valeurs possibles. On trouve, pour les coordonnées du pied
de la perpendiculaire abaissée de l'origine sur la tangente

au point x, y, z,

$$X = a \cos(\varphi + \alpha) + a\varphi \sin(\varphi + \alpha) \cos^2 i,$$
$$Y = a \sin(\varphi + \alpha) - a\varphi \cos(\varphi + \alpha) \cos^2 i,$$
$$Z = a\varphi \sin i \cos i.$$

Entre ces trois équations, il faut éliminer φ et α; on obtient ainsi

$$X^2 + Y^2 - Z^2 \cot^2 i = a^2,$$

équation d'une hyperboloïde de révolution autour de l'axe du cylindre.

Problème nᵒ 50.

Trouver toutes les hélices dans lesquelles le rayon de courbure varie proportionnellement à l'arc, compté à partir d'un point fixe.

Avant de traiter cette question, nous allons réunir un certain nombre de formules qui sont très-utiles dans les problèmes relatifs aux hélices. Soit γ_0 l'angle constant formé par les tangentes de l'hélice avec l'axe des Z; la formule

$$\cos^2 \alpha + \cos^2 \beta + \cos^2 \gamma_0 = 1$$

donne

$$\cos^2 \alpha + \cos^2 \beta = \sin^2 \gamma_0.$$

On peut donc poser, en introduisant une variable auxiliaire φ,

$$(1) \quad \begin{cases} \cos \alpha = \sin \gamma_0 \cos \varphi, \\ \cos \beta = \sin \gamma_0 \sin \varphi, \\ \cos \gamma = \cos \gamma_0. \end{cases}$$

$\cos \zeta$ étant nul, en vertu de la relation $d \cos \gamma = \cos \zeta \dfrac{ds}{\rho}$, nous avons

$$\cos^2 \xi + \cos^2 n = 1.$$

Introduisant un nouvel angle φ_1, nous ferons

$$\cos\xi = \cos\varphi_1, \quad \cos\eta = \sin\varphi_1;$$

mais nous devons avoir

$$\cos\alpha\cos\xi + \cos\beta\cos\eta + \cos\gamma\cos\zeta = 0.$$

Cette équation va devenir

$$\sin\gamma_0\left(\cos\varphi\cos\varphi_1 + \sin\varphi\sin\varphi_1\right) = 0,$$

$$\cos(\varphi_1 - \varphi) = 0, \quad \text{d'où} \quad \varphi_1 = \varphi + \frac{\pi}{2};$$

nous avons donc

$$(2) \qquad \begin{cases} \cos\xi = -\sin\varphi_1, \\ \cos\eta = +\cos\varphi_1, \\ \cos\zeta = 0. \end{cases}$$

La relation $d\cos\nu = \cos\zeta\dfrac{ds}{r} = 0$ nous montre que ν est constant; nous ferons

$$\nu = \nu_0,$$

et, à cause de la relation,

$$\cos^2\lambda + \cos^2\mu + \cos^2\nu_0 = 1,$$

$$\cos^2\lambda + \cos^2\mu = \sin^2\nu_0;$$

nous poserons

$$\cos\lambda = \sin\nu_0\cos\varphi_2,$$

$$\cos\mu = \sin\nu_0\sin\varphi_2.$$

Les formules

$$\cos\lambda\cos\alpha + \cos\mu\cos\beta + \cos\nu\cos\gamma = 0,$$

$$\cos\lambda\cos\xi + \cos\mu\cos\eta + \cos\nu\cos\zeta = 0$$

T. — *Rec.*

8

vont nous donner

$$\sin \nu_0 \sin \gamma_0 \cos(\varphi_2 - \varphi) + \cos \nu_0 \cos \gamma_0 = 0,$$
$$\sin \nu_0 \sin(\varphi_2 - \varphi) = 0,$$

d'où

$$\varphi_2 = \varphi \quad \text{et} \quad \cos(\nu_0 - \gamma_0) = 0.$$

Nous prendrons $\nu_0 = \gamma_0 + \dfrac{\pi}{2}$, et nous aurons ainsi

$$(3) \qquad \begin{cases} \cos \lambda = \cos \gamma_0 \cos \varphi, \\ \cos \mu = \cos \gamma_0 \sin \varphi, \\ \cos \nu = -\sin \gamma_0. \end{cases}$$

Enfin les formules $d \cos \alpha = \cos \xi \dfrac{ds}{\rho}$, $d \cos \lambda = \cos \xi \dfrac{ds}{r}$ nous donneront

$$(4) \qquad \begin{cases} \dfrac{ds}{\rho} = \sin \gamma_0 \, d\varphi, \\ \dfrac{ds}{r} = \cos \gamma_0 \, d\varphi. \end{cases}$$

Voilà donc nos neuf cosinus exprimés, à l'aide d'une seule variable φ, par les formules (1), (2), (3), et ρ et r exprimés, au moyen de $\dfrac{ds}{d\varphi}$, par les formules (4). Remarquons en passant la relation $\dfrac{\rho}{r} = \cot \gamma_0 = \text{const.}$, qui a lieu pour toutes les hélices. (Les notations précédentes sont celles dont s'est servi M. J.-A. Serret dans son *Traité de Calcul différentiel.*)

Revenons au problème proposé : *Trouver toutes les hélices dans lesquelles on a*

$$(a) \qquad \dfrac{d\rho}{ds} = k,$$

k étant différent de zéro.

En combinant cette équation avec la première des équations (4), savoir :

(5)
$$\frac{ds}{\rho} = \sin\gamma_0\, d\varphi,$$

nous aurons

$$\frac{d\rho}{\rho} = k\sin\gamma_0\, d\varphi;$$

intégrant et désignant par a la constante arbitraire, nous avons

$$\rho = a e^{k\varphi \sin\gamma_0},$$

et l'équation (5) donne

(6)
$$ds = a\sin\gamma_0\, e^{k\varphi \sin\gamma_0}\, d\varphi.$$

Nous avons ensuite

$$dx = ds\cos\alpha, \quad dy = ds\cos\beta, \quad dz = ds\cos\gamma_0,$$

et, en remplaçant ds par sa valeur (6), $\cos\alpha$ et $\cos\beta$ par leurs valeurs (1), nous aurons

$$dx = a\sin^2\gamma_0\, e^{k\varphi \sin\gamma_0} \cos\varphi\, d\varphi,$$
$$dy = a\sin^2\gamma_0\, e^{k\varphi \sin\gamma_0} \sin\varphi\, d\varphi,$$
$$dz = a\sin\gamma_0\cos\gamma_0\, e^{k\varphi \sin\gamma_0}\, d\varphi.$$

Intégrant, sans ajouter de constante, ce qui ne changera rien à la forme de la courbe, nous avons

$$x = \frac{a\sin^2\gamma_0}{1 + k^2\sin^2\gamma_0}\left(k\sin\gamma_0\cos\varphi + \sin\varphi\right)e^{k\varphi \sin\gamma_0},$$
$$y = \frac{a\sin^2\gamma_0}{1 + k^2\sin^2\gamma_0}\left(k\sin\gamma_0\sin\varphi - \cos\varphi\right)e^{k\varphi \sin\gamma_0},$$
$$z = \frac{a}{k}\cos\gamma_0\, e^{k\varphi \sin\gamma_0}.$$

Soit posé $k\sin\gamma_0 = \cot i$, et les formules précédentes de-

8.

viendront

$$(7) \quad \begin{cases} x = a \sin^2 \gamma_0 \sin i \cos(\varphi - i) e^{\varphi \cot i}, \\ y = a \sin^2 \gamma_0 \sin i \sin(\varphi - i) e^{\varphi \cot i}, \\ z = a \sin \gamma_0 \cos \gamma_0 \tang i \, e^{\varphi \cot i}. \end{cases}$$

Voilà donc les équations de l'hélice cherchée, exprimées avec la variable auxiliaire φ; la projection de cette courbe sur le plan des xy est une spirale logarithmique; car, si, dans ce plan, on prend les coordonnées polaires R et ω, on aura

$$\tang \omega = \frac{y}{x} = \tang(\varphi - i), \quad \text{d'où} \quad \varphi = \omega + i,$$

$$(8) \quad \begin{cases} R = a \sin^2 \gamma_0 \sin i \, e^{\varphi \cot i}, \\ R = a \sin^2 \gamma_0 \sin i \, e^{i \cot i} e^{\omega \cot i}. \end{cases}$$

Des équations (7) on tire

$$\sqrt{x^2 + y^2} = z \tang \gamma_0 \cos i;$$

la courbe est donc tout entière sur un cône de révolution autour de l'axe des z. Enfin, si, tirant $\cos \alpha$, $\cos \beta$, $\cos \gamma$ des équations (1), x, y, z des formules (7), on forme l'expression $\dfrac{x \cos \alpha + y \cos \beta + z \cos \gamma}{\sqrt{x^2 + y^2 + z^2}}$, on la trouvera égale à

$$\sqrt{1 - \sin^2 \gamma_0 \sin^2 i}.$$

Ainsi cette courbe coupe toutes les génératrices du cône de révolution sous un angle constant; aussi lui a-t-on donné le nom d'*hélice cylindro-conique*. Si l'on avait $k = 0$ ou $\dfrac{d\rho}{ds} = 0$, c'est-à-dire $\rho = \text{const.}$, la courbe serait une hélice tracée sur un cylindre de révolution.

Problème n° 51.

Si une courbe à double courbure et la ligne des centres de courbure sont deux hélices tracées sur des cylindres dont les génératrices sont parallèles, la courbe proposée est une hélice tracée sur un cylindre de révolution, ou une hélice cylindro-conique.

Donnons d'abord les formules qui, pour une hélice quelconque, font connaître les coordonnées du centre de courbure. Soient x, y, z les coordonnées d'un point quelconque de l'hélice, x', y', z' celles du centre de courbure correspondant; on a

$$x' = x + \rho \cos\xi, \quad y' = y + \rho \cos\eta, \quad z' = z + \rho \cos\zeta,$$

et, en remplaçant $\cos\xi$, $\cos\eta$, $\cos\zeta$ par leurs valeurs (2), ρ par sa valeur (4), on a

$$(9) \quad \begin{cases} x' = x - \dfrac{1}{\sin\gamma_0} \dfrac{ds}{d\varphi} \sin\varphi, \\[2mm] y' = y + \dfrac{1}{\sin\gamma_0} \dfrac{ds}{d\varphi} \cos\varphi, \\[2mm] z' = z. \end{cases}$$

Différentions ces formules et remplaçons dx, dy, dz respectivement par $\dfrac{ds}{d\varphi} \cos\alpha \, d\varphi$, $\dfrac{ds}{d\varphi} \cos\beta \, d\varphi$, $\dfrac{ds}{d\varphi} \cos\gamma \, d\varphi$ ou par $\dfrac{ds}{d\varphi} \sin\gamma_0 \cos\varphi \, d\varphi$, $\dfrac{ds}{d\varphi} \sin\gamma_0 \sin\varphi \, d\varphi$, $\dfrac{ds}{d\varphi} \cos\gamma_0 \, d\varphi$, dx', dy', dz' par $ds' \cos\alpha'$, $ds' \cos\beta'$, $ds' \cos\gamma_0'$, où γ_0' est une constante, puisque le lieu des centres de courbure est aussi une hélice tracée sur un cylindre dont les génératrices sont parallèles à Oz, et nous aurons

$$(10) \begin{cases} \dfrac{ds'}{d\varphi}\cos\alpha' = -\dfrac{\cos^2\gamma_0}{\sin\gamma_0}\cos\varphi\,\dfrac{ds}{d\varphi} - \dfrac{1}{\sin\gamma_0}\sin\varphi\,\dfrac{d^2s}{d\varphi^2}, \\[2ex] \dfrac{ds'}{d\varphi}\cos\beta' = -\dfrac{\cos^2\gamma_0}{\sin\gamma_0}\sin\varphi\,\dfrac{ds}{d\varphi} + \dfrac{1}{\sin\gamma_0}\cos\varphi\,\dfrac{d^2s}{d\varphi^2}, \\[2ex] \dfrac{ds'}{d\varphi}\cos\gamma_0' = \cos\gamma_0\,\dfrac{ds}{d\varphi}. \end{cases}$$

Faisant la somme des carrés et extrayant la racine carrée, on a

$$\sin\gamma_0\,\frac{ds'}{d\varphi} = \sqrt{\left(\frac{d^2s}{d\varphi^2}\right)^2 + \cos^2\gamma_0\,\frac{ds^2}{d\varphi^2}},$$

et, en tenant compte de cette relation, la dernière des formules (10) donne

$$\sin\gamma_0\cos\gamma_0\,\frac{ds}{d\varphi} = \cos\gamma_0'\sqrt{\left(\frac{d^2s}{d\varphi^2}\right)^2 + \cos^2\gamma_0\,\frac{ds^2}{d\varphi^2}},$$

d'où

$$\frac{\dfrac{d^2s}{d\varphi^2}}{\dfrac{ds}{d\varphi}} = \frac{\cos\gamma_0}{\cos\gamma_0'}\sqrt{\sin^2\gamma_0 - \cos^2\gamma_0'}.$$

Le premier membre de cette équation, d'après la formule (4), n'est autre chose que $\sin\gamma_0\,\dfrac{d\rho}{ds}$; on a donc

$$\frac{d\rho}{ds} = \frac{\cos\gamma_0}{\sin\gamma_0\cos\gamma_0'}\sqrt{\sin^2\gamma_0 - \cos^2\gamma_0'} = k.$$

On est ramené au problème précédent. Si k est différent de zéro, l'hélice proposée est une hélice cylindro-conique; si $k = 0$, c'est-à-dire si $\sin^2\gamma_0 = \cos^2\gamma_0'$ ou $\gamma_0' = \dfrac{\pi}{2} - \gamma_0$, l'hélice proposée est tracée sur un cylindre de révolution.

Problème n° 52.

Montrer que, si R' *et* R" *désignent les rayons de cour-bure principaux en un point quelconque de l'intersection d'un ellipsoïde avec une sphère ayant le même centre, on a*

$$\frac{\sqrt[4]{R'R''}}{R'+R''} = \text{const.}$$

Soit $Ax^2 + By^2 + Cz^2 = 1$ l'équation de l'ellipsoïde; le calcul donne aisément

$$R'+R'' = \frac{A^2(B+C)x^2 + B^2(C+A)y^2 + C^2(A+B)z^2}{ABC}$$
$$\times \sqrt{A^2x^2 + B^2y^2 + C^2z^2},$$

$$R'R'' = \frac{(A^2x^2 + B^2y^2 + C^2z^2)^2}{ABC},$$

d'où l'on déduit

$$\frac{\sqrt[4]{R'R''}}{R'+R''} = \frac{(ABC)^{\frac{3}{4}}}{A^2(B+C)x^2 + B^2(C+A)y^2 + C^2(A+B)z^2};$$

ce que l'on peut encore écrire

$$\frac{\sqrt[4]{R'R''}}{R'+R''} = \frac{(ABC)^{\frac{3}{4}}}{(Ax^2+By^2+Cz^2)(BC+CA+AB) - ABC(x^2+y^2+z^2)}$$
$$= \frac{(ABC)^{\frac{3}{4}}}{BC+CA+AB - ABC(x^2+y^2+z^2)}.$$

Soit la sphère $x^2 + y^2 + z^2 = R^2$; le long de l'intersection de cette sphère avec l'ellipsoïde, on aura

$$\frac{\sqrt[4]{R'R''}}{R'+R''} = \frac{(ABC)^{\frac{3}{4}}}{BC + CA + AB - ABCR^2},$$

ce qui est bien une constante.

Problème n° 53.

Exprimer les rayons de courbure principaux, en un point quelconque d'un ellipsoïde, à l'aide des coordonnées elliptiques µ et ν de ce point.

Soit l'ellipsoïde $\frac{x^2}{A^2} + \frac{y^2}{B^2} + \frac{z^2}{C^2} = 1$, où $A > B > C$; le calcul direct donne, en appelant R' et R'' les rayons de courbure principaux de la surface au point x, y, z,

$$(1) \begin{cases} R' + R'' = \left[(B^2 + C^2) \frac{x^2}{A^2} + (C^2 + A^2) \frac{y^2}{B^2} + (A^2 + B^2) \frac{z^2}{C^2} \right] \\ \qquad \times \sqrt{\frac{x^2}{A^4} + \frac{y^2}{B^4} + \frac{z^2}{C^4}}, \\ R'R'' = A^2 B^2 C^2 \left(\frac{x^2}{A^4} + \frac{y^2}{B^4} + \frac{z^2}{C^4} \right)^2. \end{cases}$$

Remarquons en passant que, P désignant la distance du centre de l'ellipsoïde au plan tangent au point x, y, z, on a

$$\frac{1}{P^2} = \frac{x^2}{A^4} + \frac{y^2}{B^4} + \frac{z^2}{C^4},$$

et par suite

$$R'R'' = \frac{A^2 B^2 C^2}{P^4},$$

relation très-simple entre R', R'' et P.

Faisons maintenant

$$A^2 = \rho^2, \quad B^2 = \rho^2 - b^2, \quad C^2 = \rho^2 - c^2, \quad \text{d'où} \quad b^2 < c^2,$$

et considérons les trois équations

$$\frac{x^2}{\rho^2} + \frac{y^2}{\rho^2 - b^2} + \frac{y^2}{\rho^2 - c^2} = 1,$$

$$\frac{x^2}{\mu^2} + \frac{y^2}{\mu^2 - b^2} - \frac{z^2}{c^2 - \mu^2} = 1,$$

$$\frac{x^2}{\nu^2} - \frac{y^2}{b^2 - \nu^2} - \frac{z^2}{c^2 - \nu^2} = 1,$$

et supposons $b^2 < \mu^2 < c^2$, $\nu^2 < b^2$; nous avons déjà

$$\rho^2 > c^2 > b^2.$$

Ces trois équations représentent : la première, l'ellipsoïde proposé; la deuxième, une série d'hyperboloïdes à une nappe, et la troisième, une série d'hyperboloïdes à deux nappes, quand on fait varier les paramètres μ et ν entre les limites fixées plus haut. On tire de ces équations (*voir* le *Calcul différentiel* de M. Serret, p. 505)

$$(2) \quad \begin{cases} x = \dfrac{\rho\mu\nu}{bc}, \\[2ex] y = \dfrac{\sqrt{\rho^2 - b^2}\,\sqrt{\mu^2 - b^2}\,\sqrt{b^2 - \nu^2}}{b\,\sqrt{c^2 - b^2}}, \\[2ex] z = \dfrac{\sqrt{\rho^2 - c^2}\,\sqrt{c^2 - \mu^2}\,\sqrt{c^2 - \nu^2}}{c\,\sqrt{c^2 - b^2}}. \end{cases}$$

Sur l'ellipsoïde, ρ est constant; μ et ν sont les coordonnées elliptiques qui permettent de fixer la position d'un point sur la surface.

En portant les valeurs précédentes (2) de x, y, z dans les expressions (1) de $R' + R''$ et $R'R''$, on obtient, après quelques réductions,

$$R' + R'' = \frac{(2\rho^2 - \mu^2 - \nu^2)\sqrt{\rho^2 - \mu^2}\sqrt{\rho^2 - \nu^2}}{\rho\sqrt{\rho^2 - b^2}\sqrt{\rho^2 - c^2}};$$

$$R'R'' = \frac{(\rho^2 - \mu^2)^2(\rho^2 - \nu^2)^2}{\rho^2(\rho^2 - b^2)(\rho^2 - c^2)},$$

et de ces deux équations on tire

$$R' - R'' = \frac{(\mu^2 - \nu^2)\sqrt{\rho^2 - \mu^2}\sqrt{\rho^2 - \nu^2}}{\rho\sqrt{\rho^2 - b^2}\sqrt{\rho^2 - c^2}},$$

$$R' = \frac{(\rho^2 - \mu^2)^{\frac{3}{2}}\sqrt{\rho^2 - \nu^2}}{\rho\sqrt{\rho^2 - b^2}\sqrt{\rho^2 - c^2}} = \frac{(A^2 - \mu^2)^{\frac{3}{2}}\sqrt{A^2 - \nu^2}}{ABC},$$

$$R'' = \frac{(\rho^2 - \nu^2)^{\frac{3}{2}}\sqrt{\rho^2 - \mu^2}}{\rho\sqrt{\rho^2 - b^2}\sqrt{\rho^2 - c^2}} = \frac{(A^2 - \nu^2)^{\frac{3}{2}}\sqrt{A^2 - \mu^2}}{ABC}.$$

On peut déduire de là une conséquence intéressante ; on a

$$R' = R''^3\frac{A^2B^2C^2}{(A^2 - \nu^2)^4}, \qquad R'' = R'^3\frac{A^2B^2C^2}{(A^2 - \mu^2)^4}.$$

Le long de la ligne de courbure,

$$\mu = \text{const.}, \quad R'' \text{ est proportionnel à } R'^3;$$

le long de la ligne de courbure,

$$\nu = \text{const.}, \quad R' \text{ est proportionnel à } R''^3.$$

Problème n° 54.

Démontrer que toute surface développable qui admet une seule ligne de courbure plane est un hélicoïde développable.

Je prends (*fig.* 20) le plan de la ligne de courbure pour plan des xy. Soient A l'arête de rebroussement de la surface développable ; C la ligne de courbure considérée, qu'on sait être une trajectoire orthogonale des tangentes à l'arête de rebroussement; M et M′ les points correspondants sur les deux courbes; x, y, z; x', y', z' les coordonnées de ces deux points; u la longueur variable MM′; α, β, γ; ξ, η, ζ

Fig. 20.

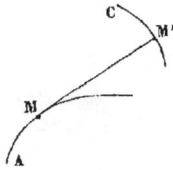

les angles que font avec les axes la tangente et la normale principale au point M de l'arête de rebroussement. Nous aurons

$$x' = x + u\cos\alpha, \quad y' = y + u\cos\beta, \quad z' = z + u\cos\gamma,$$

et, en différentiant et remplaçant dx par $ds\cos\alpha$, $d\cos\alpha$ par $\cos\xi\,\dfrac{ds}{\rho}$, ρ étant le rayon de la première courbure, nous aurons

$$(1) \quad \begin{cases} dx' = (ds + du)\cos\alpha + u\cos\xi\,\dfrac{ds}{\rho}, \\[2mm] dy' = (ds + du)\cos\beta + u\cos\eta\,\dfrac{ds}{\rho}, \\[2mm] dz' = (ds + du)\cos\gamma + u\cos\zeta\,\dfrac{ds}{\rho}. \end{cases}$$

Or, la tangente en M à la ligne de courbure étant perpendiculaire sur MM′, on doit avoir

$$dx'\cos\alpha + dy'\cos\beta + dz'\cos\gamma = 0;$$

mais, si l'on multiplie les équations (1) respectivement par $\cos\alpha$, $\cos\beta$, $\cos\gamma$ et qu'on tienne compte de la relation

$\cos\alpha\cos\xi + \cos\beta\cos\eta + \cos\gamma\cos\zeta = 0$, on trouvera

$$dx'\cos\alpha + dy'\cos\beta + dz'\cos\gamma = ds + du = 0,$$

et les équations (1) deviendront

$$dx' = u\cos\xi\,\frac{ds}{\rho},$$

$$dy' = u\cos\eta\,\frac{ds}{\rho},$$

$$dz' = u\cos\zeta\,\frac{ds}{\rho}.$$

Considérons la dernière de ces formules : tout le long de la ligne de courbure, $z' = 0$; donc $\cos\zeta = 0$, et, à cause de la relation $d\cos\gamma = \cos\zeta\,\dfrac{ds}{\rho}$, il vient

$$d\cos\gamma = 0 \quad \text{ou} \quad \gamma = \text{const.}$$

Donc les tangentes à l'arête de rebroussement font toutes le même angle avec l'axe des z; donc l'arête de rebroussement est une hélice tracée sur un cylindre dont les génératrices sont perpendiculaires au plan de la ligne de courbure; la surface est donc un hélicoïde développable.

Réciproquement les lignes de courbure d'un hélicoïde développable sont des courbes planes situées dans des plans parallèles entre eux et perpendiculaires aux génératrices du cylindre sur lequel est tracée l'hélice arête de rebroussement de la surface. En effet, si l'axe des z est parallèle aux génératrices de ce cylindre, on a $\cos\gamma = \text{const.}$, par suite $\cos\zeta = 0$, et la formule $dz' = u\cos\zeta\,\dfrac{ds}{\rho}$ donne

$$dz' = 0 \quad \text{ou} \quad z' = \text{const.}$$

pour chaque ligne de courbure.

Problème n° 55.

Démontrer que les trajectoires des génératrices recti-
lignes d'un hélicoïde développable sont des hélices.

Prenons (*fig.* 21) pour axe des z une parallèle aux génératrices du cylindre sur lequel est tracée l'hélice arête
de rebroussement de la surface; soit i l'angle constant de

Fig. 21.

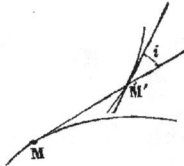

la trajectoire avec les génératrices rectilignes; conservant
les notations employées dans l'exercice précédent, nous
aurons, en remarquant que, γ étant constant, $\cos\zeta$ est nul,

$$(1) \quad \begin{cases} ds' \cos\alpha' = (ds + du) \cos\alpha + u \dfrac{ds}{\rho} \cos\xi, \\[2mm] ds' \cos\beta' = (ds + du) \cos\beta + u \dfrac{ds}{\rho} \cos\eta, \\[2mm] ds' \cos\gamma' = (ds + du) \cos\gamma, \end{cases}$$

$$\cos i = \cos\alpha \cos\alpha' + \cos\beta \cos\beta' + \cos\gamma \cos\gamma',$$

et, en tenant compte des équations précédentes,

$$(2) \qquad ds' \cos i = ds + du.$$

On tire du reste des équations (1)

$$(3) \qquad ds' = \sqrt{(ds + du)^2 + u^2 \frac{ds^2}{\rho^2}};$$

l'équation (2) donnera donc

$$\cos^2 i \, (ds + du)^2 + u^2 \frac{ds^2}{\rho^2} \cos^2 i = (ds + du)^2,$$

d'où

$$ds + du = u \frac{ds}{\rho} \cot i.$$

L'équation (3) donne ensuite

$$ds' = u \frac{ds}{\rho} \operatorname{coséc} i.$$

On a donc

$$\frac{ds + du}{ds'} = \cos i,$$

et la troisième des formules (1) deviendra

$$\cos \gamma' = \cos \gamma \cos i = \text{const.,}$$

ce qui montre que les trajectoires sont des hélices tracées sur des cylindres parallèles à celui qui contient l'arête de rebroussement.

DEUXIÈME PARTIE.

EXERCICES SUR LE CALCUL INTÉGRAL.

Problème nº 1.

Prouver que l'intégrale $V = \int \frac{b-x}{b+x} \frac{dx}{\sqrt{x(x+a)(x+c)}}$
peut s'exprimer sans intégrale elliptique lorsque $b^2 = ac$.

Je fais un changement de variable; je pose $y = \frac{b-x}{b+x}$,
et en outre $a = bk$, et j'en déduis, à cause de la relation
$b^2 = ac$,

$$ c = \frac{b}{k}; $$

j'ai du reste

$$ x = b\frac{1-y}{1+y}, \quad dx = -\frac{2b\,dy}{(1+y)^2}, $$

$$ x+a = b\frac{1+k+(k-1)y}{1+y}, \quad x+c = \frac{b}{k}\frac{1+k-(k-1)y}{1+y}, $$

$$ (x+a)(x+c) = \frac{b^2}{k}\frac{(k+1)^2-(k-1)^2y^2}{(1+y)^2}, $$

et par suite

$$ V = -\frac{\sqrt{k}}{\sqrt{b}}\int \frac{2y\,dy}{\sqrt{(1-y^2)[(k+1)^2-(k-1)^2y^2]}}. $$

En faisant $\gamma^2 = u$, il viendra

$$V = -\frac{1}{\sqrt{c}} \int \frac{du}{\sqrt{(1-u)[(k+1)^2 - (k-1)^2 u]}}.$$

Sous cette forme, on voit que l'intégration peut s'effectuer; elle s'exprimera par un logarithme si c est positif, par un arc tangentes si c est négatif; dans ce dernier cas, il faut écrire

$$V = \frac{-1}{\sqrt{-c}} \int \frac{du}{(k-1)\sqrt{(u-1)\left[\left(\frac{k+1}{k-1}\right)^2 - u\right]}},$$

et l'on a

$$V = \frac{2}{(1-k)\sqrt{-c}} \arctan \sqrt{\frac{u-1}{\left(\frac{k+1}{k-1}\right)^2 - u}}.$$

En remettant pour u sa valeur en x, on a

$$V = \frac{2}{(k-1)\sqrt{-c}} \arctan \sqrt{\frac{(k-1)^2 bx}{k(x+a)(x+b)}}$$

ou bien

$$V = \frac{2\sqrt{-a}}{b-a} \arctan \frac{(b-a)\sqrt{x}}{\sqrt{-a(x+a)(x+c)}}.$$

Problème n° 2.

Si $F(x)$ *est un polynôme algébrique de degré moindre que* n, *on a*

$$\int_a^b \frac{F(x)dx}{(x-c)^n} = \frac{1}{1.2.3\ldots(n-1)} \frac{d^{n-1}}{dc^{n-1}}\left[F(c) \log \frac{a-c}{b-c}\right]$$

si c *n'est pas compris entre* a *et* b.

On a, en effet, par la division algébrique,

$$\frac{F(x)}{x-c} = E(x, c) + \frac{F(c)}{x-c},$$

où $E(x, c)$ est une fonction rationnelle entière de x et de c; son degré par rapport à c est du degré $m-1$ si $F(x)$ est du degré m; elle est donc au plus du degré $n-2$.

Multiplions les deux membres de l'équation précédente par dx et intégrons entre les limites a et b de x: nous aurons

$$\int_a^b \frac{F(x)dx}{x-c} = P(c) + F(c)\int_a^b \frac{dx}{x-c} = P(c) + F(c)\log\frac{a-c}{b-c},$$

où $P(c)$ est un polynôme du degré $n-2$ au plus. Nous supposerons que c ne soit pas compris entre a et b; alors nous pourrons différentier les deux membres de l'équation précédente par rapport à c et différentier sous le signe $\int$; nous aurons

$$\int_a^b \frac{F(x)dx}{(x-c)^2} = P'(c) + \frac{d}{dc}\left[F(c)\log\frac{a-c}{b-c}\right].$$

Différentions encore $n-2$ fois, et nous aurons, en remarquant que $P^{(n-1)}(c) = 0$,

$$\int_a^b \frac{F(x)dx}{(x-c)^n} = \frac{1}{1.2\ldots(n-1)}\frac{d^{n-1}}{dc^{n-1}}\left[F(c)\log\frac{a-c}{b-c}\right].$$

Si c était compris entre a et b, l'intégrale qui figure dans le premier membre de la dernière équation n'aurait plus de sens.

Problème n° 3.

Vers quelle limite tend l'intégrale définie $\int_a^b \dfrac{dx}{\sqrt{F(x)}}$
quand a tend vers b, a et b étant deux racines consécutives de l'équation $F(x) = 0$, *et la fonction* $F(x)$ *étant positive dans cet intervalle?*

Nous pourrons faire

$$(1) \qquad F(x) = (x - a)(b - x)f(x),$$

et la fonction $f(x)$ sera positive quand x variera de a jusqu'à b. Soient a' et a'' les valeurs de x qui correspondent à la plus grande et à la plus petite des valeurs de la fonction $f(x)$ quand x variera de a à b; la décomposition de l'intégrale proposée en ses éléments nous montre qu'elle sera comprise entre

$$\frac{1}{\sqrt{f(a')}} \int_a^b \frac{dx}{\sqrt{(x-a)(b-x)}} \quad \text{et} \quad \frac{1}{\sqrt{f(a'')}} \int_a^b \frac{dx}{\sqrt{(x-a)(b-x)}}.$$

Or on a

$$\int \frac{dx}{\sqrt{(x-a)(b-x)}} = 2 \operatorname{arc\,tang} \sqrt{\frac{x-a}{b-x}},$$

et l'on en conclut

$$\int_a^b \frac{dx}{\sqrt{(x-a)(b-x)}} = \pi;$$

l'intégrale proposée est donc comprise entre

$$\frac{\pi}{\sqrt{f(a')}} \quad \text{et} \quad \frac{\pi}{\sqrt{f(a'')}}.$$

a' et a'' coïncident avec a quand b tend vers a, et l'intégrale a pour valeur $\dfrac{\pi}{\sqrt{f(a)}}$. Exprimons $f(a)$ à l'aide de la fonction F et de ses dérivées. Différentiant deux fois l'équation (1), nous avons

$$F''(x) = -2f(x) - 4\left(x - \frac{a+b}{2}\right)f'(x) + (x-a)(b-x)f''(x).$$

Faisons $x = a$, $b = a$, et nous aurons

$$f(a) = -\frac{F''(a)}{2}.$$

Donc la limite de l'intégrale définie proposée est

$$\pi \sqrt{\frac{-2}{F''(a)}}.$$

Problème n° 4.

On partage (fig. 22) la différence $P_0 P_1$ *des abscisses de deux points fixes* M_0 *et* M_1 *d'une courbe en n parties*

Fig. 22.

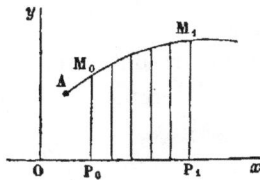

égales; on demande de trouver vers quelle limite tend la moyenne arithmétique des ordonnées quand n croît indéfiniment.

Soient x_0 et x_1 les abscisses des points M_0 et M_1, $y = f(x)$ l'équation de la courbe, $nh = x_1 - x_0$; la limite à trouver est la même que celle de $\dfrac{f(x_0) + f(x_0+h) + \ldots + f(x_0+nh)}{n}$,

9.

expression qu'on peut écrire comme il suit :

$$\frac{hf(x_0) + hf(x_0 + h) + \ldots + hf(x_0 + nh)}{nh}$$

ou, en remplaçant nh par $x_1 - x_0$,

$$\frac{hf(x_0) + hf(x_0 + h) + \ldots + hf(x_0 + nh)}{x_1 - x_0};$$

mais, quand n tend vers l'infini, h tend vers zéro, et l'on sait que le numérateur de l'expression précédente a pour limite $\int_{x_0}^{x_1} f(x)\,dx$; la limite cherchée est donc

$$\frac{1}{x_1 - x_0} \int_{x_0}^{x_1} f(x)\,dx.$$

Résoudre la même question en supposant que ce soit l'arc $M_0 M_1$ qu'on ait divisé en n parties égales.

Soit s la longueur de l'arc compté d'un point fixe A de la courbe et terminé à un point quelconque dont l'ordonnée est y; la courbe étant donnée, y sera une certaine fonction de s

$$y = F(s).$$

Soient s_0 et s_1 les valeurs de s aux points M_0 et M_1; en raisonnant comme précédemment, on trouvera, pour la moyenne cherchée,

$$\frac{1}{s_1 - s_0} \int_{s_0}^{s_1} F(s)\,ds.$$

APPLICATIONS.

1º *On partage le diamètre d'une demi-circonférence en parties infiniment petites, égales entre elles : quelle est la moyenne arithmétique des ordonnées correspondantes ?*

Soit cette moyenne M, R le rayon de la circonférence ; nous aurons

$$M = \frac{1}{R} \int_0^R y\, dx;$$

mais $\int_0^R y\, dx$ représente le quart de l'aire du cercle ou $\frac{\pi R^2}{4}$; donc

$$M = \frac{\pi R}{4}.$$

2° *La même circonférence étant donnée, c'est sa périphérie qu'on divise en parties égales.*

On aura

$$M = \frac{2}{\pi R} \int_0^{\frac{\pi R}{2}} y\, ds = \frac{2}{\pi} \int_0^{\frac{\pi R}{2}} \sin \frac{s}{R}\, ds = \frac{2R}{\pi}.$$

3° *On divise la base d'une cycloïde en un grand nombre n de parties égales : quelle est la limite de la moyenne arithmétique des ordonnées correspondantes ?*

$$M = \frac{1}{2\pi a} \times \text{aire de la cycloïde} = \frac{1}{2\pi a} \times 3\pi a^2 = \frac{3a}{2}.$$

4° *Même question quand on divise l'arc au lieu de la base.*

La longueur de la cycloïde entière est $8a$; donc

$$M = \frac{1}{8a} \int_0^{8a} y\, ds.$$

On a, dans ce cas, entre y et s, la relation

$$y = \frac{8as - s^2}{8a};$$

on en conclut

$$M = \frac{4a}{3}.$$

5° *Par un des foyers d'une ellipse, on mène des rayons vecteurs faisant entre eux des angles égaux à $\frac{2\pi}{n}$; trouver la limite de la moyenne arithmétique de ces rayons vecteurs.*

On aura évidemment

$$M = \frac{1}{2\pi} \int_0^{2\pi} r\, d\theta.$$

Soit $r = \dfrac{p}{1 + e\cos\theta}$ l'équation de l'ellipse ; il viendra

$$M = \frac{p}{2\pi} \int_0^{2\pi} \frac{d\theta}{1 + e\cos\theta} = \frac{p}{\pi} \int_0^{2\pi} \frac{\frac{1}{2}\,d\theta}{(1+e)\cos^2\frac{\theta}{2} + (1-e)\sin^2\frac{\theta}{2}}.$$

On a

$$\int \frac{\frac{1}{2}\,d\theta}{(1+e)\cos^2\frac{\theta}{2} + (1-e)\sin^2\frac{\theta}{2}} = \int \frac{d\tan\frac{\theta}{2}}{1+e+(1-e)\tan^2\frac{\theta}{2}}$$

$$= \frac{1}{\sqrt{1-e^2}} \operatorname{arc\,tang}\left(\sqrt{\frac{1-e}{1+e}}\tan\frac{\theta}{2}\right) + \text{const.}$$

Pour $\theta = 0$, nous avons arc tang 0, que nous pouvons prendre égal à zéro ; mais, pour $\theta = 2\pi$, nous avons encore arc tang 0 : quelle valeur faut-il prendre cette fois? La réponse est facile : la dérivée de notre arc tangente, par rapport à θ, est $\dfrac{1}{1+e\cos\theta}$; elle est toujours positive : donc l'arc croît toujours ; pour $\theta = \pi$, l'arc dont la tangente est infinie doit donc être pris ici égal à $\frac{\pi}{2}$, et enfin, quand nous arrivons à l'arc dont la tangente est nulle, nous devons donner à cet arc la valeur π; nous avons donc

$$M = \frac{p}{\sqrt{1 - e^2}} = b;$$

la moyenne cherchée est donc égale au demi-petit axe de l'ellipse.

6° *On divise le grand axe de l'ellipse en n parties égales : quelle est la limite de la moyenne arithmétique des rayons vecteurs correspondants?*

$$M = \frac{1}{2a} \int_{-a}^{+a} r\, dx,$$

x étant l'abscisse comptée du centre; on a

$$r = a - \frac{cx}{a}, \quad \int r\, dx = ax - \frac{cx^2}{2a} + \text{const.},$$

$$\int_{-a}^{+a} r\, dx = 2a^2, \quad M = a;$$

la limite cherchée est donc égale au demi-grand axe.

Problème n° 5.

On considère une courbe fermée et un point O dans son intérieur; on partage le périmètre de la courbe en un très-grand nombre n de parties égales. Soient N l'un des points de division, ρ le rayon de courbure en ce point; P la distance du point O à la tangente en N. On demande de trouver la limite de la moyenne arithmétique des valeurs du rapport $\frac{P}{\rho}$ quand n croît indéfiniment.

Soit l le périmètre de la courbe; nous aurons

$$\mathrm{M} = \frac{1}{l} \int \frac{p}{\rho}\, ds,$$

l'intégration s'étendant tout le long du périmètre; désignons par α l'angle que fait la normale au point N avec Ox; à cause de la relation $\rho = \dfrac{ds}{d\alpha}$, nous pourrons écrire

$$\mathrm{M} = \frac{1}{l} \int p\, d\alpha.$$

Considérons (*fig.* 23) la courbe comme l'enveloppe de

Fig. 23.

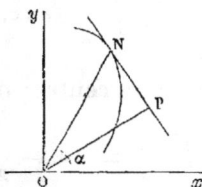

ses tangentes; l'équation de la tangente est

$$x \cos\alpha + y \sin\alpha = p\,;$$

en en prenant la dérivée par rapport à α, nous aurons

$$-x \sin\alpha + y \cos\alpha = \frac{dp}{d\alpha},$$

et l'on voit sur la figure que $-x\sin\alpha + y\cos\alpha = \mathrm{NP}$. Les équations précédentes donnent

$$x = p \cos\alpha - \frac{dp}{d\alpha} \sin\alpha,$$

$$y = p \sin\alpha + \frac{dp}{d\alpha} \cos\alpha,$$

et l'on en déduit, par différentiation,

$$dx = - \left(p + \frac{d^2 p}{d\alpha^2} \right) \sin \alpha \, d\alpha = - ds \sin \alpha,$$

$$dy = + \left(p + \frac{d^2 p}{d\alpha^2} \right) \cos \alpha \, d\alpha = + ds \cos \alpha.$$

On a donc

$$ds = \left(p + \frac{d^2 p}{d\alpha^2} \right) d\alpha;$$

en intégrant, il vient

$$s = \int p \, d\alpha + \frac{dp}{d\alpha}.$$

Si l'on intégre tout le long de la courbe, $\frac{dp}{d\alpha} = NP$ reprendra la même valeur; on aura donc

$$l = \int p \, d\alpha$$

et par suite

$$M = 1;$$

la limite cherchée est égale à l'unité.

Problème n° 6.

On donne une courbe fermée dont on partage l'aire en n parties égales par des parallèles aux axes des x et des y; on joint un point de chacun de ces éléments à l'origine des coordonnées; soient r_1, r_2,..., r_n ces rayons vecteurs : on demande la limite vers laquelle tend la moyenne arithmétique de ces rayons quand n croît indéfiniment.

Il faut trouver

$$M = \lim \frac{r_1 + r_2 + \ldots + r_n}{n} = \lim \frac{r_1 \Delta x \, \Delta y + r_2 \Delta x \, \Delta y + \ldots + r_n \Delta x \, \Delta y}{n \, \Delta x \, \Delta y};$$

mais le numérateur de cette dernière fraction a pour limite l'intégrale double $\iint r\,dx\,dy$, étendue à tous les points situés à l'intérieur de la courbe donnée, $n\,\Delta x\,\Delta y$ a pour limite l'aire S de cette courbe; nous avons donc

$$M = \frac{1}{S} \iint r\,dx\,dy$$

ou, en coordonnées polaires,

$$M = \frac{1}{S} \iint r^2\,dr\,d\theta.$$

On peut effectuer l'intégration par rapport à r. Soient θ' et θ'' les limites extrêmes de θ : pour chaque valeur de θ, il faudra intégrer, relativement à r, de r' à r'', r' et r'' désignant deux fonctions de θ; la limite cherchée sera donc

$$M = \frac{1}{3} \int_{\theta'}^{\theta''} (r''^3 - r'^2)\,d\theta.$$

APPLICATION.

La courbe est une circonférence et l'origine des rayons vecteurs est sur la circonférence.

On a, dans ce cas,

$$r' = 0, \quad r'' = 2a\cos\theta.$$

Relativement à θ, on peut intégrer de $\theta = 0$ à $\theta = \frac{\pi}{2}$ et doubler le résultat; on trouve donc

$$M = \frac{16a^3}{3\pi a^2} \int_0^{\frac{\pi}{2}} \cos^3\theta\,d\theta = \frac{16a}{3\pi} \int_0^{\frac{\pi}{2}} \left(\frac{1}{4}\cos 3\theta + \frac{3}{4}\cos\theta \right) d\theta;$$

l'intégrale indéfinie est

$$\frac{1}{12} \sin 3\theta + \frac{3}{4} \sin \theta;$$

l'intégrale définie est, par suite, égale à $\frac{2}{3}$; donc

$$M = \frac{32\,a}{9\pi}.$$

Problème n° 7.

On considère le volume limité par une surface fermée, on le partage en n parties égales par des plans parallèles aux plans coordonnés, on joint un point de chacun de ces éléments à l'origine des coordonnées : on demande la limite vers laquelle tend la moyenne arithmétique de ces rayons quand n croît indéfiniment.

Il faut trouver

$$M = \lim \frac{r_1 + r_2 + \ldots + r_n}{n}$$

$$= \lim \frac{r_1 \Delta x \Delta y \Delta z + \ldots + r_n \Delta x \Delta y \Delta z}{n \Delta x \Delta y \Delta z}.$$

Soit V le volume du corps, on aura

$$M = \frac{\int\int\int r\,dx\,dy\,dz}{V};$$

en prenant des coordonnées polaires, il vient

$$M = \frac{1}{V} \int\int\int r^3\,dr \sin\theta\,d\theta\,d\psi = \frac{1}{4V} \int\int (r''^4 - r'^4) \sin\theta\,d\theta\,d\psi,$$

en désignant par r' et r'' les limites, fonctions de θ et ψ, entre lesquelles il faudra intégrer par rapport à r.

Problème n° 8.

Trouver la valeur de l'intégrale définie

$$\int_{-\infty}^{+\infty} e^{-x^2} U_m U_n \, dx,$$

U_m *et* U_n *étant les polynômes définis* (p. 25), *à l'occasion de la dérivée d'ordre n de la fonction* e^{-x^2}.

On a posé

$$\frac{d^n e^{-x^2}}{dx^n} = e^{-x^2} U_n.$$

Si donc, dans la fonction e^{-x^2}, on remplace x par $x + h$, et qu'on développe par la série de Taylor, le coefficient de $\dfrac{h^n}{1 \cdot 2 \ldots n}$ sera $e^{-x^2} U_n$; ainsi l'on aura

$$e^{-(x+h)^2} = e^{-x^2} \left(1 + \frac{h}{1} U_1 + \frac{h^2}{1 \cdot 2} U_2 + \ldots \right)$$

ou bien

$$e^{-2hx - h^2} = 1 + \frac{h}{1} U_1 + \frac{h^2}{1 \cdot 2} U_2 + \ldots.$$

On aura de même, en remplaçant h par k,

$$e^{-2kx - k^2} = 1 + \frac{k}{1} U_1 + \frac{k^2}{1 \cdot 2} U_2 + \ldots.$$

Multipliant membre à membre les deux équations précédentes, il vient

$$e^{-x^2 - 2(h+k, x - h^2 - k^2)} = \sum \sum \frac{h^m}{1 \cdot 2 \ldots m} \frac{k^n}{1 \cdot 2 \ldots n} e^{-x^2} U_m U_n,$$

m et n pouvant dans le second membre recevoir toutes les valeurs entières et positives; je multiplie les deux membres de l'équation précédente par dx, et j'intègre de $x = -\infty$

à $x = +\infty$, ce qui me donne

$$e^{2hk} \int_{-\infty}^{+\infty} e^{-(x+h+k)^2} dx$$

$$= \sum\sum \frac{h^m}{1.2\ldots m} \frac{k^n}{1.2\ldots n} \int_{-\infty}^{+\infty} e^{-x^2} U_m U_n dx.$$

Or, en posant $x + h + k = t$, on a

$$\int_{-\infty}^{+\infty} e^{-(x+h+k)^2} dx = \int_{-\infty}^{+\infty} e^{-t^2} dt = \sqrt{\pi}.$$

Nous avons donc

(1) $$\sqrt{\pi}\, e^{2hk} = \sum\sum \frac{h^m}{1.2\ldots m} \frac{k^n}{1.2\ldots n} \int_{-\infty}^{+\infty} e^{-x^2} U_m U_n dx.$$

Cette équation doit avoir lieu quels que soient h et k; or le premier membre ne dépend que du produit hk; il doit en être de même du second; donc tous les termes de ce second membre, dans lesquels m est différent de n, sont nuls; ainsi nous trouverons

$$\int_{-\infty}^{+\infty} e^{-x^2} U_m U_n dx = 0,$$

quels que soient les entiers m et n, pourvu qu'ils soient inégaux.

Réduisant le second membre de l'équation (1) aux seuls termes dans lesquels $m = n$, il viendra

$$\sqrt{\pi}\, e^{2hk} = \sum \frac{h^n k^n}{(1.2\ldots n)^2} \int_{-\infty}^{+\infty} e^{-x^2} U_n^2 dx.$$

Or le développement du premier membre est

$$\sqrt{\pi} \sum \frac{2^n h^n k^n}{1.2\ldots n};$$

il doit être identique au second membre; nous aurons donc

$$\sqrt{\pi}\,\frac{2^n}{1.2\ldots n}=\frac{1}{(1.2\ldots n)^2}\int_{-\infty}^{+\infty}e^{-x^2}\mathrm{U}_n^2\,dx,$$

d'où

$$\int_{-\infty}^{+\infty}e^{-x^2}\mathrm{U}_n^2\,dx=2.4.6\ldots 2n\sqrt{\pi}.$$

Problème n° 9.

Trouver la valeur de l'intégrale définie

$$\int_{-1}^{+1}\frac{\sin\alpha}{1-2x\cos\alpha+x^2}\,dx.$$

Soit posé

$$f(\alpha)=\int_{-1}^{+1}\frac{\sin\alpha}{1-2x\cos\alpha+x^2}\,dx;$$

on voit d'abord que

$$f(\alpha+\pi)=-f(\alpha);$$

on a, en effet,

$$f(\alpha+\pi)=-\int_{-1}^{+1}\frac{\sin\alpha}{1+2x\cos\alpha+x^2}\,dx;$$

si, dans cette intégrale, on pose $x=-x'$, elle deviendra

$$-\int_{-1}^{+1}\frac{\sin\alpha}{1+2x'\cos\alpha+x'^2}\,dx'=-f(\alpha);$$

on a donc

$$f(\alpha+\pi)=-f(\alpha),\ \ f(\alpha+2\pi)=-f(\alpha+\pi)=f(\alpha),\ldots$$

La fonction $f(\alpha)$ est donc périodique, et il suffit d'obtenir sa valeur quand α est compris entre zéro et π. Faisons la substitution suivante :

(1)
$$x - \cos\alpha = u\sin\alpha,$$

d'où nous déduirons

(2)
$$\frac{\sin\alpha}{1 - 2x\cos\alpha + x^2}\,dx = \frac{du}{1 + u^2},$$

$$\int \frac{\sin\alpha}{1 - 2x\cos\alpha + x^2}\,dx = \text{arc tang}\,u + \text{const.};$$

pour $x = -1$,

$$u = -\frac{1 + \cos\alpha}{\sin\alpha} = -\cot\frac{\alpha}{2} = \text{tang}\left(\frac{\alpha}{2} - \frac{\pi}{2}\right);$$

pour $x = +1$,

$$u = \frac{1 - \cos\alpha}{\sin\alpha} = \text{tang}\frac{\alpha}{2};$$

la dérivée de arc tang u est positive, d'après la formule (2); ainsi, x variant de -1 à $+1$, arc tang u doit aller en croissant d'une manière continue; donc, si, pour $x = -1$, nous prenons $u = \frac{\alpha}{2} - \frac{\pi}{2}$, quantité négative; pour $x = +1$, nous devrons prendre $u = \frac{\alpha}{2}$, quantité positive; il en résultera

$$\int_{-1}^{+1} \frac{\sin\alpha}{1 - 2x\cos\alpha + x^2}\,dx = \frac{\pi}{2}.$$

Ainsi la fonction $f(\alpha)$ (*fig.* 24) est égale à $\frac{\pi}{2}$ pour α

Fig. 24.

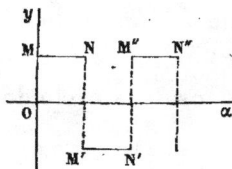

compris entre zéro et π, à $-\frac{\pi}{2}$ pour α compris entre π et

2π, à $+\dfrac{\pi}{2}$ pour α compris entre 2π et 3π,...; si donc, prenant α pour abscisse, on construit le lieu $y = f(\alpha)$, il se composera des droites MN, M'N', M''N'',....

Il est facile d'obtenir une expression en série trigono-métrique de la fonction $f(\alpha)$; il suffit, en effet, de partir de ce développement connu

$$\frac{\sin\alpha}{1 - 2x\cos\alpha + x^2} = \sin\alpha + x\sin 2\alpha + x^2 \sin 3\alpha + \dots,$$

et de remarquer qu'on a

$$\int_{-1}^{+1} x^n\, dx = 0 \quad \text{ou} \quad = \frac{2}{n+1},$$

suivant que n est impair ou pair pour arriver à ce résultat

$$f(\alpha) = 2\left(\sin\alpha + \frac{1}{3}\sin 3\alpha + \frac{1}{5}\sin 5\alpha + \dots \right).$$

Il resterait toutefois à établir la convergence de la série ainsi obtenue.

Ce qui précède est extrait presque textuellement d'une Note de M. Hermite publiée dans le *Bulletin des Sciences mathématiques*, rédigé par M. Darboux, t. I, p. 322.

Problème n° 10.

Calculer la longueur S *d'un arc* M'M'' *de cycloïde en fonction de la somme des longueurs* l' *et* l'' *des tangentes* M'T *et* M''T *en* M' *et* M'' *et de leur angle* α.

Prenons les équations de la cycloïde sous la forme

$$x = a(\varphi - \sin\varphi), \quad y = a(1 - \cos\varphi),$$

et désignons par φ' et φ'' les valeurs de φ qui répondent aux points M' et M'', dont les coordonnées seront $x'y'$, $x''y''$.

Nous aurons

$$S = 4a\left(\cos\frac{\varphi'}{2} - \cos\frac{\varphi''}{2}\right), \quad \frac{\varphi'' - \varphi'}{2} = \alpha;$$

les équations des tangentes en M' et M'' peuvent s'écrire

$$y\sin\frac{\varphi'}{2} - x\cos\frac{\varphi'}{2} = 2a\sin\frac{\varphi'}{2} - a\varphi'\cos\frac{\varphi'}{2},$$

$$y\sin\frac{\varphi''}{2} - x\cos\frac{\varphi''}{2} = 2a\sin\frac{\varphi''}{2} - a\varphi''\cos\frac{\varphi''}{2}.$$

Résolvant ces deux équations, on aura, pour les coordonnées x_1 et y_1 du point de concours T des deux tangentes

$$x_1\sin\frac{\varphi'' - \varphi'}{2} = -a\varphi''\sin\frac{\varphi'}{2}\cos\frac{\varphi''}{2} + a\varphi'\sin\frac{\varphi''}{2}\cos\frac{\varphi'}{2},$$

$$y_1\sin\frac{\varphi'' - \varphi'}{2} = 2a\sin\frac{\varphi'' - \varphi'}{2} - a(\varphi'' - \varphi')\cos\frac{\varphi'}{2}\cos\frac{\varphi''}{2}.$$

On calculera les longueurs l' et l'' par les formules

$$l'\sin\frac{\varphi'}{2} = x_1 - x', \quad l''\sin\frac{\varphi''}{2} = x'' - x_1,$$

et l'on trouvera, après quelques réductions,

$$l' = 2a\left(\cos\frac{\varphi'}{2} - \cos\frac{\varphi''}{2}\,\frac{\dfrac{\varphi'' - \varphi'}{2}}{\sin\dfrac{\varphi'' - \varphi'}{2}}\right),$$

$$l'' = 2a\left(-\cos\frac{\varphi''}{2} + \cos\frac{\varphi'}{2}\,\frac{\dfrac{\varphi'' - \varphi'}{2}}{\sin\dfrac{\varphi'' - \varphi'}{2}}\right);$$

d'où

$$l' + l'' = 2a\left(\cos\frac{\varphi'}{2} - \cos\frac{\varphi''}{2}\right)\left(1 + \frac{\dfrac{\varphi'' - \varphi'}{2}}{\sin\dfrac{\varphi'' - \varphi'}{2}}\right),$$

T. — *Rec.* 10

et l'on en déduit, en introduisant S et α,

$$S = \frac{2(l' + l'')}{1 + \dfrac{\alpha}{\sin \alpha}}.$$

Problème n° 11.

On considère une courbe et un point fixe O ; de ce point on abaisse des perpendiculaires sur toutes les tangentes de la courbe; le lieu des pieds de ces perpendiculaires est une nouvelle courbe sur laquelle on opère comme sur la première; on continue ainsi, et l'on obtient la série des podaires de la courbe proposée relativement au point O; on demande d'exprimer les différentielles des arcs de ces courbes à l'aide des quantités relatives à la proposée.

Soient (*fig.* 25) M, M_1, M_2,... la suite des points définis précédemment; V_1, V_2, V_3,... les angles OMM_1; OM_1M_2, OM_2M_3,...; tous ces angles sont égaux entre eux

Fig. 25.

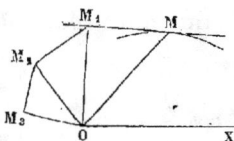

(*voir* FRENET, p. 145). Représentons par $\theta = f(r)$ l'équation de la courbe proposée, et nommons r_1, θ_1; r_2, θ_2;... les coordonnées des points M_1, M_2,.... Nous aurons

$$\tan V_n = \frac{r_n \, d\theta_n}{dr_n} = \tan V;$$

ainsi nous arrivons à cette relation simple

$$r_n \frac{d\theta_n}{dr_n} = r \frac{d\theta}{dr}.$$

D'autre part, nous avons

$$r_1 = r\sin V,$$
$$r_2 = r_1 \sin V_1 = r \sin^2 V,$$
$$\dots\dots\dots\dots\dots\dots\dots,$$

(1)
$$r_n = r \sin^n V;$$

la formule $\cos V_n = \dfrac{dr_n}{ds_n} = \cos V = \dfrac{dr}{ds}$ nous donnera

(2)
$$ds_n = dr_n \sqrt{1 + \frac{r^2 d\theta^2}{dr^2}}.$$

Il ne nous reste qu'à substituer dans cette expression de ds_n la valeur de r_n tirée de l'équation (1), en tenant compte de la relation $\sin V = \dfrac{\dfrac{r\,d\theta}{dr}}{\sqrt{1 + \dfrac{r^2 d\theta^2}{dr^2}}};$ prenons r pour variable indépendante, et nous aurons

$$ds_n = \left(\frac{r\,d\theta}{dr}\right)^{n-1} \frac{nr\dfrac{d^2\theta}{dr^2} + (n+1)\dfrac{d\theta}{dr} + r^2\dfrac{d\theta^3}{dr^3}}{\left(1 + r^2\dfrac{d\theta^2}{dr^2}\right)^{\frac{n+1}{2}}} r\,dr.$$

Prenons comme exemple, pour la courbe proposée, une circonférence de rayon a, le point O étant sur cette circonférence; nous aurons pour équation de cette circonférence

$$r = 2a\cos\theta;$$

un calcul facile donne

$$ds_n = 2(n+1)a\cos^n\theta\,d\theta.$$

Si l'on veut trouver la longueur de l'arc de la $n^{ième}$ courbe, qui correspond aux valeurs de θ comprises entre zéro et $\dfrac{\pi}{2}$,

10.

on aura

$$s_n = 2(n+1)a \int_0^{\frac{\pi}{2}} \cos^n \theta \, d\theta = 2 \frac{2.4.6\ldots(n-1)(n+1)}{3.5.7\ldots n} a.$$

Si n est impair et si n est pair,

$$S_n = \frac{1.3.5\ldots(n-1)(n+1)}{2.4.6\ldots n} \pi a.$$

Dans ce cas, on peut trouver facilement l'équation de la $n^{ième}$ podaire; on a en effet

$$\tan V = -\cot \theta, \quad V = \frac{\pi}{2} + \theta,$$

$$\theta_n = (n+1)\theta, \quad r_n = r \cos^n \theta = 2a \cos^{(n+1)}\theta,$$

d'où

$$r_n = 2a \left(\cos \frac{\theta_n}{n+1} \right)^{n+1}.$$

Remarquons encore le cas de l'hyperbole équilatère, le point O étant le centre de cette hyperbole, dont l'équation sera par conséquent

$$r^2 \cos 2\theta = a^2;$$

on trouve

$$V = \frac{\pi}{2} - 2\theta, \quad \theta_n = -(2n-1)\theta, \quad r_n = a(\cos 2\theta)^{n-\frac{1}{2}};$$

par suite, l'équation de la podaire $n^{ième}$ est

$$r_n = a \left(\cos \frac{2\theta_n}{2n-1} \right)^{\frac{2n-1}{2}}.$$

La longueur de l'arc de cette courbe ne dépend que des intégrales elliptiques.

Problème n° 12.

Calculer la longueur de la courbe qui a pour équation

$$4(x^2 + y^2) - a^2 = 3 a^{\frac{4}{3}} y^{\frac{2}{3}}.$$

Cette équation peut s'écrire

$$4 x^2 = \left(a^{\frac{2}{3}} - y^{\frac{2}{3}} \right) \left(a^{\frac{4}{3}} + 2 y^{\frac{2}{3}} \right)^2.$$

Nous voyons ainsi que la courbe se compose de quatre parties égales à celle située dans l'angle des coordonnées positives, et que, pour cette dernière, y est compris entre zéro et a. Cherchons $\dfrac{ds}{dy} = \sqrt{1 + \dfrac{dx^2}{dy^2}}$; après des réductions faciles, nous trouverons

$$4 \frac{ds^2}{dy^2} = \frac{a^{\frac{4}{3}}}{y^{\frac{2}{3}} \left(a^{\frac{2}{3}} - y^{\frac{2}{3}} \right)},$$

d'où

$$\frac{ds}{dy} = \frac{1}{2} a^{\frac{2}{3}} y^{-\frac{1}{3}} \left(a^{\frac{2}{3}} - y^{\frac{2}{3}} \right)^{-\frac{1}{2}}.$$

On peut intégrer, car $y^{-\frac{1}{3}}$ est, à un facteur constant près, la différentielle de $a^{\frac{2}{3}} - y^{\frac{2}{3}}$; on obtient ainsi

$$s = -\frac{3}{2} a^{\frac{2}{3}} \sqrt{a^{\frac{2}{3}} - y^{\frac{2}{3}}} + \text{const.};$$

faisant $y = a$, puis $y = 0$ et retranchant le second résultat du premier, on a pour le quart de la longueur de la courbe $\dfrac{3a}{2}$; la longueur entière est donc égale à $6a$.

Problème n° 13.

Trouver l'aire de la courbe $x^{2n} + y^{2n} = a^2(xy)^{n-1}$, *n désignant un nombre entier positif.*

Posons $y = tx$, t étant une variable auxiliaire; nous aurons

$$x^{2n}(1 + t^{2n}) = a^2 x^{2n-2} t^{n-1},$$

d'où

$$x = \pm a \frac{t^{\frac{n-1}{2}}}{\sqrt{1 + t^{2n}}},$$

$$y = \pm a \frac{t^{\frac{n+1}{2}}}{\sqrt{1 + t^{2n}}}.$$

Si n est pair, t doit être positif; la courbe se compose de deux parties égales situées, l'une dans l'angle xOy, l'autre dans l'angle $x'Oy'$. Pour $t = 0$, x et y sont nuls; la courbe part de l'origine où elle est tangente à Ox; t variant de zéro à $+\infty$, on a une boucle revenant à l'origine, tangente à Oy. La courbe se compose donc de deux boucles égales; il y en aurait quatre, si n était impair.

Soit u l'aire du secteur OMA; on a

$$2 du = x\, dy - y\, dx = x^2 d\frac{y}{x} = x^2 dt = \frac{a^2 t^{n-1}}{1 + t^{2n}}\, dt.$$

On aura donc

$$2u = a^2 \int_0^\infty \frac{t^{n-1}}{1 + t^{2n}}\, dt = \frac{a^2}{n} \int_0^\infty \frac{dt^n}{1 + (t^n)^2}.$$

Or

$$\int \frac{dt^n}{1 + (t^n)^2} = \text{arc tang}\, t^n + \text{const.};$$

on en déduit

$$\int_0^\infty \frac{dt^n}{1 + (t^n)^2} = \frac{\pi}{2},$$

$$2u = \frac{\pi a^2}{2n};$$

donc, si n est pair, l'aire de la courbe sera $\frac{\pi a^2}{2n}$; elle sera $\frac{\pi a^2}{n}$ si n est impair.

Soit ON (*fig.* 26) le rayon vecteur maximum; on trouve

Fig. 26.

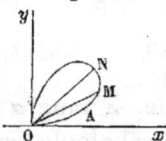

$ON = a$; donc l'aire de la courbe est la $2n^{ième}$ partie ou la $n^{ième}$ partie de l'aire du cercle dont le rayon est ON.

Problème n° 14.

Un cône et un paraboloïde (fig. 27) de révolution ont même sommet, même axe, même base; on considère une

Fig. 27.

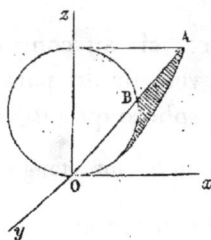

sphère décrite sur leur axe comme diamètre, on demande de trouver le volume compris entre les trois corps.

En désignant par α le demi-angle au sommet du cône, par R le rayon de la sphère, les équations du paraboloïde et de la sphère seront

$$x^2 + y^2 = 2\,\mathrm{R}\,z\,\mathrm{tang}^2\,\alpha,$$
$$x^2 + y^2 + z^2 = 2\,\mathrm{R}\,z.$$

Prenons des coordonnées polaires, et les équations de nos trois surfaces deviendront

$$\theta = \alpha, \qquad\qquad \text{cône,}$$
$$r = \frac{2\,\mathrm{R}\,\cos\theta}{\sin^2\theta}\,\mathrm{tang}^2\,\alpha, \quad \text{paraboloïde,}$$
$$r = 2\,\mathrm{R}\cos\theta, \qquad \text{sphère.}$$

On voit (*fig.* 28) que, si $\mathrm{tang}^2\,\alpha$ est plus grand que 1, le rayon vecteur du paraboloïde sera toujours plus grand

Fig. 28.

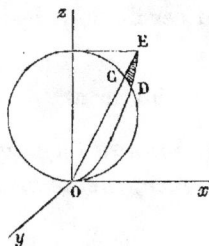

que celui de la sphère; si, au contraire, $\mathrm{tang}^2\,\alpha$ est plus petit que 1, le rayon vecteur du paraboloïde ne sera plus grand que celui de la sphère qu'autant qu'on aura

$$\mathrm{tang}^2\,\alpha > \sin^2\theta \quad \text{ou} \quad \mathrm{tang}\,\alpha > \sin\theta;$$

il y a donc deux cas à considérer :

1° $\alpha > \dfrac{\pi}{4}$; c'est le cas de la *fig.* 1; le volume dont on cherche la mesure est engendré par la partie ombrée de cette figure; θ varie de α à $\frac{\pi}{2}$, et, pour des valeurs données de θ et ψ, r varie de $2\,\mathrm{R}\cos\theta$ à $\frac{2\,\mathrm{R}\cos\theta}{\sin^2\theta}\,\mathrm{tang}^2\,\alpha$; nous aurons donc

$$V = \int_0^{2\pi} d\psi \int_\alpha^{\frac{\pi}{2}} \sin\theta\, d\theta \int_{2\,\mathrm{R}\cos\theta}^{\frac{2\,\mathrm{R}\cos\theta}{\sin^2\theta}\,\mathrm{tang}^2\,\alpha} r^2\, dr\,;$$

on en tire, en effectuant deux des intégrations,

$$V = \frac{16\,\pi\,\mathrm{R}^3}{3} \int_\alpha^{\frac{\pi}{2}} \cos^3\theta \left(\frac{\mathrm{tang}^6\,\alpha}{\sin^5\theta} - \sin\theta \right) d\theta\,;$$

l'intégrale indéfinie relative à θ est

$$\frac{\mathrm{tang}^6\,\alpha}{4} \left(\frac{2}{\sin^2\theta} - \frac{1}{\sin^4\theta} \right) + \frac{\cos^4\theta}{4}\,;$$

on obtient sans difficulté

$$V = \frac{4\,\pi\,\mathrm{R}^3}{3} \left(\mathrm{tang}^2\,\alpha - \cos^4\,\alpha \right),$$

expression qui, pour $\alpha = \frac{\pi}{4}$, est égale à $\pi\mathrm{R}^3$.

2° $\alpha < \frac{\pi}{4}$: c'est le cas de la *fig.* 2; le volume dont on s'occupe est engendré par la révolution de la partie ombrée autour de $\mathrm{O}z$. Soit $\sin\theta_1 = \mathrm{tang}\,\alpha$; nous aurons

$$V = 2\pi \int_\alpha^{\theta_1} \sin\theta\, d\theta \int_{2\,\mathrm{R}\cos\theta}^{\frac{2\,\mathrm{R}\cos\theta}{\sin^2\theta}\,\mathrm{tang}^2\,\alpha} r^2\, dr,$$

$$V = \frac{16\,\pi\,\mathrm{R}^3}{3} \int_\alpha^{\theta_1} \cos^3\theta \left(\frac{\mathrm{tang}^6\,\alpha}{\sin^5\theta} - \sin\theta \right) d\theta.$$

On trouve, en achevant les calculs,

$$V = \frac{4 \pi R^3}{3} \, \text{tang}^6 \alpha \, (\cos^4 \alpha + 3 \cos^2 \alpha - 1),$$

expression qui, pour $\alpha = \frac{\pi}{4}$, se réduit bien aussi à πR^3.

Problème n° 15.

Trouver la valeur de l'intégrale

$$V = \int \int \frac{dx \, dy}{\sqrt{(x^2 + y^2 + a^2 - b^2)^2 - 4(a^2 - b^2) x^2}}$$

étendue à tous les points situés à l'intérieur de l'ellipse

$$\frac{x^2}{a^2} + \frac{y^2}{b^2} = 1.$$

Je prends des coordonnées polaires, en faisant

$$x = r \cos \theta, \quad y = r \sin \theta;$$

pour chaque valeur de θ, r^2 variera de o à $\dfrac{a^2 b^2}{a^2 \sin^2 \theta + b^2 \cos^2 \theta}$; $dx \, dy$ doit être remplacé par $r \, dr \, d\theta$; j'aurai donc

$$V = \int_0^{2\pi} d\theta \int_0^{\sqrt{\frac{ab}{a^2 \sin^2 \theta + b^2 \cos^2 \theta}}} \frac{r \, dr}{\sqrt{(r^2 + a^2 - b^2)^2 - 4(a^2 - b^2) r^2 \cos^2 \theta}}.$$

Or

$$\int \frac{r \, dr}{\sqrt{(r^2 + a^2 - b^2)^2 - 4(a^2 - b^2) r^2 \cos^2 \theta}}$$

$$= \frac{1}{2} \int \frac{d \cdot r^2}{\sqrt{[r^2 + (a^2 - b^2)(1 - 2\cos^2 \theta)]^2 + 4(a^2 - b^2)^2 \sin^2 \theta \cos^2 \theta}}$$

$$= \frac{1}{2} \log \left[r^2 + (a^2 - b^2)(1 - 2\cos^2 \theta) \right.$$

$$\left. + \sqrt{(r^2 + a^2 - b^2)^2 - 4(a^2 - b^2) r^2 \cos^2 \theta} \, \right].$$

En substituant à la place de r^2 ses deux limites, on trouve, après quelques réductions,

$$V = \frac{1}{2} \int_0^{2\pi} d\theta \log \left[\frac{a^2 \sin^2\theta + b^2 \cos^2\theta}{(a^2 - b^2) \sin^2\theta} \right],$$

$$V = \frac{1}{2} \int_0^{2\pi} d\theta \log \left(4 \frac{a^2 \sin^2\theta + b^2 \cos^2\theta}{a^2 - b^2} \right) - \frac{1}{2} \int_0^{2\pi} \log 4 \sin^2\theta \, d\theta.$$

Or on a (*voir* FRENET, p. 285)

$$\int_0^{\frac{\pi}{2}} \log \, \sin\theta \, d\theta = -\frac{\pi}{2} \log 2,$$

d'où

$$\int_0^{\frac{\pi}{2}} \log \, \sin^2\theta \, d\theta = -\pi \log 2,$$

$$\int_0^{2\pi} \log \, \sin^2\theta \, d\theta = -4\pi \log 2,$$

$$\int_0^{2\pi} \log 4 \qquad d\theta = 4\pi \log 2,$$

$$\int_0^{2\pi} \log 4 \sin^2\theta \, d\theta = 0;$$

il restera donc

$$V = \frac{1}{2} \int_0^{2\pi} d\theta \log \left(4 \frac{a^2 \sin^2\theta + b^2 \cos^2\theta}{a^2 - b^2} \right);$$

mais, en posant $e^{2\theta\sqrt{-1}} = z$, il vient

$$4 \frac{a^2 \sin^2\theta + b^2 \cos^2\theta}{a^2 - b^2} = \frac{a+b}{a-b} \left(1 - \frac{a-b}{a+b} z \right) \left(1 - \frac{a-b}{a+b} z^{-1} \right);$$

le module de $\dfrac{a-b}{a+b} z$ est égal à $\dfrac{a-b}{a+b}$, comme celui de

$\dfrac{a-b}{a+b}\,z^{-1}$; ces modules sont donc plus petits que 1; on pourra donc développer

$$\log\left(1-\frac{a-b}{a+b}\,z\right) \quad \text{et} \quad \log\left(1-\frac{a-b}{a+b}\,z^{-1}\right),$$

suivant les puissances de z, en séries convergentes; faisant ces développements, remplaçant $z+z^{-1}$ par $2\cos 2\theta$, z^2+z^{-2} par $2\cos 4\theta,\ldots$, nous trouverons

$$\log\left(4\,\frac{a^2\sin^2\theta+b^2\cos^2\theta}{a^2-b^2}\right)$$
$$=\log\frac{a+b}{a-b}-2\,\frac{a-b}{a+b}\cos 2\theta-2\,\frac{\left(\dfrac{a-b}{a+b}\right)^2}{2}\cos 4\theta-\ldots$$

Multiplions par $d\theta$, intégrons de zéro à 2π en remarquant que

$$\int_0^{2\pi}\cos 2\theta\,d\theta=0,\qquad \int_0^{2\pi}\cos 4\theta\,d\theta=0,$$

et il viendra finalement

$$V=\pi\log\frac{a+b}{a-b}:$$

telle est la valeur de l'intégrale cherchée.

Problème n° 16.

Trouver la valeur de l'intégrale $\displaystyle\int\frac{dS}{P}$ *étendue à tous les points de la surface de l'ellipsoïde représenté par l'équation*

$$\frac{x^2}{a^2}+\frac{y^2}{b^2}+\frac{z^2}{c^2}=1;$$

dS *représentant un élément de la surface et* P *la distance du plan tangent à cet élément au centre de l'ellipsoïde.*

Soit V l'intégrale cherchée; on a

$$V = \int \int \frac{dx\,dy\,\sqrt{1 + p^2 + q^2}}{P}.$$

Or l'équation de l'ellipsoïde donne

$$p = -\frac{c^2 x}{a^2 z}, \quad q = -\frac{c^2 y}{b^2 z},$$

d'où l'on tire

$$\sqrt{1 + p^2 + q^2} = \frac{c^2}{z} \sqrt{\frac{x^2}{a^4} + \frac{y^2}{b^4} + \frac{z^2}{c^4}}.$$

On a du reste

$$P = \frac{1}{\sqrt{\dfrac{x^2}{a^4} + \dfrac{y^2}{b^4} + \dfrac{z^2}{c^4}}};$$

il viendra donc

$$V = c^2 \int \int \left(\frac{x^2}{a^4} + \frac{y^2}{b^4} + \frac{z^2}{c^4} \right) \frac{dx\,dy}{z},$$

ou bien, en remplaçant z par sa valeur $c \sqrt{1 - \dfrac{x^2}{a^2} - \dfrac{y^2}{b^2}}$,

$$V = \frac{1}{c} \int \int \frac{1 + \dfrac{c^2 - a^2}{a^4} x^2 + \dfrac{c^2 - b^2}{b^4} y^2}{\sqrt{1 - \dfrac{x^2}{a^2} - \dfrac{y^2}{b^2}}} \, dx\,dy.$$

Fixons les limites des intégrales; l'intégration doit s'étendre à tous les points compris à l'intérieur de l'ellipse dont l'équation est $\dfrac{x^2}{a^2} + \dfrac{y^2}{b^2} = 1$; x variera de $-a$ à $+a$, et, pour chaque valeur de x, y variera de $-b\sqrt{1 - \dfrac{x^2}{a^2}}$ à

$+ b \sqrt{1 - \dfrac{x^2}{a^2}}$; on peut réduire ces limites, pour x à zéro et a, pour y à zéro et $b\sqrt{1 - \dfrac{x^2}{a^2}}$, pourvu qu'on multiplie par 4 le résultat obtenu; il faudra encore le multiplier par 2 pour tenir compte de la moitié de la surface située au-dessous du plan des xy; nous aurons donc

$$V = \frac{8}{c} \int_0^a dx \int_0^{b\sqrt{1-\frac{x^2}{a^2}}} \frac{1 + \dfrac{c^2 - a^2}{a^4} x^2 + \dfrac{c^2 - b^2}{b^4} y^2}{\sqrt{1 - \dfrac{x^2}{a^2} - \dfrac{y^2}{b^2}}} \, dy;$$

pour intégrer par rapport à y, nous poserons

$$y = b\sqrt{1 - \frac{x^2}{a^2}}\sin\varphi;$$

φ variera de zéro à $\dfrac{\pi}{2}$, et il viendra

$$V = \frac{8b}{c} \int_0^a dx \int_0^{\frac{\pi}{2}}$$

$$\times \left[1 + \frac{c^2 - a^2}{a^4} x^2 + \frac{c^2 - b^2}{b^2}\left(1 - \frac{x^2}{a^2}\right)\sin^2\varphi \right] d\varphi.$$

En remplaçant $\sin^2\varphi$ par $\frac{1}{2} - \frac{1}{2}\cos 2\varphi$, on trouve que l'intégrale indéfinie relative à φ est

$$\varphi\left[1 + \frac{c^2 - a^2}{a^4} x^2 + \frac{c^2 - b^2}{2b^2}\left(1 - \frac{x^2}{a^2}\right) \right] - \frac{c^2 - b^2}{4b^2}\left(1 - \frac{x^2}{a^2}\right)\sin 2\varphi;$$

l'intégrale définie est

$$\frac{\pi}{2}\left[1 + \frac{c^2 - a^2}{a^4} x^2 + \frac{c^2 - b^2}{2b^2}\left(1 - \frac{x^2}{a^2}\right) \right];$$

il nous faut maintenant multiplier cette quantité par dx, et intégrer entre les limites zéro et a, ce qui n'offre aucune difficulté; nous obtenons ainsi

$$V = \frac{4}{3}\pi\,\frac{b^2c^2 + c^2a^2 + a^2b^2}{abc}.$$

Problème n° 17.

Calculer l'aire de la surface

$$z = \arg\sin\left(\frac{e^x - e^{-x}}{2}\,\frac{e^y - e^{-y}}{2}\right)$$

comprise entre les plans $x = x_0$ et $x = x_1$; montrer qu'en chacun des points de cette surface les rayons de courbure principaux sont égaux et de signes contraires.

Il s'agit d'évaluer l'intégrale double

$$(1) \qquad S = \int\!\!\int \sqrt{1 + \left(\frac{dz}{dx}\right)^2 + \left(\frac{dz}{dy}\right)^2}\,dx\,dy$$

étendue à toute cette partie du plan des xy comprise entre les droites $x = x_0$ et $x = x_1$, sur laquelle se projette la surface. Nous allons faire un changement de variable; posons

$$(2) \qquad \frac{e^x - e^{-x}}{2} = X, \qquad \frac{e^y - e^{-y}}{2} = Y.$$

Nous déduirons d'abord de là

$$(3) \qquad \frac{e^x + e^{-x}}{2} = \sqrt{1 + X^2}, \qquad \frac{e^y + e^{-y}}{2} = \sqrt{1 + Y^2},$$

et, en différentiant les formules (2),

$$(4) \qquad dx = \frac{dX}{\sqrt{1 + X^2}}, \qquad dy = \frac{dY}{\sqrt{1 + Y^2}}.$$

l'équation de la surface deviendra

$$z = \arcsin(XY);$$

on en tire

$$\frac{dz}{dX} = \frac{Y}{\sqrt{1 - X^2 Y^2}}, \quad \frac{dz}{dY} = \frac{X}{\sqrt{1 - X^2 Y^2}};$$

on a ensuite

$$\frac{dz}{dX} = \frac{dz}{dx}\frac{dx}{dX} = \frac{1}{\sqrt{1 - X^2}}\frac{dz}{dx},$$

d'où

$$\frac{dz}{dx} = \sqrt{1 + X^2}\frac{dz}{dX} = \frac{Y\sqrt{1 + X^2}}{\sqrt{1 - X^2 Y^2}} \quad \text{et} \quad \frac{dz}{dy} = \frac{X\sqrt{1 + Y^2}}{\sqrt{1 - X^2 Y^2}},$$

d'où

$$1 + \left(\frac{dz}{dx}\right)^2 + \left(\frac{dz}{dy}\right)^2 = \frac{1 + X^2 Y^2 + X^2 + Y^2}{1 - X^2 Y^2} = \frac{(1 + X^2)(1 + Y^2)}{1 - X^2 Y^2},$$

$$(5) \qquad \sqrt{1 + \left(\frac{dz}{dx}\right)^2 + \left(\frac{dz}{dy}\right)^2} = \frac{\sqrt{(1 + X^2)(1 + Y^2)}}{\sqrt{1 - X^2 Y^2}}.$$

On sait que, dans le changement de variables, $dx\,dy$ doit être remplacé par

$$\left(\frac{dx}{dX}\frac{dy}{dY} - \frac{dx}{dY}\frac{dy}{dX}\right) dX\,dY,$$

ou bien, comme x ne contient pas Y et que y ne contient pas X, on aura simplement, en remplaçant dans l'expression (1) le radical par sa valeur (5),

$$S = \int\int \frac{dx}{dX}\frac{dy}{dY}\frac{\sqrt{(1 + X^2)(1 + Y^2)}}{\sqrt{1 - X^2 Y^2}}\,dX\,dY;$$

remplaçons $\frac{dx}{dX}$ et $\frac{dy}{dY}$ par leurs valeurs (4), nous aurons simplement

$$S = \int\int \frac{dX\,dY}{\sqrt{1 - X^2 Y^2}}.$$

Voyons (*fig.* 29) quelles sont les limites de nos nouvelles

Fig. 29.

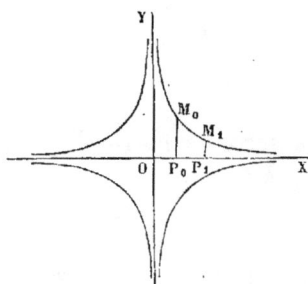

variables; d'après la nouvelle expression de z, on voit qu'on doit avoir

$$-1 < XY < 1;$$

le point XY doit donc être compris entre les hyperboles qui ont pour équations $XY = 1$ et $XY = -1$; pour chaque valeur de X, Y variera de $-\frac{1}{X}$ à $+\frac{1}{X}$; enfin X variera de X_0 à X_1, ces valeurs étant définies au moyen des données par les formules

$$X_0 = \frac{e^{x_0} - e^{-x_0}}{2}, \quad X_1 = \frac{e^{x_1} - e^{-x_1}}{2};$$

nous aurons donc

$$S = \int_{X_0}^{X_1} dX \int_{-\frac{1}{X}}^{+\frac{1}{X}} \frac{dY}{\sqrt{1 - X^2 Y^2}}.$$

Or

$$\int \frac{dY}{\sqrt{1 - X^2 Y^2}} = \frac{1}{X} \arcsin XY + \text{const.};$$

T. — *Rec.*

11

donc

$$\int_{-\frac{1}{X}}^{+\frac{1}{X}} \frac{d\,Y}{\sqrt{1-X^2Y^2}} = \frac{\pi}{X} \quad \text{et} \quad S = \pi \int_{X_0}^{X_1} \frac{d\,X}{X} = \pi \log \frac{X_1}{X_0},$$

ou bien

$$S = \pi \log \frac{e^{x_1} - e^{-x_1}}{e^{x_0} - e^{-x_0}}.$$

Pour résoudre la seconde partie de la question, il nous suffit de montrer que, pour tous les points de la surface, on a

(6) $(1+q^2)r + (1+p^2)t - 2pqs = 0.$

Nous avons déjà

$$p = \frac{Y\sqrt{1+X^2}}{\sqrt{1-X^2Y^2}}, \quad q = \frac{X\sqrt{1+Y^2}}{\sqrt{1-X^2Y^2}};$$

différentions ces formules, et, dans les premiers membres, remplaçons dx et dy par leurs valeurs (4), nous trouverons

$$\frac{r}{\sqrt{1+X^2}}d\,X + \frac{s}{\sqrt{1+Y^2}}d\,Y$$

$$= \frac{XY(1+Y^2)}{\sqrt{1+X^2}(1-X^2Y^2)^{\frac{3}{2}}}d\,X + \frac{\sqrt{1+X^2}}{(1-X^2Y^2)^{\frac{3}{2}}}d\,Y,$$

$$\frac{s}{\sqrt{1+X^2}}d\,X + \frac{t}{\sqrt{1+Y^2}}d\,Y$$

$$= \frac{\sqrt{1+Y^2}}{(1-X^2Y^2)^{\frac{3}{2}}}d\,X + \frac{XY(1+X^2)}{\sqrt{1+Y^2}(1-X^2Y^2)^{\frac{3}{2}}}d\,Y,$$

d'où l'on tire

$$r = \frac{XY(1+Y^2)}{(1-X^2Y^2)^{\frac{3}{2}}}, \quad s = \frac{\sqrt{1+X^2}\sqrt{1+Y^2}}{(1-X^2Y^2)^{\frac{3}{2}}}, \quad t = \frac{XY(1+X^2)}{(1-X^2Y^2)^{\frac{3}{2}}},$$

$$(1+q^2)r = (1+p^2)t = pqs = \frac{XY(1+X^2)(1+Y^2)}{(1-X^2Y^2)^{\frac{5}{2}}};$$

par suite, l'équation (6) est identiquement vérifiée.

Problème nº 18.

On demande de trouver la valeur de l'intégrale double

$$(1) \qquad \int_0^a \int_0^b \frac{dx\,dy}{(c^2+x^2+y^2)^{\frac{3}{2}}}$$

en passant des coordonnées rectangulaires aux coordonnées polaires.

On sait que, dans ce changement, $dx\,dy$ doit être remplacé par $r\,dr\,d\theta$, de telle sorte que l'intégrale proposée va devenir

$$(2) \qquad \int\int \frac{r\,dr\,d\theta}{(c^2+r^2)^{\frac{3}{2}}}.$$

Reste à fixer (*fig.* 30) les limites entre lesquelles on doit

Fig. 30.

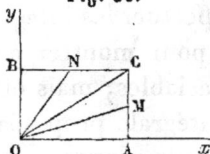

intégrer; or, dans l'expression (1), les intégrations s'étendaient à toute l'aire du rectangle OACB, dont les dimensions sont a et b; ici tant que θ sera plus petit que l'angle

COA, dont la tangente est $\dfrac{b}{a}$, on devra intégrer par rapport à r depuis zéro jusqu'au rayon vecteur OM de la droite AC, lequel est égal à $\dfrac{a}{\cos\theta}$; pour θ plus grand que COA, on devra intégrer depuis $r = 0$ jusqu'à $r = \text{ON} = \dfrac{b}{\sin\theta}$; l'expression (2) va donc devenir

$$\int_0^{\text{arc tang}\frac{b}{a}} d\theta \int_0^{\frac{a}{\cos\theta}} \frac{r\,dr}{(c^2+r^2)^{\frac{3}{2}}} + \int_{\text{arc tang}\frac{b}{a}}^{\frac{\pi}{2}} d\theta \int_0^{\frac{b}{\sin\theta}} \frac{r\,dr}{(c^2+r^2)^{\frac{3}{2}}}.$$

Or

$$\int \frac{r\,dr}{(c^2+r^2)^{\frac{3}{2}}} = -\frac{1}{\sqrt{c^2+r^2}} + \text{const.}$$

Nous trouverons donc, pour l'intégrale cherchée,

$$\int_0^{\text{arc tang}\frac{b}{a}} d\theta \left(\frac{1}{c} - \frac{\cos\theta}{\sqrt{a^2+c^2-c^2\sin^2\theta}} \right)$$

$$+ \int_{\text{arc tang}\frac{b}{a}}^{\frac{\pi}{2}} d\theta \left(\frac{1}{c} - \frac{\sin\theta}{\sqrt{b^2+c^2-c^2\cos^2\theta}} \right).$$

On voit qu'on peut effectuer les intégrations : nous avons indiqué cette méthode pour montrer comment on fixe les limites des nouvelles variables; mais elle n'est pas la plus courte. Revenons à l'intégrale proposée, et intégrons d'abord par rapport à y; nous aurons

$$\int \frac{dy}{(c^2+x^2+y^2)^{\frac{3}{2}}} = \frac{1}{c^2+x^2} \frac{y}{\sqrt{y^2+c^2+x^2}} + \text{const.},$$

d'où

$$\int_0^b \frac{dy}{(c^2 + x^2 + y^2)^{\frac{3}{2}}} = \frac{b}{(c^2 + x^2)\sqrt{b^2 + c^2 + x^2}},$$

et l'intégrale cherchée devient

$$b \int_0^a \frac{dx}{(c^2 + x^2)\sqrt{b^2 + c^2 + x^2}};$$

on a

$$b \int \frac{dx}{(c^2 + x^2)\sqrt{b^2 + c^2 + x^2}} = \frac{1}{c} \operatorname{arc\,tang} \frac{bx}{c\sqrt{b^2 + c^2 + x^2}} + \text{const.},$$

et l'on déduit la valeur demandée

$$\int_0^a \int_0^b \frac{dx\,dy}{(c^2 + x^2 + y^2)^{\frac{3}{2}}} = \frac{1}{c} \operatorname{arc\,tang} \frac{ab}{c\sqrt{a^2 + b^2 + c^2}}.$$

Problème n° 19.

On donne l'équation différentielle

$$(1) \qquad (ax + by)\,dx + (a'x + b'y)\,dy = 0,$$

où a, b, a', b' sont des nombres commensurables; on demande dans quels cas l'intégrale sera algébrique.

On sait que, pour intégrer l'équation (1), on pose

$$y = xz;$$

on trouve ainsi

$$[a + (b + a')z + b'z^2]\,dx + (a' + b'z)x\,dz = 0$$

ou bien

$$\frac{dx}{x} + \frac{(a' + b'z)\,dz}{a + (b + a')z + b'z^2} = 0.$$

Soit posé

$$(1) \qquad \frac{a' + b'z}{a + (b + a')z + b'z^2} = \frac{A}{z - \alpha} + \frac{B}{z - \beta},$$

et nous aurons

$$\frac{dx}{x} + \frac{A\,dz}{z - \alpha} + \frac{B\,dz}{z - \beta} = 0.$$

Intégrant et désignant la constante par $\log C$, il viendra

$$\log x + A \log(z - \alpha) + B \log(z - \beta) = \log C,$$

d'où

$$x(z - \alpha)^A (z - \beta)^B = C$$

ou, en remettant $\frac{y}{x}$ au lieu de z,

$$(y - \alpha x)^A (y - \beta x)^B = C x^{A + B - 1}.$$

Il faut qu'en élevant les deux membres de cette équation à une certaine puissance h, les exposants deviennent entiers. Soient donc m, n, p des nombres entiers; on doit avoir

$$A = \frac{m}{h}, \quad B = \frac{n}{h}, \quad A + B - 1 = \frac{p}{h},$$

d'où

$$\frac{A}{m} = \frac{B}{n} = \frac{A + B - 1}{p} = \frac{A + B}{m + n} = \frac{1}{m + n - p};$$

on tire de là

$$A = \frac{m}{m + n - p}, \quad B = \frac{n}{m + n - p}.$$

Il faut donc que A et B soient commensurables, et cette condition nécessaire est d'ailleurs suffisante. Or, dans la décomposition de l'expression (1) en fractions simples, on a

$$A = \frac{a' + b'\alpha}{b + a' + 2b'\alpha}, \quad \alpha = -\frac{b + a' - \sqrt{(b + a')^2 - 4ab'}}{b'},$$

$$B = \frac{a' + b'\beta}{b + a' + 2b'\beta}, \quad \beta = -\frac{b + a' + \sqrt{(b + a')^2 - 4ab'}}{b'},$$

et il en résulte

$$2A = 1 + \frac{a' - b}{\sqrt{(b + a')^2 - 4ab'}},$$

$$2B = 1 - \frac{a' - b}{\sqrt{(b + a')^2 - 4ab'}};$$

A et B devant être commensurables, a' et b' l'étant par hypothèse, on voit que la condition cherchée est que le radical $\sqrt{(b + a')^2 - 4ab'}$ soit commensurable.

Problème n° 20.

1° *Montrer que l'équation*

(1) $$y(x^2 + y^2)\,dx + x(x\,dy - y\,dx) = 0$$

admet un facteur homogène, de degré — 3, *rendant le premier membre une différentielle exacte;*

2° *Prouver qu'elle admet aussi un facteur de la forme* $e^x \varphi(x^2 + y^2)$;

3° *Trouver à l'aide de ces deux facteurs l'intégrale générale de l'équation* (1).

L'équation que doit vérifier tout facteur λ relatif à l'équation (1) est

(2) $$y(x^2 + y^2 - x)\frac{d\lambda}{dy} - x^2\frac{d\lambda}{dx} + \lambda(x^2 + 3y^2 - 3x) = 0.$$

1° Je suppose

$$\lambda = x^{-3} f\left(\frac{y}{x}\right) = x^{-3} f(u),$$

en faisant $u = \dfrac{y}{x}$.

Je trouve

$$\frac{d\lambda}{dx} = - x^{-4} [3 f(u) + u f'(u)],$$

$$\frac{d\lambda}{dy} = - x^{-4} f'(u);$$

portant ces valeurs dans l'équation (2), et remplaçant en même temps y par ux, il vient

$$x f(u)(1 + 3 u^2) + f'(u)(u x + u^3 x) = 0;$$

x disparaît comme cela devait être, et il reste

$$\frac{f'(u)}{f(u)} + \frac{1 + 3 u^2}{u + u^3} = 0,$$

d'où

$$f(u) = \frac{1}{u + u^3} = \frac{x^3}{y(x^2 + y^2)}.$$

Nous avons donc

$$\lambda_1 = \frac{1}{y(x^2 + y^2)}.$$

2° Je suppose

$$\lambda = e^x \varphi(x^2 + y^2) = e^x \varphi(v), \quad v = x^2 + y^2;$$

je trouve

$$\frac{d\lambda}{dy} = 2 y e^x \varphi'(v),$$

$$\frac{d\lambda}{dx} = e^x \varphi(v) + 2 x e^x \varphi'(v).$$

Portant ces valeurs dans l'équation (2), il vient

$$3\varphi(v)(y^2 - x) + 2\varphi'(v)[x^2(y^2 - x) + y^2(y^2 - x)] = 0,$$

d'où

$$3\varphi(v) + 2\varphi'(v)(x^2 + y^2) = 0,$$
$$3\varphi(v) + 2v\varphi'(v) = 0,$$
$$\frac{\varphi'(v)}{\varphi(v)} + \frac{3}{2v} = 0.$$

On tire de là

$$\varphi(v) = \frac{1}{v^{\frac{3}{2}}},$$

ce qui nous donne le facteur

$$\lambda_2 = \frac{e^x}{(x^2 + y^2)^{\frac{3}{2}}}.$$

3° L'intégrale générale sera

$$\frac{\lambda_2}{\lambda_1} = C$$

ou bien

$$\frac{ye^x}{\sqrt{x^2 + y^2}} = C.$$

Problème n° 21.

On considère l'équation linéaire

(1) $$\frac{d^2y}{dx^2} - 2f(x)\frac{dy}{dx} + \varphi(x)y = 0.$$

On pose

(2) $$y = uv,$$

et l'on demande de déterminer la fonction u, de manière

que l'équation en v, qui sera aussi linéaire et du second ordre, manque de second terme

En substituant la valeur (2) dans l'équation (1), on trouve

$$(3) \quad \begin{cases} u\dfrac{d^2v}{dx^2} + 2\left[\dfrac{du}{dx} - f(x)u\right]\dfrac{dv}{dx} \\[2mm] \qquad + v\left[\dfrac{d^2u}{dx^2} - 2f(x)\dfrac{du}{dx} + \varphi(x)u\right] = 0. \end{cases}$$

On doit avoir

$$\frac{du}{dx} - uf(x) = 0,$$

d'où

$$u = e^{\int f(x)dx};$$

l'équation (3) devient

$$(4) \qquad \frac{d^2v}{dx^2} + v[f'(x) - f^2(x) + \varphi(x)] = 0.$$

Dans certains cas, cette nouvelle équation peut être plus facile à intégrer que la proposée.

APPLICATIONS.

1°

$$(a) \qquad x^2\frac{d^2y}{dx^2} + 2nx\frac{dy}{dx} + [n(n-1) - h^2x^2]y = 0.$$

On a ici

$$f(x) = -\frac{n}{x},$$

$$\varphi(x) = \frac{n(n-1)}{x^2} - h^2,$$

$$u = e^{-n\int \frac{dx}{x}} = x^{-n},$$

$$f'(x) - f^2(x) + \varphi(x) = \frac{n}{x^2} - \frac{n^2}{x^2} + \frac{n(n-1)}{x^2} - h^2 = -h^2;$$

l'équation en v est donc

$$\frac{d^2v}{dx^2} = h^2 v;$$

l'intégrale générale de cette équation est

$$v = A e^{hx} + B e^{-hx},$$

et celle de la proposée (a)

$$y = x^{-n}(A e^{hx} + B e^{-hx}),$$

où A et B sont les deux constantes arbitraires.

On trouverait de même que l'intégrale générale de l'équation

$$x^2 \frac{d^2y}{dx^2} + 2nx \frac{dy}{dx} + [n(n-1) + k^2 x^2]y = 0$$

est

$$y = x^{-n}(A \cos kx + B \sin kx).$$

2° L'équation proposée est

(b) $\qquad \dfrac{d^2y}{dx^2} - 4nx \dfrac{dy}{dx} + (2a + 4n^2 x^2)y = 0.$

On trouve

$$u = e^{nx^2};$$

l'équation en v est

$$\frac{d^2v}{dx^2} + 2(n+a)v = 0.$$

On aura à distinguer les cas où $n+a$ est positif, nul ou négatif; dans le premier cas, l'intégrale générale de l'équation (b) est

$$y = e^{nx^2} \left\{ A \cos\left[x \sqrt{2(n+a)} \right] + B \sin\left[x \sqrt{2(n+a)} \right] \right\};$$

dans le deuxième

$$y = e^{nx^2}(\mathrm{A} + \mathrm{B}x);$$

dans le troisième

$$y = e^{nx^2}\left[\mathrm{A}\,e^{x\sqrt{-2(n+a)}} + \mathrm{B}\,e^{-x\sqrt{-2(n+a)}}\right].$$

Problème nº 22.

Trouver l'intégrale générale de l'équation linéaire

$$\frac{d^2y}{dx^2} + (\tan g\,x - 2\cot x)\frac{dy}{dx} + 2\cot^2 x\,.\,y = 0,$$

sachant que la fonction $y_1 = \sin x$ *vérifie cette équation.*

Soit généralement l'équation linéaire

$$\frac{d^2y}{dx^2} + \mathrm{P}\frac{dy}{dx} + \mathrm{Q}y = 0,$$

où P et Q sont des fonctions de x, et qu'on sait être vérifiée par la fonction $y = y_1$; l'intégrale générale est

$$y = \mathrm{A}y_1 \int \frac{dx}{y_1^2}\,e^{-\int \mathrm{P}\,dx} + \mathrm{B}y_1.$$

Dans le cas actuel,

$$y_1 = \sin x, \quad \mathrm{P} = \tan g\,x - 2\cot x,$$

$$-\int \mathrm{P}\,dx = -\int \frac{\sin x\,dx}{\cos x} + 2\int \frac{\cos x\,dx}{\sin x} = \log \cos x \sin^2 x,$$

$$e^{-\int \mathrm{P}\,dx} = \cos x \sin^2 x.$$

Donc

$$y = \mathrm{B}\sin x + \mathrm{A}\sin x \int \cos x\,dx$$

ou

$$y = \mathrm{A}\sin^2 x + \mathrm{B}\sin x.$$

Problème n° 23.

Résoudre la même question pour l'équation

$$(1 + x^2)\frac{d^2y}{dx^2} + x\frac{dy}{dx} - n^2y = 0,$$

qui est vérifiée par la fonction

$$y_1 = \left(x + \sqrt{x^2 - 1}\right)^n.$$

Ici

$$P = \frac{x}{1 + x^2}, \quad \int P\,dx = \log\sqrt{1 + x^2}, \quad e^{-\int P\,dx} = \frac{1}{\sqrt{1 + x^2}}.$$

Donc

$$y = By_1 + Ay_1 \int \frac{dx}{\sqrt{1 + x^2}\left(x + \sqrt{1 + x^2}\right)^{2n}},$$

$$y = By_1 - \frac{Ay_1}{2n\left(x + \sqrt{1 - x^2}\right)^{2n}},$$

$$y = B\left(x + \sqrt{1 + x^2}\right)^n - \frac{A}{2n\left(x + \sqrt{1 + x^2}\right)^n},$$

ou, en faisant $-\dfrac{A}{2n} = (-1)^n$

$$y = B\left(x + \sqrt{1 + x^2}\right)^n + C\left(x - \sqrt{1 + x^2}\right)^n.$$

Problème n° 24.

Soit l'équation linéaire

$$(1) \qquad \frac{d^ny}{dx^n} + f_1(x)\frac{d^{n-1}y}{dx^{n-1}} + \ldots + f_n(x)y = 0.$$

On pose

$$(2) \qquad x = \varphi(t);$$

il y aura entre y et t une équation linéaire

$$(3) \qquad \frac{d^n y}{dt^n} + F_1(t)\frac{d^{n-1} y}{dt^{n-1}} + \ldots + F_n(t)y = 0.$$

On demande de déterminer t de façon que l'équation en y manque de second terme.

On a

$$dx = \varphi'(t)dt;$$

nous ferons

$$(4) \qquad \frac{1}{\varphi'(t)} = \psi(t),$$

d'où

$$dx = \frac{dt}{\psi(t)}.$$

On trouve

$$\frac{dy}{dx} = \psi(t)\frac{dy}{dt},$$

$$\frac{d^2 y}{dx^2} = \psi(t)\frac{d}{dt}\left[\psi(t)\frac{dy}{dt}\right] = [\psi(t)]^2\frac{d^2 y}{dt^2} + \psi(t)\psi'(t)\frac{dy}{dt},$$

$$\frac{d^3 y}{dx^3} = \psi(t)\frac{d}{dt}\frac{d^2 y}{dx^2} = [\psi(t)]^3\frac{d^3 y}{dt^3} + 3[\psi(t)]^2\psi'(t)\frac{d^2 y}{dt^2} + \ldots$$

$$\frac{d^4 y}{dx^4} = \psi(t)\frac{d}{dt}\frac{d^3 y}{dx^3} = [\psi(t)]^4\frac{d^4 y}{dt^4} + 6[\psi(t)]^3\psi'(t)\frac{d^3 y}{dt^3} + \ldots$$

$$\ldots\ldots\ldots\ldots\ldots\ldots\ldots\ldots\ldots\ldots\ldots\ldots\ldots\ldots\ldots,$$

et l'on voit aisément qu'on a, en général,

$$\frac{d^p y}{dx^p} = [\psi(t)]^p\frac{d^p y}{dt^p} + \frac{p(p-1)}{2}[\psi(t)]^{p-1}\psi'(t)\frac{d^{p-1} y}{dt^{p-1}} + \ldots$$

Substituant dans l'équation (1), on aura l'équation linéaire (3), et l'on trouvera

$$F_1(t) = f_1(x) + \frac{n(n-1)}{2}\psi'(t),$$

et cette expression doit être nulle ; donc

$$f_1(x) + \frac{n(n-1)}{2}\psi'(t) = 0$$

ou bien

$$\frac{2}{n(n-1)}f_1(x)dx + \frac{\psi'(t)}{\psi(t)}dt = 0 \, ;$$

on en tirera, en intégrant,

$$\psi(t) = e^{-\frac{2}{n(n-1)}\int f_1(x)dx},$$

et ensuite

$$t = \int dx \, e^{-\frac{2}{n(n-1)}\int f_1(x)dx} \, ;$$

telle est la relation cherchée entre x et t.

APPLICATIONS.

1° Faire disparaître le second terme de l'équation

(a) $$\frac{d^2y}{dx^2} + \frac{2x}{1+x^2}\frac{dy}{dx} + \frac{y}{(1+x^2)^2} = 0.$$

On a ici

$$n = 2, \quad f_1(x) = \frac{2x}{1+x^2}, \quad \int f_1(x)dx = \log(1+x^2),$$

$$t = \int \frac{C\,dx}{1+x^2}, \quad t = C \arctan x + C',$$

$$x = \tan\frac{t-C'}{C}. \qquad ;$$

Nous prendrons simplement $x = \tan t$, et nous trouverons que l'équation proposée devient

$$\frac{d^2y}{dt^2} + y = 0 \, ;$$

on a donc, en désignant par A et B les constantes arbitraires,

$$y = A \cos t + B \sin t,$$

et, en remettant x au lieu de t,

$$y = \frac{A + Bx}{\sqrt{1 + x^2}},$$

ce qui est l'intégrale générale de l'équation (a).

2° Considérons l'équation

(b) $$(1 - x^2)\frac{d^2y}{dx^2} - x\frac{dy}{dx} + m^2 y = 0;$$

on a

$$n = 2 \quad \text{et} \quad f_1(x) = + \frac{x}{x^2 - 1}.$$

faisant abstraction des constantes, nous trouverons

$$t = \int \frac{dx}{\sqrt{1 - x^2}}, \quad t = \arcsin x, \quad x = \sin t.$$

L'équation en y et t est ici

$$\frac{d^2y}{dt^2} + m^2 y = 0;$$

elle donne

$$y = A \cos mt + B \sin mt$$

ou bien

$$y = A \cos(m \arcsin x) + B \sin(m \arcsin x),$$

ce qui est l'intégrale générale de l'équation (b).

3°

(c) $$\frac{d^2y}{dx^2} + 2\frac{e^{2x} - e^{-2x}}{e^{2x} + e^{-2x}}\frac{dy}{dx} + \frac{4 m^2 y}{(e^{2x} + e^{-2x})^2} = 0.$$

On aura

$$t = \int dx\, e^{-\int 2 \frac{e^{2x} - e^{-2x}}{e^{2x} + e^{-2x}}\, dx}.$$

Or

$$\int 2 \frac{e^{2x} - e^{-2x}}{e^{2x} + e^{-2x}} \, dx = \log(e^{2x} + e^{-2x}).$$

Donc

$$t = \int \frac{dx}{e^{2x} + e^{-2x}} = \frac{1}{2} \int \frac{d.e^{2x}}{1 + (e^{2x})^2},$$

$$2t = \text{arc tang } e^{2x}, \quad e^{2x} = \text{tang } 2t,$$

$$x = \frac{1}{2} \log(\text{tang } 2t).$$

On trouve aisément que l'équation (c) devient

$$\frac{d^2 y}{dt^2} + m^2 y = 0,$$

d'où

$$y = A \cos mt + B \sin mt.$$

Donc l'intégrale générale de l'équation (c) est

$$y = A \cos\left(\frac{m}{2} \text{ arc tang } e^{2x}\right) + B \sin\left(\frac{m}{2} \text{ arc tang } e^{2x}\right).$$

4°

(f)
$$\frac{d^2 y}{dx^2} - \frac{1}{\sin x \cos x} \frac{dy}{dx} + m^2 y \tan^2 x = 0.$$

On trouve

$$t = \int dx \, e^{+\int \frac{dx}{\sin x \cos x}} = \int \frac{\sin x \, dx}{\cos x} = -\log \cos x;$$

l'équation (f) devient

$$\frac{d^2 y}{dt^2} + m^2 y = 0;$$

on a donc

$$y = A \cos mt - B \sin mt,$$

et, par suite, l'intégrale générale de l'équation (f) est

$$y = A \cos(m \log \cos x) + B \sin(m \log \cos x).$$

T. — *Rec.*   12

Problème n° 25.

Prouver que l'expression

$$\theta = \frac{d^{n-1}\left(1 - z^2\right)^{n-\frac{1}{2}}}{dz^{n-1}}$$

vérifie une équation différentielle linéaire du second ordre, et trouver la valeur de θ en faisant dans l'équation différentielle $z = \cos x.$

Posons

$$y = \left(1 - z^2\right)^{n-\frac{1}{2}},$$

et nous en déduirons

$$\frac{dy}{dz} = -\left(2n - 1\right) z \left(1 - z^2\right)^{n-\frac{3}{2}},$$

$$\left(1 - z^2\right) \frac{dy}{dz} + \left(2n - 1\right) yz = 0.$$

Je différentie n fois cette équation; en appliquant la formule de Leibnitz, et remarquant que

$$\frac{d^{n+1}y}{dz^{n+1}} = \frac{d^2\theta}{dz^2},$$

$$\frac{d^n y}{dz^n} = \frac{d\theta}{dz},$$

$$\frac{d^{n-1}y}{dz^{n-1}} = \theta,$$

j'obtiens

$$\left(1 - z^2\right) \frac{d^2\theta}{dz^2} - 2nz \frac{d\theta}{dz} - n\left(n - 1\right)\theta + \left(2n - 1\right) z \frac{d\theta}{dz} + n\left(2n - 1\right)\theta = 0,$$

ou bien, en réduisant,

$$(1) \qquad \left(1 - z^2\right) \frac{d^2\theta}{dz^2} - z \frac{d\theta}{dz} + n^2\theta = 0.$$

Je change de variable indépendante, en posant $z = \cos x$, d'où

$$dx = - \frac{dz}{\sqrt{1-z^2}},$$

ce qui me donne

$$\frac{d\theta}{dz} = - \frac{1}{\sqrt{1-z^2}} \frac{d\theta}{dx},$$

$$\frac{d^2\theta}{dz^2} = \frac{-z}{(1-z^2)^{\frac{3}{2}}} \frac{d\theta}{dx} + \frac{1}{1-z^2} \frac{d^2\theta}{dx^2}.$$

l'équation (1) devient

$$\frac{d^2\theta}{dx^2} + n^2\theta = 0.$$

Soient A et B deux constantes; l'intégrale générale de l'équation précédente est

(2) $$\theta = A \sin nx + B \cos nx.$$

Or, si l'on revient à l'expression proposée, en l'écrivant comme il suit :

$$\theta = \frac{d^{n-1}(1+z)^{n-\frac{1}{2}}(1-z)^{n-\frac{1}{2}}}{dz^{n-1}},$$

et qu'on emploie la formule de Leibnitz, on trouvera

$$\theta = (-1)^{n-1} 1.3.5 \dots (2n-1) \frac{(1+z)^{n-1}}{2^{n-1}} \sqrt{1-z^2} + (1-z)^{\frac{3}{2}} f(z),$$

$f(z)$ désignant une certaine fonction de z qui reste finie pour $z = 1$; de là nous tirons

$$\theta = 0 \quad \text{et} \quad \frac{\theta}{\sqrt{1-z^2}} = (-1)^{n-1} 1.3.5 \dots (2n-1).$$

pour $z = 1$. Or, pour $z = 1$, $x = 0$,

$$\frac{\theta}{\sqrt{1-z^2}} = \frac{\theta}{\sin x}.$$

12.

Revenant à l'expression (2) de θ, et faisant $x = 0$, on trouve

$$\theta = B; \quad \text{donc} \quad B = 0,$$

$$\lim \frac{\theta}{\sin x} = \lim \frac{A \sin nx}{\sin x} = nA,$$

pour $x = 0$; donc

$$nA = (-1)^{n-1} 1.3.5\ldots(n-1),$$

et nous avons enfin

$$\theta = \frac{d^{n-1}(1 - z^2)^{n - \frac{1}{2}}}{dz^{n-1}} = (-1)^{n-1} 1.3.5\ldots(2n-1) \frac{\sin nx}{n},$$

où

$$x = \cos z.$$

Problème n° 26.

On demande de former une équation différentielle li-néaire du second ordre que vérifie la fonction

$$(1) \qquad y = \int_{-1}^{+1} (z^2 - 1)^{n-1} e^{xz} dz.$$

Supposons $n > 1$, nous pouvons différentier sous le signe f, et nous trouvons

$$\frac{dy}{dx} = \int_{-1}^{+1} (z^2 - 1)^{n-1} z e^{xz} dz = \frac{1}{2n} \int_{-1}^{+1} \frac{d(z^2 - 1)^n}{dz} e^{xz} dz.$$

Or, en intégrant par parties, on a

$$\int e^{xz} d(z^2 - 1)^n = e^{xz}(z^2 - 1)^n - x \int e^{xz}(z^2 - 1)^n dz;$$

la partie intégrée s'annule pour $z = -1$ et pour $z = +1$, et il vient

$$(2) \qquad 2n \frac{dy}{dx} = -x \int_{-1}^{+1} e^{xz}(z^2 - 1)^n dz;$$

différentiant deux fois l'expression (1) par rapport à x, on obtient

$$\frac{d^2y}{dx^2} = \int_{-1}^{+1} (z^2-1)^{n-1} z^2 e^{xz}\, dz = \int_{-1}^{+1} (z^2-1)^{n-1}(z^2-1+1) e^{xz}\, dz$$

ou bien

$$\frac{d^2y}{dx^2} = \int_{-1}^{+1} (z^2-1)^{n-1} e^{xz}\, dz + \int_{-1}^{+1} (z^2-1)^n e^{xz}\, dz,$$

ce qui peut s'écrire, en tenant compte des valeurs (1) et (2) de y et $\frac{dy}{dx}$,

$$\frac{d^2y}{dx^2} = y - \frac{2n}{x}\frac{dy}{dx}.$$

L'équation différentielle demandée est donc

(3)
$$x\frac{d^2y}{dx^2} + 2n\frac{dy}{dx} - xy = 0.$$

Changeons dans l'expression (1) de y, et dans l'équation (3) x en $x\sqrt{-1}$; l'équation différentielle, après la suppression du facteur commun $\sqrt{-1}$, deviendra

(4)
$$x\frac{d^2y}{dx^2} + 2n\frac{dy}{dx} + xy = 0;$$

l'expression nouvelle de y sera

$$y = \int_{-1}^{+1} (z^2-1)^{n-1}\cos xz\, dz + \sqrt{-1}\int_{-1}^{+1} (z^2-1)^{n-1}\sin xz\, dz.$$

On voit que

$$y_1 = \int_{-1}^{+1} (1-z^2)^{n-1}\cos xz\, dz$$

et

$$y_2 = \int_{-1}^{+1} (1-z^2)^{n-1}\sin xz\, dz$$

sont les deux intégrales particulières de l'équation (4); on peut du reste écrire, en faisant $z = \cos\varphi$,

$$y_1 = \int_0^\pi \sin^{m-1}\varphi \, \cos(x\cos\varphi) \, d\varphi,$$

$$y_2 = \int_0^\pi \sin^{2n-1}\varphi \, \sin(x\cos\varphi) \, d\varphi.$$

Nous laisserons au lecteur le soin de démontrer la proposition suivante, due à Euler :

L'intégrale

$$y = \int_0^1 u^{\beta-1}(1-u)^{\gamma-\beta-1}(1-ux)^{-\alpha} \, du$$

vérifie l'équation différentielle linéaire

$$x(1-x)\frac{d^2y}{dx^2} + [\gamma - (\alpha+\beta+1)x]\frac{dy}{dx} - \alpha\beta y = 0.$$

La fonction y représente, à un facteur constant près, la série

$$1 + \frac{\alpha\beta}{1\cdot\gamma}x + \frac{\alpha(\alpha+1)\beta(\beta+1)}{1\cdot2\cdot\gamma(\gamma+1)}x^2 + \dots,$$

appelée *série hypergéométrique*, étudiée très-complétement par Gauss, Jacobi, etc.

Problème n° 27.

Intégrer l'équation

$$(1) \quad \frac{d^ny}{dx^n} - \frac{n}{1}a\frac{d^{n-1}y}{dx^{n-1}} + \frac{n(n-1)}{1\cdot2}a^2\frac{d^{n-2}y}{dx^{n-2}} - \dots + (-a)^n y = e^{ax}.$$

Cherchons d'abord l'intégrale générale de l'équation sans second membre; nous faisons $y = e^{rx}$; l'équation caractéristique en r est

$$r^n - \frac{n}{1}ar^{n-1} + \dots = 0 \quad \text{ou bien} \quad (r-a)^n = 0;$$

ses n racines sont égales à a; on a donc, pour l'intégrale générale de l'équation sans second membre,

$$y = e^{ax}\left(A_0 + A_1 x + A_2 x^2 + \ldots + A_{n-1} x^{n-1}\right),$$

et il suffit d'y ajouter une intégrale particulière de l'équation avec second membre. Il est naturel de chercher une intégrale particulière de la forme

$$y = \mathrm{H}\, e^{ax};$$

mais on tombe sur une impossibilité

$$\mathrm{H}\, e^{ax}(a - a)^n = e^{ax}.$$

Nous supposerons, en suivant la méthode de d'Alembert, que le second membre de l'équation (1) soit d'abord e^{bx}, et nous chercherons une intégrale particulière de la forme

$$y = \mathrm{K}\, e^{bx};$$

nous trouverons

$$\mathrm{K}\, e^{bx}\left(b^n - \frac{n}{1}\, b^{n-1} a + \ldots\right) = e^{bx},$$

d'où

$$\mathrm{K} = \frac{1}{(b - a)^n};$$

donc, dans ce cas, l'intégrale générale de l'équation avec second membre est

$$(2) \qquad y = e^{ax}\left(A_0 + A_1 x + \ldots + A_{n-1} x^{n-1}\right) + \frac{e^{bx}}{(b - a)^n};$$

il n'y a plus qu'à faire tendre b vers a; faisons $b = a + \varepsilon$, nous aurons

$$e^{bx} = e^{ax} e^{\varepsilon x},$$

et, en développant $e^{\varepsilon x}$ en série convergente, on aura

$$\frac{e^{bx}}{(b - a)^n} = e^{ax}\left[\frac{1}{\varepsilon^n} + \frac{1}{\varepsilon^{n-1}}\frac{x}{1} + \frac{1}{\varepsilon^{n-2}}\frac{x^2}{1.2} + \ldots \right.$$
$$\left. + \frac{1}{\varepsilon}\frac{x^{n-1}}{1.2\ldots(n-1)} + \frac{x^n}{1.2\ldots n}\right] + \theta(x),$$

$\theta(x)$ s'annulant quel que soit x, pour $\varepsilon = 0$.

L'expression (2) devient ainsi

$$y = e^{ax}\left\{\left(A_0 + \frac{1}{\varepsilon^n}\right) + \left(A_1 + \frac{1}{\varepsilon^{n-1}}\right)x + \ldots \right.$$
$$\left. + \left[A_{n-1} + \frac{1}{\varepsilon.1.2\ldots(n-1)}\right]x^{n-1} + \frac{x^n}{1\,2\ldots n}\right\} + \theta(x),$$

ou bien, en introduisant de nouvelles constantes et faisant tendre ε vers zéro,

$$y = e^{ax}\left(B_0 + B_1 x + B_2 x^2 + \ldots + B_{n-1} x^{n-1} + \frac{x^n}{1.2.3\ldots n}\right):$$

telle est la solution cherchée.

Problème n° 28.

Trouver l'intégrale générale de l'équation linéaire

$$(1)\qquad Ay + B\frac{dy}{dx} + C\frac{d^2y}{dx^2} + \ldots + L\frac{d^ny}{dx^n} = F(x),$$

dans laquelle $A, B, \ldots, L$ *sont des coefficients constants, et* $F(x)$ *un polynôme entier.*

Tout se réduit, on le sait, à trouver une intégrale particulière, que l'on ajoutera à l'intégrale générale de l'équation sans second membre; c'est la recherche de cette intégrale particulière que nous avons en vue. Je dis que cette intégrale est la suivante :

$$(2)\qquad y = aF(x) + bF'(x) + cF''(x) + \ldots,$$

$a, b, c, \ldots$ étant les coefficients de $z^0, z^1, z^2, \ldots$ du développement de l'expression $\dfrac{1}{A + Bz + Cz^2 + \ldots}$, suivant les puissances entières et positives de z. En effet, nous avons, pour définir les coefficients $a, b, c, \ldots$, l'équation

$$(3) \qquad \frac{1}{A + Bz + Cz^2 + \ldots} = a + bz + cz^2 + \ldots,$$

d'où l'on tire, en chassant le dénominateur et identifiant le premier membre au second,

$$(4) \qquad \begin{cases} 1 = Aa, \\ 0 = Ab + Ba, \\ 0 = Ac + Bb + Ca, \\ \ldots\ldots\ldots\ldots\ldots\ldots; \end{cases}$$

d'autre part, l'expression (2) doit vérifier l'équation (1); or le résultat de la substitution de cette expression dans l'équation (1) est

$$(Aa - 1)F(x) + (Ab + Ba)F'(x) + (Ac + Bb + Ca)F''(x) + \ldots,$$

et, en vertu des équations (4), cette expression est nulle identiquement.

Supposons que, dans l'équation (1), on ait $A = 0$; dans ce cas, l'expression $\dfrac{1}{Bz + Cz^2 + \ldots}$ ne peut plus être développée suivant les puissances entières et positives de z seulement; mais on peut toujours la développer comme il suit :

$$(5) \qquad \frac{1}{Bz + Cz^2 + \ldots} = bz^{-1} + c + dz + fz^2 + \ldots.$$

et je dis que l'intégrale particulière de l'équation

$$(6) \qquad B\frac{dy}{dx} + C\frac{d^2y}{dx^2} + \ldots + L\frac{d^ny}{dx^n} = F(x)$$

sera

$$(7) \qquad y = b\int F(x)\,dx + cF(x) + dF'(x) + fF''(x) + \ldots.$$

On a, en effet, en chassant le dénominateur de l'équation (5) et identifiant,

$$
(8) \quad \left\{
\begin{array}{l}
1 = B\,b, \\
0 = B\,c + C\,b, \\
0 = B\,d + C\,c + D\,b, \\
\cdots\cdots\cdots\cdots\cdots\cdots
\end{array}
\right.
$$

et, en substituant l'expression (7) dans l'équation (6), le résultat est

$$
(B\,b - 1)F(x) + (B\,c + C\,b)F'(x) + (B\,d + C\,c + D\,b)F''(x) + \cdots,
$$

expression nulle identiquement, en vertu des relations (8); on verrait de même que, pour l'équation

$$
C\frac{d^2 y}{dx^2} + D\frac{d^3 y}{dx^3} + \cdots + L\frac{d^n y}{dx^n} = F(x),
$$

il faudrait prendre

$$
y = c\!\int\!\!\int F(x)dx^2 + d\!\int F(x)dx + f F(x) + g F'(x) + \cdots,
$$

les coefficients $c, d, \ldots$ étant définis par la relation

$$
\frac{1}{C z^2 + D z^3 + \cdots} = c z^{-2} + d z^{-1} + f + g z + \cdots.
$$

Problème n° 29.

Trouver l'intégrale générale de l'équation

$$
(1) \quad \left\{
\begin{array}{l}
k^n y - \dfrac{n}{1} k^{n-1}\dfrac{dy}{dx} + \dfrac{n(n-1)}{1.2} k^{n-2}\dfrac{d^2 y}{dx^2} - \cdots \\
\qquad\qquad\qquad\qquad + (-1)^n \dfrac{d^n y}{dx^n} = F(x),
\end{array}
\right.
$$

où $F(x)$ est un polynôme entier en x et k une constante.

D'après l'exercice précédent, on aura une intégrale particulière de l'équation (1), en prenant

$$
y = a F(x) + b F'(x) + c F''(x) + \cdots.
$$

les coefficients a, b, c,... étant les coefficients de z^0, z^1, z^2,... du développement de l'expression

$$\frac{1}{k^n - \frac{n}{1}k^{n-1}z + \frac{n(n-1)}{1.2}k^{n-2}z^2 - \ldots} = \frac{1}{(k-z)^n},$$

suivant les puissances entières et positives de z; or la formule du binôme donne

$$\frac{1}{(k-z)^n} = \frac{1}{k^n} + \frac{n}{1}\frac{z}{k^{n+1}} + \frac{n(n+1)}{1.2}\frac{z^2}{k^{n+2}} + \ldots.$$

On aura donc, pour l'intégrale particulière cherchée,

$$y = \frac{F(x)}{k^n} + \frac{n}{1}\frac{F'(x)}{k^{n+1}} + \frac{n(n+1)}{1.2}F''(x) + \ldots;$$

du reste l'intégrale générale de l'équation (1) sans second membre est

$$y = e^{kx}(C_0 + C_1 x + C_2 x^2 + \ldots + C_{n-1}x^{n-1}).$$

Nous aurons donc, pour l'intégrale générale demandée,

$$y = e^{kx}\left(C_0 + C_1 x + C_2 x^2 + \ldots + C_{n-1}x^{n-1}\right)$$
$$+ \frac{F(x)}{k^n} + \frac{n}{1}\frac{F'(x)}{k^{n+1}} + \frac{n(n+1)}{1.2}\frac{F''(x)}{k^{n+2}} + \ldots.$$

Problème n° 30.

Trouver l'intégrale générale de l'équation

$$(1) \qquad \alpha y + \beta\frac{dy}{dx} + \gamma\frac{d^2 y}{dx^2} + \ldots + \lambda\frac{d^n y}{dx^n} = e^{kx}F(x),$$

dans laquelle α, β,..., λ, k désignent des constantes, et $F(x)$ un polynôme entier en x.

Nous allons ramener ce cas au précédent, en faisant

$$(2) \qquad y = ze^{kx},$$

ce qui nous donnera

$$(3)\quad \alpha y + \beta \frac{dy}{dx} + \ldots + \lambda \frac{d^n y}{dx^n} = e^{kx}\left(A z + B \frac{dz}{dx} + \ldots + L \frac{d^n z}{dx^n}\right),$$

et l'équation (1) deviendra

$$(4)\qquad A z + B \frac{dz}{dx} + \ldots + L \frac{d^n z}{dx^n} = F(x).$$

Nous rentrons donc dans le type déjà étudié; il reste à trouver les valeurs des coefficients A, B, ..., L, en fonction de α, β, ..., λ.

Pour y arriver, dans l'équation (3), je fais $z = e^{hx}$, d'où $y = e^{(k+h)x}$, et l'équation (3) devient

$$\alpha + \beta(k+h) + \gamma(k+h)^2 + \ldots + \lambda(k+h)^n$$
$$= A + B h + C h^2 + \ldots + L h^n,$$

Soit donc posé

$$\alpha + \beta k + \gamma k^2 + \ldots + \lambda k^n = \varphi(k),$$

et nous aurons

$$A = \varphi(k),\quad B = \frac{\varphi'(k)}{1},\quad C = \frac{\varphi''(k)}{1.2}, \ldots,$$

et l'équation (4) deviendra

$$(5)\qquad \varphi(k) z + \frac{\varphi'(k)}{1}\frac{dz}{dx} + \frac{\varphi''(k)}{1.2}\frac{d^2 z}{dx^2} + \ldots = F(x);$$

en multipliant une intégrale particulière z de cette équation par e^{kx}, nous aurons une intégrale particulière de l'équation (1).

Problème n° 31.

Trouver toutes les fonctions f jouissant de la propriété

$$(1) \qquad f(x+y) = \frac{f(x)+f(y)}{1-f(x)f(y)},$$

quelles que soient les valeurs de x et y.

L'équation (1) ayant lieu pour toutes les valeurs de x, je peux prendre les dérivées des deux membres par rapport à x; je trouve

$$f'(x+y) = \frac{f'(x)[1+f^2(y)]}{[1-f(x)f(y)]^2}.$$

J'ai de même, en prenant les dérivées par rapport à y,

$$f'(x+y) = \frac{f'(y)[1+f^2(x)]}{[1-f(x)f(y)]^2},$$

et, en comparant les deux valeurs de $f'(x+y)$, il vient

$$\frac{f'(x)}{1+f^2(x)} = \frac{f'(y)}{1+f^2(y)}.$$

Le premier membre de cette équation est une fonction de x qui peut être quelconque; le second, une fonction de y qui peut aussi être quelconque. Pour que l'égalité puisse avoir lieu pour toutes les valeurs de x et y, indépendantes les unes des autres, il faut que les deux membres soient égaux à une constante a. On a donc

$$\frac{f'(x)}{1+f^2(x)} = a$$

et, en remontant aux fonctions primitives et désignant par b une nouvelle constante,

$$\operatorname{arc\,tang} f(x) = ax + b,$$

d'où
$$f(x) = \tang(ax + b).$$

L'expression (1), quand on y fait $y = 0$, donne
$$f(0)[1 + f^2(x)] = 0;$$

on a donc
$$f(0) = 0,$$

et, par suite,
$$b = 0;$$

ainsi
$$f(x) = \tang ax.$$

Problème n° 32.

Trouver la fonction φ, *telle que l'on ait*

$$(1) \qquad \varphi(x + y)\,\varphi(x - y) = \varphi^2(x) - \varphi^2(y),$$

pour toutes les valeurs de x et de y.

Dans l'équation (1), je prends les dérivées par rapport à x, ce qui me donne

$$(2) \quad \varphi'(x+y)\varphi(x-y) + \varphi(x+y)\varphi'(x-y) = 2\varphi(x)\varphi'(x).$$

Je prends les dérivées des deux membres de l'équation (2) par rapport à y, et je trouve

$$\left.\begin{array}{l}\varphi(x+y)\varphi''(x-y) + \varphi'(x+y)\varphi'(x-y)\\ -\varphi''(x+y)\varphi(x-y) - \varphi'(x+y)\varphi'(x-y)\end{array}\right\} = 0,$$

ou bien

$$(3) \qquad \frac{\varphi''(x+y)}{\varphi(x+y)} = \frac{\varphi''(x-y)}{\varphi(x-y)}.$$

Ainsi la fonction $\frac{\varphi''(u)}{\varphi(u)}$ ne doit pas changer quand on remplace u par $x+y$ ou $x-y$. Comme $x+y$ et $x-y$

peuvent être quelconques, et indépendants l'un de l'autre.
il en résulte

$$\frac{\varphi''(u)}{\varphi(u)} = \text{const.}$$

Supposons d'abord la constante positive, et prenons

$$\varphi''(u) = m^2 \varphi(u);$$

l'intégrale générale de cette équation linéaire est, avec les
deux constantes arbitraires A et B,

(4) $$\varphi(u) = A e^{mu} + B e^{-mu}.$$

Nous devons substituer cette valeur dans l'équation (1),
car les équations (2) et (3) sont plus générales que l'équation (1); nous aurons donc

$$(A e^{mx+my} + B e^{-mx-my})(A e^{mx-my} + B e^{-mx+my})$$
$$= (A e^{mx} + B e^{-mx})^2 - (A e^{my} + B e^{-my})^2;$$

cette équation se réduit à

$$(A + B)(A e^{2my} + B e^{-2my}) = 0.$$

On doit donc avoir

$$A + B = 0,$$

et l'expression (4) deviendra

$$\varphi(u) = A(e^{mu} - e^{-mu}).$$

Supposons maintenant

$$\varphi''(u) = -m^2 \varphi(u),$$
$$\varphi''(u) + m^2 \varphi(u) = 0;$$

l'intégrale générale de cette équation est

$$\varphi(u) = A' \cos mu + B' \sin mu.$$

Substituons dans l'équation (1), et nous trouverons, après

quelques réductions,

$$\mathrm{A}'\left(\mathrm{A}'\cos\frac{my}{2} + \mathrm{B}'\sin\frac{my}{2}\right) = 0.$$

Cette équation devant avoir lieu quel que soit y, comme on ne peut pas avoir en même temps $\mathrm{A}' = 0$ et $\mathrm{B}' = 0$, il en résultera

$$\mathrm{A}' = 0$$

et, par suite,

$$\varphi(u) = \mathrm{B}'\sin mu.$$

Ainsi les deux seules fonctions jouissant de la propriété demandée s'obtiennent en multipliant par une constante arbitraire $\dfrac{e^{mx} - e^{-mx}}{2}$ ou $\sin mx$, m étant d'ailleurs un nombre quelconque.

Problème n° 33.

Trouver les fonctions les plus générales f et φ, telles que, quelles que soient les valeurs de x et y, l'expression

$$\mathrm{V} = (x^2 - y^2)[f(x+y) + \varphi(x-y)]$$

puisse se mettre sous la forme

$$\mathrm{V} = \mathrm{F}(x) - \Phi(y),$$

et trouver les fonctions F et Φ.

En différentiant, on obtient

$$\frac{d\mathrm{V}}{dx} = 2x[f(x+y) + \varphi(x-y)]$$
$$+ (x^2 - y^2)[f'(x+y) + \varphi'(x-y)] = \mathrm{F}'(x),$$

$$\frac{d^2\mathrm{V}}{dx\,dy} = 2x[f'(x+y) - \varphi'(x-y)] - 2y[f'(x+y) + \varphi'(x-y)]$$
$$+ (x^2 - y^2)[f''(x+y) - \varphi''(x-y)],$$

et l'on doit avoir

$$\frac{d^2V}{dx\,dy} = 0;$$

il vient ainsi

$$(x+y)(x-y)[f''(x+y) - \varphi''(x-y)]$$
$$+ 2(x-y)f'(x+y) - 2(x+y)\varphi'(x-y) = 0,$$

ou bien

$$f''(x+y) - \varphi''(x-y)$$
$$+ \frac{2}{x+y}f'(x+y) - \frac{2}{x-y}\varphi'(x-y) = 0,$$

ou encore

$$f''(x+y) + \frac{2}{x+y}f'(x+y) = \varphi''(x-y) + \frac{2}{x-y}\varphi'(x-y).$$

Ces deux expressions devant être égales, quelles que soient les valeurs de $x+y$ et $x-y$, qui sont d'ailleurs indépendantes l'une de l'autre, chacune d'elles est une constante, et l'on a

$$f''(x+y) + \frac{2}{x+y}f'(x+y) = C,$$

$$\varphi''(x-y) + \frac{2}{x-y}\varphi'(x-y) = C.$$

Considérons la première de ces équations, et faisons, pour plus de clarté,

$$x+y = t, \quad f'(x+y) = f'(t) = u,$$

nous aurons

$$\frac{du}{dt} + \frac{2}{t}u - C = 0,$$

équation linéaire. En intégrant, on trouve

$$u = \frac{1}{t^2}(C' + C\int t^2\,dt)$$

ou

$$u = \frac{C'}{t^2} + \frac{Ct}{3} = f'(t);$$

intégrant de nouveau,

$$f(x+y) = \frac{C}{6}(x+y)^2 - \frac{C'}{x+y} + C'';$$

ou, en désignant par a, b, c, a', b' de nouvelles constantes arbitraires, on aura

$$f(x+y) = \frac{a}{x+y} + b + c(x+y)^2,$$

$$\varphi(x-y) = \frac{a'}{x-y} + b' + c(x-y)^2.$$

VÉRIFICATION.

Adoptant les valeurs précédentes pour les fonctions f et φ, on trouve

$$V = a(x-y) + a'(x+y)$$
$$+ b(x^2-y^2) + b'(x^2-y^2) + 2c(x^2-y^2)(x^2+y^2),$$

ou

$$V = \quad (a+a')x + (b+b')x^2 + 2cx^4$$
$$- [(a-a')y + (b+b')y^2 + 2cy^4];$$

on a donc

$$F(x) = 2cx^4 + (b+b')x^2 + (a+a')x,$$
$$\Phi(y) = 2cy^4 + (b+b')y^2 + (a-a')y.$$

Cette question se présente tout naturellement à propos de la solution, donnée par Jacobi, du mouvement d'un point matériel attiré par deux centres fixes suivant la loi de Newton.

Problème nº 34.

On demande de trouver l'intégrale générale de l'équation aux dérivées partielles

$$(1) \quad \begin{cases} \dfrac{dz}{dx}[4n^2y - 3nx - 3nf(z) + f'(z)] \\ \qquad + \dfrac{dz}{dy}[ny - x - f(z)] + 1 = 0. \end{cases}$$

On est conduit à intégrer le système suivant d'équations différentielles simultanées :

$$(2) \quad \begin{cases} \dfrac{dx}{dz} + 4n^2y - 3nx - 3nf(z) + f'(z) = 0, \\ \dfrac{dy}{dz} + ny - x - f(z) = 0. \end{cases}$$

On voit immédiatement que ces équations, qui, du reste, sont linéaires et à coefficients constants, se simplifient beaucoup, si l'on pose

$$x + f(z) = X;$$

elles deviennent effectivement

$$(3) \quad \begin{cases} \dfrac{dX}{dz} + 4n^2y - 3nX = 0, \\ \dfrac{dy}{dz} + ny - X = 0. \end{cases}$$

On voit que ces équations sont de même forme que les équations (2), mais elles n'ont pas de seconds membres. Pour les intégrer, nous allons éliminer X; de la dernière, nous tirons

$$(4) \quad X = ny + \dfrac{dy}{dz}.$$

Reportant cette valeur dans la première équation (3), il

13.

vient, après réduction,

$$(5) \qquad \frac{d^2 y}{dz^2} - 2n\frac{dy}{dz} + n^2 y = 0;$$

l'équation caractéristique qui correspond à cette équation linéaire et à coefficients constants est

$$r^2 - 2nr + n^2 = 0,$$

elle a ses deux racines égales à n; donc l'intégrale générale de l'équation (3) est, en désignant les constantes par C et C',

$$(6) \qquad y = e^{nz}(Cz + C').$$

Reportant cette valeur dans l'équation (4), et remplaçant X par sa valeur en x et z, il vient

$$(7) \qquad x + f(z) = e^{nz}[2n(Cz + C') + C];$$

les équations (6) et (7) constituent le système intégral des équations différentielles (3); résolvons par rapport à C et C', et nous aurons

$$C = e^{-nz}[x - 2ny + f(z)],$$
$$C' = e^{-nz}[y - xz + 2nyz - zf(z)].$$

Donc l'intégrale générale de l'équation aux dérivées partielles proposée est, en désignant par Φ une fonction arbitraire,

$$e^{-nz}[y - xz + 2nyz - zf(z)] = \Phi\left\{e^{-nz}[x - 2ny + f(z)]\right\}.$$

Problème n° 35.

Intégrer l'équation aux dérivées partielles

$$x\frac{dz}{dx} + \left(y - \sqrt{R^2 - z^2}\right)\frac{dz}{dy} = 0.$$

Il faut considérer le système suivant d'équations simultanées

$$\frac{dx}{x} = \frac{dy}{y - \sqrt{R^2 - z^2}} = \frac{dz}{0},$$

on en tire

$$z = C_1,$$

$$x\,dy - y\,dx + \sqrt{R^2 - C_1^2}\,dx = 0,$$

$$d\frac{y}{x} + \sqrt{R^2 - C_1^2}\,\frac{dx}{x^2} = 0.$$

Intégrons et désignons la constante par C_2, et nous aurons

$$\frac{y - \sqrt{R^2 - C_1^2}}{x} = C_2;$$

résolvons par rapport à C_1 et C_2; posons

$$C_2 = \Phi(C_1),$$

et nous aurons pour l'intégrale cherchée

$$y - \sqrt{R^2 - z^2} = x\,\Phi(z).$$

Il est facile de trouver une génération simple de la surface représentée par l'équation précédente; les équations

$$z = C_1, \quad y = C_2\,x + \sqrt{R^2 - C_1^2}$$

sont celles d'une droite parallèle au plan des xy, et qu passe par le point ayant pour coordonnées

$$x = 0, \quad y = \sqrt{R^2 - C_1^2}, \quad z = C_1.$$

Ce point est toujours situé sur la circonférence de rayon R, tracée dans le plan des yz avec l'origine pour centre; donc les surfaces cherchées sont toutes celles engendrées par une droite qui reste constamment parallèle au plan des xy, en s'appuyant toujours sur la circonférence définie précédemment.

Problème n° 36.

Intégrer l'équation aux dérivées partielles

$$x \frac{dz}{dx} + y \frac{dz}{dy} = \sqrt{x^2 + y^2} \cot \alpha.$$

Je considère le système

$$\frac{dx}{x} = \frac{dy}{y} = \frac{dz}{\sqrt{x^2 + y^2}} \tang \alpha;$$

j'en tire d'abord

$$C_1 = \frac{y}{x}, \quad dx = \frac{dz}{\sqrt{1 + C_1^2}} \tang \alpha,$$

$$x - \frac{z}{\sqrt{1 + C_1^2}} \tang \alpha = C_2;$$

Remettons dans cette dernière équation $\frac{y}{x}$ au lieu de C_1, et posons

$$C_2 \sqrt{1 + C_1^2} = \Phi(C_1);$$

nous trouverons

$$\sqrt{x^2 + y^2} = z \tang \alpha + \Phi\left(\frac{y}{x}\right) :$$

telle est l'intégrale cherchée. Donnons une génération simple de la surface; les équations

$$C_1 = \frac{y}{x}, \quad x - \frac{z}{\sqrt{1 + C_1^2}} \tang \alpha = C_2$$

sont celles d'une droite qui rencontre constamment l'axe des z; le cosinus de l'angle qu'elle fait avec Oz est

$$\frac{\sqrt{1 + C_1^2} \cot \alpha}{\sqrt{1 + C_1^2 + (1 + C_1^2) \cot^2 \alpha}} = \cos \alpha.$$

Donc les surfaces représentées par l'équation proposée sont toutes celles engendrées par une droite qui rencontre constamment l'axe des z, en faisant avec cet axe un angle constant.

Problème n° 37.

Trouver toutes les fonctions V *de* $x^2 + y^2 + z^2$, *telles que l'on ait*

$$\frac{d^2V}{dx^2} + \frac{d^2V}{dy^2} + \frac{d^2V}{dz^2} = 0.$$

Posons

$$r = \sqrt{x^2 + y^2 + z^2}, \quad \text{d'où} \quad \frac{dr}{dx} = \frac{x}{r},$$

et nous aurons

$$\frac{dV}{dx} = \frac{dV}{dr} \frac{x}{r},$$

$$\frac{d^2V}{dx^2} = \frac{d^2V}{dr^2} \frac{x^2}{r^2} + \frac{dV}{dr}\left(\frac{1}{r} - \frac{x^2}{r^3} \right).$$

On en déduit, en supposant écrites les expressions de $\frac{d^2V}{dy^2}$ et $\frac{d^2V}{dz^2}$,

$$\frac{d^2V}{dx^2} + \frac{d^2V}{dy^2} + \frac{d^2V}{dz^2} = \frac{d^2V}{dr^2} + \frac{2}{r} \frac{dV}{dr};$$

nous aurons donc

$$\frac{d^2V}{dr^2} + \frac{2}{r} \frac{dV}{dr} = 0$$

ou bien

$$\frac{\dfrac{d^2V}{dr^2}}{\dfrac{dV}{dr}} + \frac{2}{r} = 0,$$

et, en intégrant et désignant la constante par $\log A$,

$$\log \frac{dV}{dr} + 2 \log r = \log A,$$

$$\frac{dV}{dr} = \frac{A}{r^2};$$

intégrant de nouveau, et appelant B une nouvelle constante, nous aurons

$$V = B - \frac{A}{\sqrt{x^2 + y^2 + z^2}}.$$

Problème n° 38.

Trouver toutes les fonctions V *de* $x^2 + y^2 + z^2$, *telles que l'on ait*

$$\frac{d^2V}{dx^2} + \frac{d^2V}{ay^2} + \frac{d^2V}{dz^2} = m^2 V.$$

Conservant les notations du problème précédent, nous aurons

$$\frac{d^2V}{dx^2} + \frac{d^2V}{dy^2} + \frac{d^2V}{dz^2} = \frac{d^2V}{dr^2} + \frac{2}{r}\frac{dV}{dr} = m^2 V$$

ou bien

$$r\frac{d^2V}{dr^2} + 2\frac{dV}{dr} - m^2 r V = 0.$$

C'est une équation linéaire du second ordre, à coefficients variables. On l'intègre aisément, en remarquant que

$$r\frac{d^2V}{dr^2} + 2\frac{dV}{dr} = \frac{d^2Vr}{dr^2};$$

on a ainsi

$$\frac{d^2Vr}{dr^2} - m^2 V r = 0,$$

et cette fois, en regardant Vr comme la fonction, nous avons une équation linéaire à coefficients constants; nous en déduisons, en appelant les deux constantes arbitraires A et B,

$$Vr = A e^{mr} + B e^{-mr}.$$

Remettons pour r sa valeur $\sqrt{x^2 + y^2 + z^2}$, et nous aurons pour l'expression la plus générale de la fonction cherchée

$$V = \frac{1}{\sqrt{x^2 + y^2 + z^2}} \left(A e^{m\sqrt{x^2+y^2+z^2}} + B e^{-m\sqrt{x^2+y^2+z^2}} \right).$$

Problème n° 39.

Soit l'équation

(1) $$A \frac{d^2 z}{dx^2} + 2B \frac{d^2 z}{dx\,dy} + C \frac{d^2 z}{dy^2} = 0,$$

où A, B, C désignent des constantes; aux variables x et y on substitue deux autres variables x' et y', liées aux premières par les équations

(2) $$x' = ax + by, \quad y' = a'x + b'y;$$

alors l'équation (1) *prend la forme*

(3) $$A' \frac{d^2 z}{dx'^2} + 2B' \frac{d^2 z}{dx'\,dy'} + C' \frac{d^2 z}{dy'^2} = 0.$$

On demande de choisir les constantes a, b, a', b', de façon que $A' = 0$, $C' = 0$; conclure de là la solution la plus générale de l'équation (1).

Des expressions (2) je tire

$$dx' = a\,dx + b\,dy, \quad dy' = a'\,dx + b'\,dy,$$

par suite

$$\frac{dz}{dx} = a\,\frac{dz}{dx'} + a'\,\frac{dz}{dy'},$$

$$\frac{dz}{dy} = b\,\frac{dz}{dx'} + b'\,\frac{dz}{dy'};$$

$$\frac{d^2z}{dx^2} = a\left(a\,\frac{d^2z}{dx'^2} + a'\,\frac{d^2z}{dx'\,dy'}\right) + a'\left(a\,\frac{d^2z}{dx'\,dy'} + a'\,\frac{d^2z}{dy'^2}\right),$$

$$\frac{d^2z}{dx\,dy} = a\left(b\,\frac{d^2z}{dx'^2} + b'\,\frac{d^2z}{dx'\,dy'}\right) + a'\left(b\,\frac{d^2z}{dx'\,dy'} + b'\,\frac{d^2z}{dy'^2}\right),$$

$$\frac{d^2z}{dy^2} = b\left(b\,\frac{d^2z}{dx'^2} + b'\,\frac{d^2z}{dx'\,dy'}\right) + b'\left(b\,\frac{d^2z}{dx'\,dy'} + b'\,\frac{d^2z}{dy'^2}\right);$$

ou bien

$$\frac{d^2z}{dx^2} = a^2\,\frac{d^2z}{dx'^2} + 2aa'\,\frac{d^2z}{dx'\,dy'} + a'^2\,\frac{d^2z}{dy'^2},$$

$$\frac{d^2z}{dx\,dy} = ab\,\frac{d^2z}{dx'^2} + (ab' + ba')\,\frac{d^2z}{dx'\,dy'} + a'b'\,\frac{d^2z}{dy'^2},$$

$$\frac{d^2z}{dy^2} = b^2\,\frac{d^2z}{dx'^2} + 2bb'\,\frac{d^2z}{dx'\,dy'} + b'^2\,\frac{d^2z}{dy'^2}.$$

En multipliant ces équations respectivement par A, 2B et C, on forme l'équation (3), et l'on obtient ainsi la valeur de A′ et C′ que nous égalons à zéro, ce qui nous donne

$$A\,a^2 + 2\,B\,ab + C\,b^2 = 0,$$

$$A\,a'^2 + 2\,B\,a'b' + C\,b'^2 = 0;$$

d'où l'on tire, en prenant $a = a' = 1$,

$$(4)\qquad\begin{cases} b = \dfrac{1}{A}\left(-B + \sqrt{B^2 - AC}\right), \\[2mm] b' = \dfrac{1}{A}\left(-B - \sqrt{B^2 - AC}\right); \end{cases}$$

l'équation (3) se réduit donc à

$$\frac{d^2z}{dx'\,dy'} = 0 \quad \text{ou} \quad \frac{d\dfrac{dz}{dy'}}{dx'} = 0;$$

on en tire, en intégrant et désignant par $F'(y')$ une fonction arbitraire,

$$\frac{dz}{dy'} = F'(y');$$

intégrons de nouveau et désignons par $\Phi(x')$ une nouvelle fonction arbitraire, et nous aurons

$$z = F(y') + \Phi(x');$$

en remettant pour x' et y' leurs valeurs (2), et remplaçant b et b' par les expressions (4), nous aurons pour la solution la plus générale de l'équation (1)

$$z = \Phi\left(x - \frac{B - \sqrt{B^2 - AC}}{A}y\right) + F\left(x - \frac{B + \sqrt{B^2 - AC}}{A}y\right),$$

où F et Φ désignent deux fonctions arbitraires.

Problème n° 40.

Transformer l'équation

$$(1) \qquad y^2\frac{d^2z}{dx^2} - 2xy\frac{d^2z}{dx\,dy} + x^2\frac{d^2z}{dy^2} = x\frac{dz}{dx} + y\frac{dz}{dy} - z,$$

en faisant

$$x = \rho\cos\omega, \quad y = \rho\sin\omega.$$

En déduire l'intégrale générale de l'équation proposée.

On a

$$\frac{d\rho}{dx} = \cos\omega, \qquad \frac{d\rho}{dy} = \sin\omega,$$

$$\frac{d\omega}{dx} = -\frac{\sin\omega}{\rho}, \qquad \frac{d\omega}{dy} = +\frac{\cos\omega}{\rho},$$

$$\frac{dz}{dx} = \frac{dz}{d\rho}\cos\omega - \frac{\sin\omega}{\rho}\frac{dz}{d\omega},$$

$$\frac{dz}{dy} = \frac{dz}{d\rho}\sin\omega + \frac{\cos\omega}{\rho}\frac{dz}{d\omega};$$

d'où

$$x\frac{dz}{dx} + y\frac{dz}{dy} = \rho\frac{dz}{d\rho};$$

on trouve ensuite

$$\rho^2\frac{d^2z}{dx^2} = \rho^2\cos^2\omega\frac{d^2z}{d\rho^2} - \rho\sin 2\omega\frac{d^2z}{d\rho\,d\omega} + \sin^2\omega\frac{d^2z}{d\omega^2}$$
$$+ \sin 2\omega\frac{dz}{d\omega} + \rho\sin^2\omega\frac{dz}{d\rho},$$

$$\rho^2\frac{d^2z}{dx\,dy} = \rho^2\sin\omega\cos\omega\frac{d^2z}{d\rho^2} + \rho\cos 2\omega\frac{d^2z}{d\rho\,d\omega} - \sin\omega\cos\omega\frac{d^2z}{d\omega^2}$$
$$- \cos 2\omega\frac{dz}{d\omega} - \rho\sin\omega\cos\omega\frac{dz}{d\rho},$$

$$\rho^2\frac{d^2z}{dy^2} = \rho^2\sin^2\omega\frac{d^2z}{d\rho^2} + \rho\sin 2\omega\frac{d^2z}{d\rho\,d\omega} + \cos^2\omega\frac{d^2z}{d\omega^2}$$
$$- \sin 2\omega\frac{dz}{d\omega} + \rho\cos^2\omega\frac{dz}{d\rho}.$$

On en conclut

$$y^2\frac{d^2z}{dx^2} - 2xy\frac{d^2z}{dx\,dy} + x^2\frac{d^2z}{dy^2} = \frac{d^2z}{d\omega^2} + \rho\frac{dz}{d\rho};$$

l'équation proposée devient donc

$$\frac{d^2z}{d\omega^2} + z = 0.$$

On connaît l'intégrale générale de cette équation linéaire; les constantes arbitraires seront des fonctions arbitraires de ρ, et l'on aura pour l'intégrale générale de l'équation (1)

$$z = \Phi(\rho) \cos\omega + \Psi(\rho) \sin\omega$$

ou bien, en remettant x et y,

$$z = x\varphi(x^2 + y^2) + y\psi(x^2 + y^2).$$

Problème nº 41.

Que devient l'équation aux dérivées partielles

$$(1) \qquad \frac{d^2z}{dx^2} + 2xy^2\frac{dz}{dx} + 2(y - y^3)\frac{dz}{dy} + x^2y^2z = 0,$$

quand on remplace les variables indépendantes x et y par $x' = xy$ *et* $y' = \dfrac{1}{y}$?

On a

$$\frac{dz}{dx} = y\frac{dz}{dx'}, \quad \frac{dz}{dy} = x\frac{dz}{dx'} - \frac{1}{y^2}\frac{dz}{dy'},$$

$$\frac{d^2z}{dx^2} = y\frac{d^2z}{dx'^2};$$

on trouve que l'équation proposée devient

$$\frac{d^2z}{dx'^2} + 2x'y'^2\frac{dz}{dx'} + 2(y' - y'^3)\frac{dz}{dy'} + x'^2y'^2z = 0;$$

elle est la même que la proposée; si donc $z_1 = F(x, y)$ est une solution de la proposée, $z_2 = F\left(xy, \dfrac{1}{y}\right)$ sera une nouvelle solution de cette équation.

TROISIÈME PARTIE.

APPLICATION DU CALCUL INTÉGRAL A LA SOLUTION DE DIVERSES QUESTIONS RELATIVES AUX COURBES ET AUX SURFACES.

Problème n° 1.

Trouver les courbes dans lesquelles le rayon de courbure est une fonction donnée de l'angle α que fait la tangente à la courbe avec une droite fixe.

Prenons la droite fixe pour axe des x, et soit

$$\rho = f(\alpha).$$

On a les formules

$$\rho = \frac{ds}{d\alpha}, \quad dx = ds \cos\alpha, \quad dy = ds \sin\alpha;$$

on en déduit

$$dx = f(\alpha) \cos\alpha \, d\alpha, \quad dy = f(\alpha) \sin\alpha \, d\alpha$$

et en intégrant et désignant les constantes arbitraires par x_0 et y_0,

$$(1) \quad x - x_0 = \int f(\alpha) \cos\alpha \, d\alpha, \quad y - y_0 = \int f(\alpha) \sin\alpha \, d\alpha.$$

On voit que toutes ces courbes s'obtiennent en transportant l'une d'elles parallèlement à elle-même; ayant x et y en fonction de α, on pourra construire la courbe.

APPLICATIONS.

1° $f(\alpha) = a$; les formules donnent

$$x - x_0 = a \sin \alpha, \quad y - y_0 = -a \cos \alpha,$$

d'où

$$(x - x_0)^2 + (y - y_0)^2 = a^2.$$

On trouve donc une circonférence de rayon a, placée d'une façon quelconque.

2° $f(\alpha) = \dfrac{a}{\sin^3 \alpha}$; en appliquant les formules (1), on trouve

$$x - x_0 = a \int \frac{\cos \alpha}{\sin^3 \alpha} \, d\alpha = -\frac{a}{2 \sin^2 \alpha},$$

$$y - y_0 = a \int \frac{d\alpha}{\sin^2 \alpha} = -a \cot \alpha;$$

éliminant α, on a

$$(y - y_0)^2 = 2a \left(x_0 - \frac{a}{2} - x \right),$$

équation d'une parabole de paramètre a, dont l'axe est parallèle à OX.

3° $f(\alpha) = \dfrac{a}{\cos^2 \alpha}$; ne tenant pas compte des constantes x_0 et y_0, nous avons

$$x = a \int \frac{d\alpha}{\cos \alpha} = a \log \mathrm{tang} \left(\frac{\pi}{4} + \frac{\alpha}{2} \right).$$

$$y = a \int \frac{\sin \alpha}{\cos^2 \alpha} \, d\alpha = \frac{a}{\cos \alpha}.$$

On en déduit

$$e^{\frac{x}{a}} = \tang\left(\frac{\pi}{4} + \frac{\alpha}{2}\right),$$

$$e^{-\frac{x}{a}} = \cot\left(\frac{\pi}{4} + \frac{\alpha}{2}\right),$$

$$\frac{1}{2}\left(e^{\frac{x}{a}} + e^{-\frac{x}{a}}\right) = \frac{1}{\cos\alpha} = \frac{y}{a}.$$

On a donc

$$y = \frac{a}{2}\left(e^{\frac{x}{a}} + e^{-\frac{x}{a}}\right),$$

équation d'une chaînette dont l'axe est perpendiculaire sur Ox.

4° $f(\alpha) = ae^{m\alpha}$:

$$x = a\int e^{m\alpha}\cos\alpha\, d\alpha, \quad y = a\int e^{m\alpha}\sin\alpha\, d\alpha,$$

ou, en effectuant les intégrations,

$$x = \frac{ae^{m\alpha}}{1 + m^2}(m\cos\alpha + \sin\alpha), \quad y = \frac{ae^{m\alpha}}{1 + m^2}(m\sin\alpha - \cos\alpha);$$

passant aux coordonnées polaires r et θ, nous avons

$$r = \frac{ae^{m\alpha}}{\sqrt{1 + m^2}}, \quad \tang\theta = \frac{\tang\alpha - \dfrac{1}{m}}{1 + \dfrac{1}{m}\tang\alpha} = \tang(\alpha - i);$$

en faisant

$$m = \cot i,$$

on a donc

$$\theta = \alpha - i,$$

et par suite

$$r = a\sin i\, e^{m(\theta + i)}, \quad r = a\sin i\, e^{i\cot i}\, e^{\theta\cot i},$$

épuation d'une spirale logarithmique.

$5^{\circ}\ f(\alpha) = a\alpha$:

$$x = a \int \alpha \cos \alpha\, d\alpha, \quad y = a \int \alpha \sin \alpha\, d\alpha;$$

en intégrant par parties, on a

$$\int \alpha \cos \alpha\, d\alpha = \quad \alpha \sin \alpha + \cos \alpha,$$
$$\int \alpha \sin \alpha\, d\alpha = -\ \alpha \cos \alpha + \sin \alpha;$$
$$x = a \cos \alpha + a \alpha \sin \alpha,$$
$$y = a \sin \alpha - a \alpha \cos \alpha;$$

la courbe est une développante de cercle. Soient, en effet (*fig.* 31), la circonférence OA de rayon a, BOA $= \alpha$, la

Fig. 31.

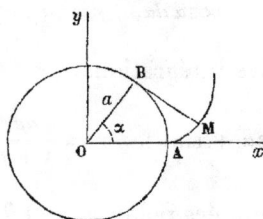

tangente BM égale à l'arc AM, x et y les coordonnées du point M; on a, pour x et y, les expressions trouvées précédemment.

$6^{\circ}\ f(\alpha) = a \sin \alpha$:

$$x = \frac{a}{2} \int \sin 2\alpha\, d\alpha + x_0 = \frac{a}{4} \left(1 - \cos 2\alpha \right);$$

en faisant $x_0 = \dfrac{a}{4}$,

$$y = a \int \sin^2 \alpha\, d\alpha = \frac{a}{4} \left(2\alpha - \sin 2\alpha \right).$$

Soit $2\alpha = \beta$, nous aurons

$$x = \frac{a}{4}(1 - \cos\beta), \quad y = \frac{a}{4}(\beta - \sin\beta).$$

On reconnaît les équations d'une cycloïde a engendrée par un cercle de rayon $\frac{a}{4}$, roulant sans glisser sur l'axe des y.

$7°\ f(\alpha) = a\sin m\alpha$:

$$\frac{x}{a} = \int \cos\alpha \sin m\alpha\, d\alpha,$$

$$\frac{y}{a} = \int \sin\alpha \sin m\alpha\, d\alpha,$$

ou bien

$$\frac{2x}{a} = \int \sin(1 + m)\alpha\, d\alpha - \int \sin(1 - m)\alpha\, d\alpha,$$

$$\frac{2y}{a} = -\int \cos(1 + m)\alpha\, d\alpha + \int \cos(1 - m)\alpha\, d\alpha;$$

$$(2) \begin{cases} x = \dfrac{a}{2(1 - m)}\cos(1 - m)\alpha - \dfrac{a}{2(1 + m)}\cos(1 + m)\alpha, \\[2mm] y = \dfrac{a}{2(1 - m)}\sin(1 - m)\alpha - \dfrac{a}{2(1 + m)}\sin(1 + m)\alpha. \end{cases}$$

Je dis que cette courbe est une épicycloïde. Supposons d'abord $m < 1$, et faisons rouler le cercle O′ de rayon $R' = \dfrac{a}{2(1 + m)}$ extérieurement sur le cercle O de rayon $R = \dfrac{am}{1 - m^2}$: nous aurons, pour les coordonnées du point M,

$$X = (R + R')\cos\frac{R'}{R}\varphi' - R'\cos\frac{R' + R}{R}\varphi',$$

$$Y = (R + R')\sin\frac{R'}{R}\varphi' - R'\sin\frac{R' + R}{R}\varphi',$$

14.

ou, en remplaçant R et R' par leurs valeurs,

$$X = \frac{a}{2(1-m)} \cos \frac{1-m}{2m} \varphi' - \frac{a}{2(1+m)} \cos \frac{1+m}{2m} \varphi',$$

$$Y = \frac{a}{2(1-m)} \sin \frac{1-m}{2m} \varphi' - \frac{a}{2(1+m)} \sin \frac{1+m}{2m} \varphi'.$$

Soit α (*fig.* 32) l'angle CTx que fait la tangente à l'épi-

Fig. 32.

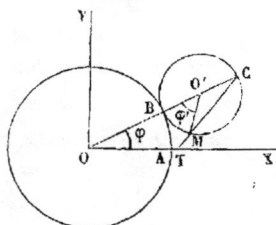

cycloïde avec Ox; on a

$$\alpha = \varphi + \frac{\varphi'}{2} = \frac{\varphi'}{2R}(2R' + R) = \frac{\varphi'}{2m}.$$

Donc enfin

$$X = \frac{a}{2(1-m)} \cos(1-m)\alpha - \frac{a}{2(1+m)} \cos(1+m)\alpha,$$

$$Y = \frac{a}{2(1-m)} \sin(1-m)\alpha - \frac{a}{2(1+m)} \sin(1+m)\alpha.$$

Ce sont les formules trouvées précédemment.

Soit maintenant $m > 1$, nous avons

$$-x = \frac{a}{2(m-1)} \cos(m-1)\alpha + \frac{a}{2(m+1)} \cos(m+1)\alpha,$$

$$-y = -\frac{a}{2(m-1)} \sin(m-1)\alpha + \frac{a}{2(m+1)} \sin(m+1)\alpha.$$

Je dis que cette courbe est une épicycloïde engendrée

par un point d'une circonférence O′ de rayon $R' = \dfrac{a}{2(m-1)}$, roulant à l'intérieur d'une circonférence fixe O, de rayon $R = \dfrac{ma}{m^2 - 1}$.

On a en effet (*fig.* 33), pour les coordonnées du point M,

$$X = (R - R')\cos\frac{R'}{R}\,\varphi' + R'\cos\frac{R-R'}{R}\,\varphi',$$

$$Y = (R - R')\sin\frac{R'}{R}\,\varphi' - R'\sin\frac{R-R'}{R}\,\varphi',$$

Fig. 33.

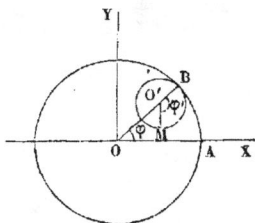

ou, en remplaçant R et R′ par leurs valeurs,

$$X = \frac{a}{2(m+1)}\cos(m+1)\frac{\varphi'}{2m} + \frac{a}{2(m-1)}\cos(m-1)\frac{\varphi'}{2m},$$

$$Y = \frac{a}{2(m+1)}\sin(m+1)\frac{\varphi'}{2m} - \frac{a}{2(m-1)}\sin(m-1)\frac{\varphi'}{2m};$$

α étant l'angle que fait la tangente à l'épicycloïde avec Ox, on trouve

$$\frac{\varphi'}{2m} = \alpha,$$

et l'on voit que

$$X = -x \quad \text{et} \quad Y = -y.$$

Donc la courbe est bien une épicycloïde.

8° $f(\alpha) = \dfrac{p}{(1 - e^2 \cos^2\alpha)^{\frac{3}{2}}}$. On aura

$$x = p \int \frac{\cos\alpha \, d\alpha}{(1 - e^2 \cos^2\alpha)^{\frac{3}{2}}} = p \int \frac{d\sin\alpha}{(1 - e^2 + e^2 \sin^2\alpha)^{\frac{3}{2}}},$$

$$y = p \int \frac{\sin\alpha \, d\alpha}{(1 - e^2 \cos^2\alpha)^{\frac{3}{2}}} = -p \int \frac{d\cos\alpha}{(1 - e^2 \cos^2\alpha)^{\frac{3}{2}}};$$

et, en intégrant, il viendra

$$x - x_0 = \frac{p}{1 - e^2} \frac{\sin\alpha}{\sqrt{1 - e^2 \cos^2\alpha}},$$

$$y - y_0 = -p \frac{\cos\alpha}{\sqrt{1 - e^2 \cos^2\alpha}}.$$

On tire de là

$$(1 - e^2)(x - x_0)^2 + (y - y_0)^2 = \frac{p^2}{1 - e^2},$$

équation d'une ellipse si $e < 1$; son grand axe est parallèle à la droite fixe; les longueurs des demi-axes sont $\dfrac{p}{1 - e^2}$ et $\dfrac{p}{\sqrt{1 - e^2}}$.

Problème nº 2.

Trouver les courbes dans lesquelles la longueur de l'arc, compté à partir d'un point fixe, est une fonction de l'angle α que fait avec une droite fixe la tangente à l'extrémité de l'arc.

$$s = \varphi(\alpha);$$

on en tire

$$ds = \varphi'(\alpha) \, d\alpha, \quad \rho = \varphi'(\alpha) = f(\alpha).$$

On rentre dans le problème précédent; on verra ainsi que

$$s = a\alpha \qquad \text{donne un cercle de rayon } a;$$
$$s = a\,\text{tang}\,\alpha \qquad \text{» une chaînette;}$$
$$s = ae^{m\alpha} \qquad \text{» une spirale logarithmique;}$$
$$s = \frac{a\alpha^2}{2} \qquad \text{» une développante de cercle;}$$
$$s = a\cos\alpha \qquad \text{» une cycloïde;}$$
$$s = a\cos m\alpha \qquad \text{» une épicycloïde.}$$

Problème n° 3.

Trouver les courbes dans lesquelles le rayon de cour-bure est une fonction donnée de l'arc compté à partir d'un point fixe.

L'équation $\rho = f(s)$ est du troisième ordre, car elle contient une intégrale $s = \int \sqrt{1 + \frac{dy^2}{dx^2}}\,dx$, qu'on ne pourra faire disparaître que par une différentiation, ce qui, avec $d\rho$, introduira y'''. L'intégrale générale devra donc renfermer trois constantes.

A cause de $\rho = \frac{ds}{d\alpha}$, il viendra

$$d\alpha = \frac{ds}{f(s)};$$

d'où, en désignant par α_0 une constante,

$$\alpha - \alpha_0 = \int \frac{ds}{f(s)};$$

une fois l'intégration effectuée, on tirera de l'équation précédente s en fonction de α, et l'on rentrera dans le dernier problème.

APPLICATIONS.

1° $a(\rho - a) = s^2$ ou $f(s) = a + \dfrac{s^2}{a}$:

$$\alpha - \alpha_0 = \int \frac{ds}{a + \dfrac{s^2}{a}} = \text{arc tang } \frac{s}{a},$$

$$s = a \tan g (\alpha - \alpha_0);$$

la courbe est donc une chaînette.

2° $\rho = ms$ ou $f(s) = ms$:

$$\alpha - \alpha_0 = \int \frac{ds}{ms}, \quad s = e^{m(\alpha - \alpha_0)};$$

la courbe est donc une spirale logarithmique.

3° $\rho^2 + s^2 = a^2$ ou $f(s) = \sqrt{a^2 - s^2}$:

$$\alpha - \alpha_0 = \int \frac{ds}{\sqrt{a^2 - s^2}} = \text{arc sin } \frac{s}{a} :$$

$$s = a \sin (\alpha - \alpha_0);$$

la courbe est donc une cycloïde.

4° $\dfrac{s^2}{a^2} + \dfrac{\rho^2}{b^2} = 1$, $f(s) = b \sqrt{1 - \dfrac{s^2}{a^2}}$:

$$\alpha - \alpha_0 = \frac{1}{b} \int \frac{ds}{\sqrt{1 - \dfrac{s^2}{a^2}}} = -\frac{a}{b} \text{ arc cos } \frac{s}{a},$$

$$s = a \cos \frac{b}{a} (\alpha - \alpha_0);$$

la courbe est donc une épicycloïde.

5° $\rho^2 = 2as$, $f(s) = \sqrt{2as}$:

$$\alpha - \alpha_0 = \int \frac{ds}{\sqrt{2as}} = \sqrt{\frac{s}{a}},$$

$$s = a(\alpha - \alpha_0)^2;$$

la courbe est donc une développante de cercle.

Problème n° 4.

Trouver une courbe telle que, si on lui mène une normale en un point quelconque M, *laquelle rencontre* Ox *en* P, *le lieu du milieu de* MP *soit la parabole* $y^2 = ax$.

Soient x et y les coordonnées du point M; x_1 et y_1 celles du milieu de MP; on a

$$x_1 = x + \frac{1}{2} \frac{y\,dy}{dx},$$

$$y_1 = \tfrac{1}{2}y,$$

$$y_1^2 = ax_1;$$

il en résulte

$$\frac{y^2}{a} = 4x + \frac{2y\,dy}{dx}$$

ou bien

$$\frac{d.y^2}{dx} - \frac{1}{a} y^2 = -4x;$$

c'est une équation linéaire, relativement à y^2; intégrant par la formule connue et désignant la constante arbitraire par C, il vient

$$y^2 = e^{\frac{x}{a}} \left(C - 4 \int x e^{-\frac{x}{a}}\,dx \right),$$

$$y^2 = C e^{\frac{x}{a}} + 4a(x + a).$$

Il est à remarquer que l'une des courbes ainsi obtenues

est la parabole

$$y^2 = 4a(x + a),$$

ayant même axe que la proposée et un paramètre quadruple.

Problème n° 5.

Trouver les courbes telles, que l'ordonnée à l'origine de la tangente soit égale à $kx^m y^n$.

On aura

$$y - x\frac{dy}{dx} = kx^m y^n,$$

$$\frac{dy}{dx} - \frac{y}{x} = -kx^{m-1}y^n.$$

C'est une équation de Bernoulli ; on peut l'écrire

$$-\frac{1}{1-n}\frac{d.y^{1-n}}{dx} - \frac{y^{1-n}}{x} = -kx^{m-1},$$

$$\frac{d.y^{1-n}}{dx} - \frac{1-n}{x}y^{1-n} = -k(1-n)x^{m-1};$$

en intégrant cette équation linéaire, il viendra

$$y^{1-n} = x^{1-n}[C - k(1-n)\int x^{m+n-2}dx],$$

$$(1) \qquad y^{1-n} = Cx^{1-n} - k\frac{1-n}{m+n-1}x^m.$$

Lorsque $m + n = 1$, il faut prendre

$$y^{1-n} = x^{1-n}[C - k(1-n)\log x].$$

Quand on fait $m = 0$, $n = 2$, l'équation (1) donne

$$\frac{1}{y} = \frac{C}{x} + k;$$

c'est l'équation d'une hyperbole dont les asymptotes sont parallèles aux axes coordonnés.

Lorsque $m = 0$, $n = -1$, on a

$$y^2 = Cx^2 + k;$$

on trouve donc une série d'ellipses ou d'hyperboles ayant leurs axes dirigés suivant les axes Ox et Oy, et tangentes aux droites $y = \pm \sqrt{k}$.

Problème n° 6.

Trouver une courbe AM *telle, que l'abscisse* x_1 *du centre de gravité* G *du segment compris entre l'axe*

Fig. 34.

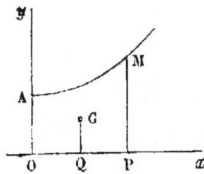

de x, *l'axe des* y, *la courbe et l'ordonnée variable* MP *soit une fonction donnée* $f(x)$ *de l'abscisse* x *du point* M.

On a

$$x_1 = \frac{\displaystyle\int_0^x xy\,dx}{\displaystyle\int_0^x y\,dx} = f(x);$$

on en tire

$$\int_0^x xy\,dx = f(x)\int_0^x y\,dx$$

et, en différentiant,

$$xy = f'(x)\int_0^x y\,dx + yf(x)$$

ou

$$y \frac{x - f(x)}{f'(x)} = \int_0^x y \, dx \, ;$$

différentiant de nouveau, nous avons

$$\frac{dy}{dx} \frac{x - f(x)}{f'(x)} = y \left[1 - \frac{d}{dx} \frac{x - f(x)}{f'(x)} \right];$$

les variables se séparent immédiatement :

$$\frac{dy}{y} = \frac{f'(x)}{x - f(x)} \, dx - \frac{\dfrac{d}{dx} \dfrac{x - f(x)}{f'(x)}}{\dfrac{x - f(x)}{f'(x)}}.$$

Intégrant et désignant la constante arbitraire par a, nous avons

$$y \frac{x - f(x)}{f'(x)} = a e^{\int \frac{f'(x) \, dx}{x - f(x)}} = \frac{a}{x - f(x)} e^{\int \frac{dx}{x - f(x)}}$$

ou bien

$$y = \frac{a f'(x)}{[x - f(x)]^2} \, e^{\int \frac{dx}{x - f(x)}}.$$

Exemple. — $f(x) = x_1 = k x.$
On trouve

$$y = b \, x^{\frac{2k-1}{1-k}},$$

en faisant $b = \dfrac{ak}{(1 - k)^2}.$

Pour $k = \dfrac{2}{3}$, on a

$$y = b x, \quad x_1 = \frac{2x}{3},$$

propriété connue du centre de gravité du triangle.

$k = \dfrac{1}{2}$ donne

$$y = b, \quad x_1 = \frac{x}{2} :$$

$k = \dfrac{3}{5}$ donne

$$y = b\sqrt{x},$$

parabole ayant son sommet à l'origine et tangente à l'axe des y; on a donc

$$x_1 = \frac{3x}{5}.$$

$k = \dfrac{3}{4}$ donne

$$y = bx^2,$$

parabole ayant son sommet à l'origine, et tangente à l'axe des y; on a donc

$$x_1 = \frac{3x}{4},$$

dans le cas actuel.

Problème n° 7.

Trouver une courbe AM *telle, que l'abscisse* x_1 *du centre de gravité de l'arc compris entre un point fixe* A (*fig.* 35) *et un point quelconque* M *de la courbe soit*

Fig. 35.

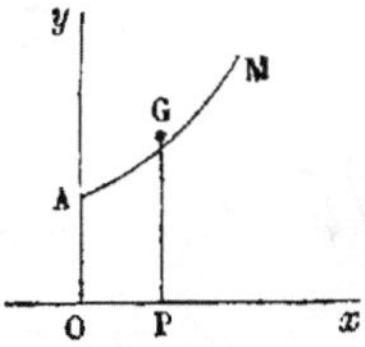

proportionnelle à l'abscisse x *du point* M.

On aura

$$x_1 = \frac{\displaystyle\int_0^x x\sqrt{1 + \frac{dy^2}{dx^2}}\,dx}{\displaystyle\int_0^x \sqrt{1 + \frac{dy^2}{dx^2}}\,dx} = kx$$

ou bien

$$\int_0^x x \sqrt{1 + \frac{dy^2}{dx^2}} \, dx = kx \int_0^x \sqrt{1 + \frac{dy^2}{dx^2}} \, dx;$$

en différentiant, il vient

$$x \sqrt{1 + \frac{dy^2}{dx^2}} = k \int_0^x \sqrt{1 + \frac{dy^2}{dx^2}} \, dx + kx \sqrt{1 + \frac{dy^2}{dx^2}}$$

ou

$$(1 - k)x \sqrt{1 + \frac{dy^2}{dx^2}} = k \int_0^x \sqrt{1 + \frac{dy^2}{dx^2}} \, dx;$$

différentiant de nouveau, on a

$$(1 - k) \sqrt{1 + \frac{dy^2}{dx^2}} + (1 - k)x \frac{d \sqrt{1 + \frac{dy^2}{dx^2}}}{dx} = k \sqrt{1 + \frac{dy^2}{dx^2}}.$$

$$(1 - k) \frac{d \sqrt{1 + \frac{dy^2}{dx^2}}}{\sqrt{1 + \frac{dy^2}{dx^2}}} = (2k - 1) \frac{dx}{x}.$$

Intégrons, et nous aurons

$$\sqrt{1 + \frac{dy^2}{dx^2}} = \sqrt{c} \, x^{\frac{2k-1}{1-k}},$$

$$y = c' + \int \sqrt{c x^{\frac{4k-2}{1-k}} - 1} \, dx.$$

Nous sommes ainsi conduit à une différentielle binôme; nous pourrons intégrer, quand nous aurons, en appelant p et q des nombres entiers positifs ou négatifs,

$$\frac{1 - k}{4k - 2} = p \quad \text{ou} \quad \frac{1 - k}{4k - 2} + \frac{1}{2} = q,$$

c'est-à-dire

$$k = \frac{2p+1}{4p+1} \quad \text{ou} \quad k = \frac{2q}{4q+1}.$$

En faisant, par exemple, $p = -1$, nous avons

$$k = \frac{1}{3}, \quad \frac{dy}{dx} = \sqrt{\frac{c-x}{x}},$$

équation d'une cycloïde engendrée par un cercle de rayon $\frac{c}{2}$, dont le sommet est à l'origine, la base étant parallèle à Oy.

Problème n° 8.

Trouver une courbe telle, que le segment intercepté sur l'axe des x par la tangente et la normale ait une longueur constante $2a$.

L'abscisse à l'origine de la tangente est $x - y\frac{dx}{dy}$, celle de la normale est $x + y\frac{dy}{dx}$; on aura donc, pour équation différentielle de la courbe,

(1)
$$y\left(\frac{dy}{dx} + \frac{dx}{dy}\right) = 2a$$

ou bien

$$y\left(\frac{dx}{dy}\right)^2 - 2a\frac{dx}{dy} + y = 0,$$

d'où

$$dx = \frac{a \pm \sqrt{a^2 - y^2}}{y}\, dy.$$

On en tire, en intégrant,

$$x = a\log\frac{a \pm \sqrt{a^2 - y^2}}{a} \mp \sqrt{a^2 - y^2} + \text{const.};$$

mais il est plus commode d'introduire une variable auxiliaire. Nous choisirons l'angle α de la tangente avec Ox;

nous poserons donc

$$\frac{dy}{dx} = \tang\alpha,$$

et l'équation (1) donnera

$$y = a\sin 2\alpha;$$

nous aurons ensuite

$$dx = \frac{\cos\alpha}{\sin\alpha}\,dy = \frac{2\,a\cos\alpha\cos 2\alpha}{\sin\alpha}\,d\alpha$$

ou bien

$$dx = 2\,a\left(\frac{\cos\alpha}{\sin\alpha} - \sin 2\alpha\right)d\alpha;$$

en intégrant et supprimant la constante, en transportant les axes parallèlement à eux-mêmes, il viendra

(2) $\qquad \begin{cases} x = a\log\sin^2\alpha - 2\,a\sin^2\alpha, \\ y = a\sin 2\alpha; \end{cases}$

rapprochons la valeur de y, mettons en regard $\dfrac{dx}{d\alpha}$ et $\dfrac{dy}{d\alpha}$,

(3) $\qquad \begin{cases} \dfrac{dx}{d\alpha} = \dfrac{2\,a\cos\alpha\cos 2\alpha}{\sin\alpha}, \\[2mm] \dfrac{dy}{d\alpha} = 2\,a\cos 2\alpha; \end{cases}$

nous avons (*fig*. 36) tout ce qu'il faut pour construire la courbe.

Fig. 36.

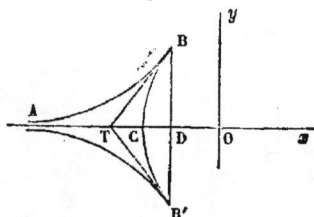

Pour $\alpha = 0$, $x = -\infty$, $y = 0$, la courbe est asymptote

à l'axe des x; $\dfrac{dx}{d\alpha}$ et $\dfrac{dy}{d\alpha}$ sont positifs; x et y vont en croissant, tant que α est plus petit que $\dfrac{\pi}{4}$; nous obtenons ainsi
la branche AB. Pour α plus grand que $\dfrac{\pi}{4}$, x et y vont en
décroissant; cela ne peut avoir lieu que si l'on a une nou-
velle branche de courbe située au-dessous de la tangente BT;
le point B est donc un point de rebroussement de première
espèce. Pour $\alpha = \dfrac{\pi}{2}$, $y = 0$, le changement de α en $\pi - \alpha$
ne modifie rien à la valeur de x, tandis que y change de
signe. La courbe est donc symétrique par rapport à Ox;
nous obtenons ainsi toute la courbe ABCB'A.

Proposons-nous de trouver l'aire $U = ABCB'A$; nous
aurons d'abord à former $y\,dx$; nous trouverons

$$y\,dx = \frac{2\,a^2 \sin 2\alpha \cos\alpha \cos 2\alpha}{\sin\alpha}\,d\alpha = 4\,a^2 \cos^2\alpha \cos 2\alpha\,d\alpha,$$

et la valeur de U sera

$$\tfrac{1}{2}U = \int_0^{\frac{\pi}{4}} 4\,a^2 \cos^2\alpha \cos 2\alpha\,d\alpha - \text{aire BCD},$$

$$\tfrac{1}{2}U = \int_0^{\frac{\pi}{4}} 4\,a^2 \cos^2\alpha \cos 2\alpha\,d\alpha + \int_{\frac{\pi}{4}}^{\frac{\pi}{2}} 4\,a^2 \cos^2\alpha \cos 2\alpha\,d\alpha,$$

$$\tfrac{1}{2}U = \int_0^{\frac{\pi}{2}} 4\,a^2 \cos^2\alpha \cos 2\alpha\,d\alpha$$

$$= a^2 \int_0^{\frac{\pi}{2}} (1 + 2\cos 2\alpha + \cos 4\alpha)\,d\alpha = \frac{\pi\,a^2}{2},$$

$$U = \pi a^2.$$

T. — *Rec.*

15

Cherchons la longueur S de l'arc BCB'; on a

$$ds = -\frac{2\,a\cos 2\alpha}{\sin\alpha}\,d\alpha,$$

$$\tfrac{1}{2}S = -2a\int_{\frac{\pi}{4}}^{\frac{\pi}{2}}\left(\frac{1}{\sin\alpha} - 2\sin\alpha\right)d\alpha = 2a\big[\sqrt{2} - \log(\sqrt{2}+1)\big],$$

$$S = 4a\big[\sqrt{2} - \log(\sqrt{2}+1)\big].$$

On a enfin, pour le rayon de courbure,

$$\rho = \frac{2\,a\cos 2\alpha}{\sin\alpha}.$$

Problème nº 9.

Trouver les courbes telles que les portions de leurs normales comprises entre les axes Ox et Oy aient une longueur constante l.

Soit $p = \dfrac{dy}{dx}$; l'équation de la normale est

$$Y - y = -\frac{1}{p}(X - x);$$

les segments qu'elle intercepte sur Ox et Oy sont

$$x + py, \quad \frac{x + py}{p};$$

on aura donc

$$(x + py)^2\left(1 + \frac{1}{p^2}\right) = l^2,$$

d'où l'on tire

$$(1) \qquad x + py = \frac{lp}{\sqrt{1 + p^2}}.$$

C'est une équation linéaire par rapport à x et y; on sait intégrer une telle équation. Différentions et remplaçons

dx par $\dfrac{dy}{p}$, et nous trouverons

$$\frac{dy}{dp} + \frac{p}{1+p^2}\,y = -\frac{lp}{(1+p^2)^{\frac{3}{2}}}.$$

Nous savons que l'intégrale générale de cette équation linéaire est

$$y = \frac{1}{\sqrt{1+p^2}}\left[C + l\int \frac{p\,dp}{(1+p^2)^2}\right] = \frac{1}{\sqrt{1+p^2}}\left[C - \frac{l}{2(1+p^2)}\right];$$

l'équation (1) nous donnera ensuite

$$x = \frac{(l-C)p}{\sqrt{1+p^2}} + \frac{lp}{2(1+p^2)^{\frac{3}{2}}}.$$

Soit $p = \tan\alpha$; α sera l'angle de la tangente avec l'axe des x; les expressions de x et y deviendront

(2) $\begin{cases} x = l\sin\alpha + \dfrac{l}{2}\sin\alpha\cos^2\alpha - C\sin\alpha, \\[2mm] y = -\dfrac{l}{2}\cos^3\alpha + C\cos\alpha. \end{cases}$

Nous avons donc x et y en fonction de la variable auxiliaire α : nous pourrons construire la courbe; toutes les courbes obtenues en donnant à la constante arbitraire C toutes les valeurs possibles sont des courbes parallèles; car, en faisant

$$x_0 = l\sin\alpha + \frac{l}{2}\sin\alpha\cos^2\alpha, \quad y_0 = -\frac{l}{2}\cos^3\alpha,$$

on a

$$x = x_0 + C\cos\left(\alpha + \frac{\pi}{2}\right), \quad y = y_0 + C\sin\left(\alpha + \frac{\pi}{2}\right),$$

ce qui exprime que le point x, y s'obtient en portant sur la normale, au lieu du point x_0, y_0, une longueur con-

15.

stante C. Nous pouvons donc nous borner à discuter l'une des courbes (2), obtenue en donnant à C une valeur particulière ; nous prendrons $C = \dfrac{3l}{4}$, et nous trouverons

$$(3) \quad \begin{cases} x = \dfrac{3l}{8} \sin\alpha + \dfrac{l}{8} \sin 3\alpha, \\[2mm] y = \dfrac{3l}{8} \cos\alpha - \dfrac{l}{8} \cos 3\alpha. \end{cases}$$

On en tire

$$\frac{dx}{d\alpha} = \frac{3l}{4} \cos 2\alpha \cos\alpha,$$

$$\frac{dy}{d\alpha} = \frac{3l}{4} \cos 2\alpha \sin\alpha ;$$

il en résulte

$$\frac{ds}{d\alpha} = \frac{3l}{4} \cos 2\alpha.$$

Soit ρ le rayon de courbure ; on aura donc

$$\rho = \frac{3l}{4} \cos 2\alpha = \frac{3l}{4} \sin 2\left(\alpha + \frac{\pi}{4}\right).$$

D'après le n° 7 du problème 1, troisième Partie, on voit que la courbe est une épicycloïde engendrée par un point d'une circonférence de rayon $\dfrac{3l}{8}$ roulant à l'intérieur d'une circonférence de rayon $\dfrac{l}{2}$; donc cette épicycloïde et ses courbes parallèles donnent la solution générale du problème proposé. On peut dire, si l'on veut, que toutes ces courbes sont les développantes d'une même épicycloïde.

Ce résultat était facile à prévoir ; car la normale de la courbe cherchée, ayant une longueur constante comprise entre Ox et Oy, est toujours tangente, comme l'on sait, à une épicycloïde ; cette épicycloïde est donc la développée des courbes cherchées, et l'une de ces courbes sera elle-même une épicycloïde.

Problème n° 10.

Trouver une courbe telle que les tangentes de ses dia-mètres, aux points où ils rencontrent la courbe, soient parallèles à une direction donnée.

Prenons cette direction pour axe des x. Soit $y = f(x)$ l'équation de la courbe cherchée; nous avons vu, pro-blème 32, première Partie, que le coefficient angulaire de la tangente au diamètre au point x, y, où il rencontre la courbe, est $f'(x) - \dfrac{3f''^2(x)}{f'''(x)}$; nous devons donc avoir

$$f'(x) - \frac{3f''^2(x)}{f'''(x)} = 0,$$

ce qu'on peut écrire

$$\frac{f'''(x)}{f''(x)} = \frac{3f''(x)}{f'(x)}.$$

Multipliant par dx, intégrant et désignant la constante arbitraire par $\log a$, il vient

$$\log f''(x) = 3 \log f'(x) - \log a$$

ou bien

$$a f''(x) = [f'(x)]^3,$$

$$\frac{a f''(x)}{f'^3(x)} = 1.$$

Multiplions encore par dx, intégrons et désignons la con-stante par b, et nous aurons

$$\frac{-a}{2 f'^2(x)} = x - b,$$

$$f'(x) = \sqrt{\frac{a}{2(b-x)}}.$$

On en conclut, en désignant par c une nouvelle constante,

$$f(x) = c - \sqrt{2a(b-x)},$$
$$(y-c)^2 = 2a(b-x).$$

C'est l'équation d'une parabole dont l'axe est parallèle à Ox; dans ce cas, tous les diamètres sont rectilignes.

Problème nº 11.

Trouver une courbe telle que les tangentes de ses diamètres, aux points où ils rencontrent la courbe, passent toutes par un point fixe.

Prenons ce point pour origine; l'équation

$$\mathbf{Y} - f(x) = \left[f'(x) - \frac{3f''^2(x)}{f'''(x)} \right] (\mathbf{X} - x)$$

devra être vérifiée, quel que soit x, quand on y fera $\mathbf{X} = 0$, $\mathbf{Y} = 0$. On aura donc

$$f(x) = x \left[f'(x) - \frac{3f''^2(x)}{f'''(x)} \right]$$

ou bien

$$xf'(x) - f(x) = \frac{3xf''^2(x)}{f'''(x)},$$

$$\frac{3xf''(x)}{xf'(x) - f(x)} = \frac{f'''(x)}{f''(x)}.$$

Multiplions par dx et désignons la constante par $\log a$, et nous aurons

$$3\log[xf'(x) - f(x)] = \log f''(x) - \log a,$$
$$a[xf'(x) - f(x)]^3 = f''(x),$$
$$ax = \frac{xf''(x)}{[xf'(x) - f(x)]^3}.$$

Intégrant de nouveau et appelant b une constante, on a

$$\frac{a x^2 - b}{2} = \frac{-1}{2[x f'(x) - f(x)]^2},$$

$$x f'(x) - f(x) = \frac{1}{\sqrt{b - a x^2}},$$

$$d\frac{f(x)}{x} = \frac{dx}{x^2 \sqrt{b - a x^2}},$$

$$f(x) = c x + x \int \frac{dx}{x^2 \sqrt{b - a x^2}}.$$

Or $\displaystyle\int \frac{dx}{x^2 \sqrt{b - a x^2}} = -\frac{1}{b x} \sqrt{b - a x^2}$; il viendra donc

$$y = c x - \frac{1}{b} \sqrt{b - a x^2},$$

$$(y - c x)^2 \div \frac{a}{b^2} x^2 = \frac{1}{b},$$

équation d'une conique quelconque ayant pour centre le point fixe; tous les diamètres sont donc rectilignes.

Problème n° 12.

Trouver une courbe telle que le coefficient angulaire m de la tangente en un point quelconque de la courbe et le coefficient angulaire m' de la tangente du diamètre au même point soient liés par la relation

$$m m' = \text{const.} = -k^2.$$

Nous aurons

$$f'(x) \left[f'(x) - \frac{3 f''^2(x)}{f'''(x)} \right] = -k^2.$$

$$f'^2(x) + k^2 = \frac{3 f'(x) f''^2(x)}{f'''(x)},$$

$$\frac{3 f'(x) f''(x)}{f'^2(x) + k^2} = \frac{f'''(x)}{f''(x)}.$$

On tire de là successivement

$$\tfrac{3}{2}\log\left[f'^2(x)+k^2\right]=\log f''(x)+\log a,$$

$$\left[f'^2(x)+k^2\right]^{\tfrac{3}{2}}=af''(x);$$

$$\frac{\dfrac{1}{k}f''(x)}{\left[1+\dfrac{1}{k^2}f'^2(x)\right]^{\tfrac{3}{2}}}=\frac{k^2}{a},$$

$$\frac{\dfrac{1}{k}f'(x)}{\sqrt{1+\dfrac{1}{k^2}f'^2(x)}}=\frac{k^2}{a}(x-b),$$

$$f'(x)=\frac{k^3\dfrac{x-b}{a}}{\sqrt{1-k^4\left(\dfrac{x-b}{a}\right)^2}},$$

$$f(x)-c=-\frac{a}{k}\sqrt{1-\frac{k^4}{a^2}(x-b)^2}$$

ou bien

$$(y-c)^2+k^2(x-b)^2=\frac{a^2}{k^2},$$

équation d'une ellipse ayant ses axes parallèles aux axes de coordonnées, et dans laquelle le rapport du petit axe au grand est égal à k.

Problème n° 13.

Trouver les courbes dans lesquelles l'arc, compté à partir d'un point fixe, est une fonction donnée de y.

On a

$$s=f(y),$$

d'où

$$ds=f'(y)\,dy=\sqrt{dx^2+dy^2},$$

$$dx=\sqrt{f'^2(y)-1}\,dy,$$

$$x+\text{const.}=\int\sqrt{f'^2(y)-1}\,dy.$$

APPLICATIONS.

1° *Trouver (fig. 37) les courbes telles que* $s^2 = 8ay$.
Dans ce cas,

$$f(y) = 2\sqrt{2ay},$$

$$f'(y) = \sqrt{\frac{2a}{y}},$$

$$dx = \sqrt{\frac{2a-y}{y}}\,dy.$$

C'est l'équation différentielle d'une cycloïde dont la base

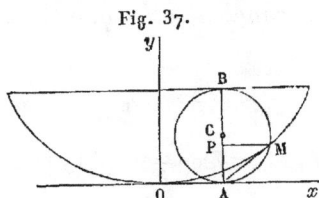

Fig. 37.

est parallèle à Ox, et le sommet est en O, le rayon du cercle générateur étant a; on a en effet, pour cette courbe,

$$\frac{dx}{dy} = \text{tang MAP} = \frac{\text{MP}}{\text{AP}} = \frac{\sqrt{\text{AP.BP}}}{\text{AP}} = \sqrt{\frac{\text{BP}}{\text{AP}}}$$

ou

$$\frac{dx}{dy} = \sqrt{\frac{2a-y}{y}}.$$

2° *Trouver les courbes telles que* $s = \sqrt{y^2 - a^2}$.
On a ici

$$f(y) = \sqrt{y^2 - a^2},$$

$$f'(y) = \frac{y}{\sqrt{y^2 - a^2}}, \quad f'^2(y) - 1 = \frac{a^2}{y^2 - a^2},$$

$$dx = a\int \frac{dy}{\sqrt{y^2 - a^2}},$$

$$\frac{x - x_0}{a} = \log \frac{y + \sqrt{y^2 - a^2}}{a},$$

en désignant par x_0 la constante. Il en résulte

$$y + \sqrt{y^2 - a^2} = ae^{\frac{x - x_0}{a}},$$

$$y - \sqrt{y^2 - a^2} = ae^{\frac{x_0 - x}{a}},$$

$$y = \frac{a}{2}\left(e^{\frac{x - x_0}{a}} + e^{\frac{x_0 - x}{a}}\right),$$

$$\sqrt{y^2 - a^2} = s = \frac{a}{2}\left(e^{\frac{x - x_0}{a}} - e^{\frac{x_0 - x}{a}}\right);$$

la courbe est donc une chaînette.

3° *Trouver les courbes telles que* $y = ae^{\frac{s}{a}}$.
On tire de là

$$s = a \log \frac{y}{a},$$

$$f(y) = a \log \frac{y}{a}, \quad f'(y) = \frac{a}{y},$$

$$dx = \frac{dy}{y}\sqrt{a^2 - y^2},$$

$$x - x_0 = \sqrt{a^2 - y^2} - a \log \frac{a + \sqrt{a^2 - y^2}}{y}.$$

La longueur de la tangente ou $\dfrac{y\sqrt{dx^2 + dy^2}}{dy}$ est ici égale à a; la courbe cherchée est donc la courbe aux tangentes égales. C'est l'une des développantes de la chaînette de l'exercice précédent.

Problème n° 14.

Trouver la fonction f telle que les trajectoires sous un angle donné α des courbes représentées par l'équation $r = Cf(\theta)$, où C est un paramètre variable, ne soient autre chose que les courbes proposées qui auraient tourné d'un certain angle.

Pour la courbe

(1)
$$r = C f(\theta),$$

on a

$$\operatorname{tang} V = \frac{f(\theta)}{f'(\theta)};$$

pour la trajectoire, on doit avoir

$$\frac{\dfrac{r\,d\theta}{dr} - \operatorname{tang} V}{1 + \dfrac{r\,d\theta}{dr}\,\operatorname{tang} V} = \operatorname{tang}\alpha.$$

Soit posé

(2)
$$\frac{f'(\theta)}{f(\theta)} = \varphi(\theta);$$

nous aurons

(3)
$$\frac{\dfrac{r\,d\theta}{dr}\,\varphi(\theta) - 1}{\varphi(\theta) + \dfrac{r\,d\theta}{dr}} = \operatorname{tang}\alpha.$$

Il n'y a pas lieu d'éliminer C entre cette dernière équation et l'équation (1), puisque C a disparu de lui-même. L'équation (3) donne

$$\frac{r\,d\theta}{dr} = \frac{1 + \varphi(\theta)\,\operatorname{tang}\alpha}{\varphi(\theta) - \operatorname{tang}\alpha}$$

ou bien, en posant

(4)
$$\varphi(\theta) = \operatorname{tang}\psi(\theta),$$

nous trouverons

$$\frac{dr}{r} = \operatorname{tang}[\psi(\theta) - \alpha]\,d\theta,$$

et, en intégrant et désignant par C' la constante arbitraire,

(5)
$$r = C' e^{\int \operatorname{tang}[\psi(\theta) - \alpha]\,d\theta}.$$

L'équation (5), où C' a une certaine valeur, doit représenter une des courbes proposées, qui aurait tourné d'un certain angle i; nous aurons donc

$$C' e^{\int \tan g [\psi(\theta) - \alpha] d\theta} = C f(\theta + i);$$

d'où, en prenant les dérivées logarithmiques,

$$\tan g [\psi(\theta) - \alpha] = \frac{f'(\theta + i)}{f(\theta + i)} = \varphi(\theta + i) = \tan g [\psi(\theta + i)];$$

nous avons donc

$$(6) \qquad \psi(\theta) - \alpha = \psi(\theta + i).$$

Cette équation, qui doit avoir lieu pour toutes les valeurs de θ, avec des valeurs déterminées de α et de i, est satisfaite quand on prend pour $\psi(\theta)$ une fonction du premier degré en θ; nous prendrons $\psi(\theta) = \dfrac{\theta_0 - \theta}{m}$, θ_0 et m étant des constantes; l'équation (6) donnera

$$\frac{\theta_0}{m} - \alpha = \frac{\theta_0 - i}{m},$$

d'où

$$\alpha = \frac{i}{m}, \quad i = m\alpha;$$

l'équation (4) donne ensuite

$$\varphi(\theta) = \tan g \frac{\theta_0 - \theta}{m},$$

et l'équation (2)

$$\frac{f'(\theta)}{f(\theta)} = \frac{\sin \dfrac{\theta_0 - \theta}{m}}{\cos \dfrac{\theta_0 - \theta}{m}}.$$

En intégrant, nous aurons

$$\log f(\theta) = m \log \left(\cos \frac{\theta_0 - \theta}{m} \right),$$

d'où

$$f(\theta) = \left(\cos\frac{\theta_0 - \theta}{m}\right)^m.$$

Nous pouvons nous borner à $f(\theta) = \left(\cos\dfrac{\theta}{m}\right)^m$, et l'équation (1) deviendra

(7)
$$r = C\left(\cos\frac{\theta}{m}\right)^m.$$

APPLICATIONS.

1° $m = -1$. L'équation (7) donne

$$r\cos\theta = C,$$

qui, quand C varie, représente des droites perpendiculaires sur l'axe polaire.

2° $m = 1$. L'équation (1) devient

$$r = C\cos\theta;$$

elle représente une série de cercles ayant leurs centres sur l'axe polaire et passant par le pôle.

3° $m = -\dfrac{1}{2}$. On a, dans ce cas,

$$r = \frac{C}{\sqrt{\cos 2\theta}}$$

ou, en coordonnées polaires,

$$x^2 - y^2 = C^2,$$

équation d'une série d'hyperboles équilatères ayant leur centre commun au pôle et leurs grands axes dirigés suivant l'axe polaire.

4° $m = \dfrac{1}{2}$:

$$r = C\sqrt{\cos 2\theta};$$

on a ici des lemniscates ayant encore pour centre et pour axe communs le pôle et l'axe polaire.

5° $m = -2$:

$$r = \frac{C}{\cos^2 \frac{\theta}{2}},$$

équation d'une série de paraboles ayant pour foyer et pour axe communs le pôle et l'axe polaire.

6° $m = 2$:

$$r = C \cos^2 \frac{\theta}{2} = \frac{C}{2} + \frac{C}{2} \cos\theta,$$

équation d'une série de limaçons de Pascal.

Problème n° 15.

Une courbe plane se meut dans son plan parallèlement à une direction donnée; trouver ses trajectoires sous un angle donné. Est-il possible de déterminer la courbe de façon que les trajectoires soient égales à la courbe proposée?

Prenons l'axe des y parallèle à la direction donnée; l'équation de la courbe donnée, dans une quelconque de ses positions, sera

(1) $y + \lambda = f(x),$

où λ est le paramètre variable; le coefficient angulaire de cette courbe est $f'(x)$; nous aurons donc pour la trajectoire, en appelant α l'angle constant,

(2) $$\frac{\frac{dy}{dx} - f'(x)}{1 + \frac{dy}{dx} f'(x)} = \tang\alpha.$$

Il n'y a pas lieu d'éliminer λ entre cette équation et l'équation (1), ce paramètre ayant disparu de lui-même. L'équa-

tion (2) est donc l'équation différentielle des trajectoires;
on en tire

$$\frac{dy}{dx} = \frac{f'(x) + \tang \alpha}{1 - f'(x) \tang \alpha},$$

et, en désignant par μ la constante arbitraire, l'équation
générale des trajectoires sera

(3) $$y + \mu = \int \frac{f'(x) + \tang \alpha}{1 - f'(x) \tang \alpha} \, dx.$$

Prenons pour la courbe proposée

(4) $$y + \lambda = \log \frac{1}{\cos x};$$

nous aurons

$$f(x) = \log \frac{1}{\cos x},$$

$$f'(x) = \tang x,$$

$$\frac{f'(x) + \tang \alpha}{1 - f'(x) \tang \alpha} = \tang(x + \alpha),$$

et l'équation (3) des trajectoires deviendra

$$y + \mu = \int \tang(x + \alpha) \, dx$$

ou

$$y + \mu = \log \frac{1}{\cos(x + \alpha)}.$$

On voit que les trajectoires s'obtiennent en déplaçant la
courbe donnée parallèlement à l'axe des x et faisant ensuite
mouvoir la courbe déplacée parallèlement à l'axe des y.

Problème n° 16.

*La base d'une cycloïde se meut le long de l'axe des y;
on demande de trouver les trajectoires orthogonales de la
cycloïde dans ses positions successives.*

Soit a le rayon du cercle générateur; l'équation de la

cycloïde dans une position quelconque est

$$(1) \qquad y + \lambda = \int \sqrt{\frac{x}{2a-x}}\, dx,$$

où λ est le paramètre variable. Le coefficient angulaire est donc $\sqrt{\frac{x}{2a-x}}$, et, pour la trajectoire, nous aurons l'équation différentielle

$$\frac{dy}{dx} \sqrt{\frac{x}{2a-x}} = -1 \quad \text{ou} \quad dy = -\sqrt{\frac{2a-x}{x}}\, dx.$$

Faisons $x = 2a - x'$, et il viendra, pour l'équation des trajectoires,

$$y + \mu = \int \sqrt{\frac{x'}{2a-x'}}\, dx';$$

les trajectoires sont donc des cycloïdes égales aux proposées, dont les bases se déplacent parallèlement à l'axe des y, mais dont la concavité est tournée en sens opposé par rapport à l'axe des x.

Problème n° 17.

Trouver la courbe telle que le produit des distances de chacun de ses points aux n sommets d'un polygone régulier soit égal à une constante b^n.

Désignons par a (*fig.* 38) le rayon de la circonférence

Fig. 38.

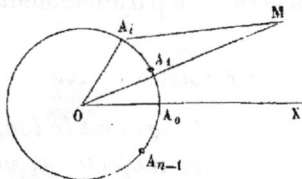

circonscrite au polygone régulier, r et θ les coordonnées polaires d'un point quelconque du lieu; nous supposerons que l'axe polaire passe par un des sommets; considérons le sommet A_i; le triangle MOA_i nous donne

$$MA_i^2 = r^2 + a^2 - 2ar\cos\left(\frac{2i\pi}{n} - \theta\right).$$

Le produit de toutes les expressions semblables, quand i varie de zéro à $n-1$, doit être égal à b^{2n}. Pour obtenir ce produit, nous écrirons

$$MA_i^2 = \left(r - a\cos\frac{2i\pi - n\theta}{n} - a\sqrt{-1}\sin\frac{2i\pi - n\theta}{n}\right)$$
$$\times \left(r - a\cos\frac{2i\pi - n\theta}{n} - a\sqrt{-1}\sin\frac{2i\pi - n\theta}{n}\right);$$

or le produit des valeurs que prend le premier facteur est l'expression

$$r^n - a^n\cos n\theta + a^n\sin n\theta\sqrt{-1};$$

car, en égalant cette expression à zéro, on a une équation dont les racines sont comprises dans la formule

$$r = a\cos\frac{2k\pi - n\theta}{n} + a\sqrt{-1}\sin\frac{2k\pi - n\theta}{n},$$

où k doit recevoir les valeurs $0, 1, \ldots, n-1$; de même le produit des valeurs du second facteur qui entre dans MA_i^2 est

$$r^n - a^n\cos n\theta - a^n\sin n\theta\sqrt{-1};$$

donc le carré du produit des distances de chaque point du lieu aux sommets du polygone régulier est

$$(r^n - a^n\cos n\theta + a^n\sin n\theta\sqrt{-1})(r^n - a^n\cos n\theta - a^n\sin n\theta\sqrt{-1})$$
$$= r^{2n} - 2r^n a^n\cos n\theta + a^{2n}.$$

L'équation du lieu est donc

$$(1) \qquad r^{2n} - 2a^n r^n\cos n\theta + a^{2n} = b^{2n}.$$

T. — Rec.　　　　　　　　　　　　　　　　　16

Si l'on veut discuter ces courbes, la formule suivante, donnant l'angle V, sera très-utile :

$$\cos V = \frac{a^n}{b^n} \sin n\theta.$$

Il est à remarquer que l'expression (1) se simplifie beaucoup pour $b = a$; on a en effet, dans ce cas,

$$(2) \qquad r^n = 2 a^n \cos n\theta.$$

Nous avons déjà rencontré cette courbe plusieurs fois.

Sa podaire par rapport à l'origine est la courbe

$$r^n = 2 a^n \left(\cos \frac{n\theta}{n+1} \right)^{n+1}.$$

En appelant p la distance de l'origine à la tangente à la courbe (2) et ρ son rayon de courbure, on a les expressions suivantes :

$$p = \frac{r^{n+1}}{2 a^n}, \quad \rho = \frac{2 a^n}{(n+1) r^{n-1}}, \quad \text{d'où} \quad p\rho = \frac{r^2}{n+1}.$$

Problème n° 18.

Trouver, quand b varie, les trajectoires orthogonales des courbes représentées par l'équation

$$(1) \qquad r^{2n} - 2 a^n r^n \cos n\theta + a^{2n} = b^{2n}$$

du problème précédent.

Différentiant cette équation, on trouve

$$(r^n - a^n \cos n\theta) dr + a^n r \sin n\theta \, d\theta = 0,$$

d'où

$$\tan g V = \frac{a^n \cos n\theta - r^n}{a^n \sin n\theta}.$$

Nous avons donc pour la trajectoire, en remarquant que le

paramètre b a disparu,

$$\frac{r\,d\theta}{dr}\,\frac{a^n\cos n\theta - r^n}{a^n\sin n\theta} = -1$$

ou bien

$$\frac{dr}{d\theta} + \frac{r\cos n\theta}{\sin n\theta} = \frac{r^{n+1}}{a^n\sin n\theta},$$

ce qui est une équation de Bernoulli; nous l'écrirons comme il suit :

$$\frac{d\,\dfrac{1}{r^n}}{d\theta} - \frac{1}{r^n}\,\frac{n\cos n\theta}{\sin n\theta} = -\frac{n}{a^n\sin n\theta}.$$

Cette équation est linéaire, et son intégrale générale est, en désignant la constante arbitraire par $\dfrac{1}{a^n}\tang n\theta_0$,

$$\frac{1}{r^n} = \sin n\theta\left(\frac{\tang n\theta_0}{a^n} - \frac{n}{a^n}\int\frac{d\theta}{\sin^2 n\theta}\right)$$

ou bien

$$\frac{a^n}{r^n} = \sin n\theta\left(\tang n\theta_0 + \cot n\theta\right);$$

on en tire

(2) $$r^n = \frac{a^n\cos n\theta_0}{\cos n(\theta - \theta_0)}.$$

Telle est l'équation générale des trajectoires.

Si l'on demande, par exemple, les trajectoires orthogonales de toutes les ovales de Cassini ayant les mêmes foyers, $2a$ étant la distance de ces foyers, il suffira de faire $n = 2$, et l'équation (2) deviendra

$$r^2 = \frac{a^2\cos 2\theta_0}{\cos 2(\theta - \theta_0)},$$

ce qui est l'équation d'une série d'hyperboles équilatères ayant l'origine pour centre.

16.

Problème n° 19.

Soient (fig. 39) $P_1 P_2 P_3 \ldots P_n$ *un polygone quelconque,* $r_1, r_2, \ldots, r_n$ *les distances d'un point quelconque* M *aux*

Fig. 39.

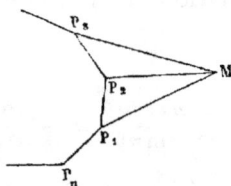

sommets du polygone, $\alpha_1, \alpha_2, \ldots, \alpha_n$ *les angles* $MP_1 P_2,$ $MP_2 P_3, \ldots, m_1, m_2, m_3, \ldots, m_n$ *des nombres donnés; les équations*

$$(1) \qquad r_1^{m_1} r_2^{m_2} \ldots r_n^{m_n} = a^{m_1 + m_2 + \ldots + m_n},$$

$$(2) \quad m_1 \alpha_1 + m_2 \alpha_2 + \ldots + m_n \alpha_n = (m_1 + m_2 + \ldots + m_n) \theta_0$$

représenteront des courbes orthogonales, quels que soient les paramètres variables a *et* θ_0.

Soient, en effet, x et y les coordonnées du point M, a_1 et b_1 celles du point P_1, a_2 et b_2 celles de $P_2, \ldots$; nous avons

$$(3) \qquad r_1^2 = (x - a_1)^2 + (y - b_1)^2, \quad r_2^2 = \ldots,$$

$$(4) \qquad \tan \alpha_1 = \frac{\dfrac{b_2 - b_1}{a_2 - a_1} - \dfrac{y - b_1}{x - a_1}}{1 + \dfrac{b_2 - b_1}{a_2 - a_1} \dfrac{y - b_1}{x - a_1}}, \quad \tan \alpha_2 = \ldots.$$

Différentions logarithmiquement l'équation (1); en tenant

compte des formules (3), il viendra

$$(5) \quad \begin{cases} dx\left(m_1\dfrac{x-a_1}{r_1^2}+m_2\dfrac{x-a_2}{r_2^2}+\ldots\right) \\ +\,dy\left(m_1\dfrac{y-b_1}{r_1^2}+m_2\dfrac{y-b_2}{r_2^2}+\ldots\right)=0. \end{cases}$$

La formule (2) différentiée donne

$$m_1\,da_1 + m_2\,da_2 + \ldots = 0;$$

or, en partant de (4), après des réductions faciles, on trouve

$$da_1 = \frac{(y-b_1)\,dx - (x-a_1)\,dy}{r_1^2};$$

nous aurons donc, pour la courbe (2),

$$(6) \quad \begin{cases} dx\left(m_1\dfrac{y-b_1}{r_1^2}+m_2\dfrac{y-b_2}{r_2^2}+\ldots\right) \\ -\,dy\left(m_1\dfrac{x-a_1}{r_1^2}+m_2\dfrac{x-a_2}{r_2^2}+\ldots\right)=0. \end{cases}$$

Les équations (5) et (6), d'où les paramètres variables a et θ_0 ont disparu, donnent toujours des valeurs de $\dfrac{dy}{dx}$ dont le produit est égal à -1; donc, quels que soient les paramètres a et θ_0, les courbes (1) et (2) se coupent toujours à angle droit.

SUR LES ROULETTES.

Problème n° 20.

Une courbe AH (*fig.* 40) *roule sans glisser sur une courbe* MG; *on demande de trouver le lieu décrit par un point* N *invariablement lié à la courbe mobile.*

Soient x et y les coordonnées du point de contact M à un moment donné, $y = f(x)$ l'équation de la courbe MG,

α l'angle de sa tangente MT avec Ox; soient X et Y les coordonnées du point N, r la distance NM, Y = F(X) l'équation du lieu du point N; on sait que la tangente à ce

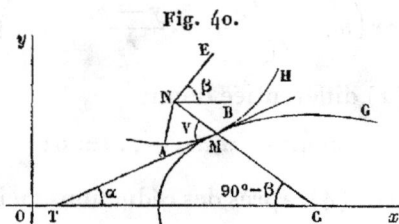

Fig. 40.

lieu est la droite NE perpendiculaire sur NM; si β est l'angle qu'elle fait avec Ox, on aura

$$\tan \beta = F'(X).$$

Soit encore A un point déterminé de la courbe mobile

$$\theta = \text{ANM},$$

θ et r seront les coordonnées polaires d'un point quelconque M de cette courbe mobile, dont l'équation, avec ces coordonnées, sera

$$\theta = \varphi(r).$$

Nous aurons

$$X = x - r \sin \beta, \quad Y = y + r \cos \beta$$

ou bien, en remplaçant y par $f(x)$, Y par F(X), $\tan \beta$ par F'(X),

$$X = x - \frac{r F'(X)}{\sqrt{1 + F'^2(X)}},$$

$$F(X) = f(x) + \frac{r}{\sqrt{1 + F'^2(X)}}.$$

V désignant l'angle TMN, on a

$$\tan V = \frac{r \, d\theta}{dr} = r \varphi'(r),$$

$$V = 90° - (\beta - \alpha)$$

et

$$\cot V = \frac{\tan \beta - \tan \alpha}{1 + \tan \beta \tan \alpha} = \frac{F'(X) - f'(x)}{1 + F'(X) f'(x)};$$

nous aurons donc

$$(1) \quad \begin{cases} r \varphi'(r) = \dfrac{1 + F'(X) f'(x)}{F'(X) - f'(x)}, \\[2mm] X = x - \dfrac{r F'(X)}{\sqrt{1 + F'^2(X)}}, \\[2mm] F(X) = f(x) + \dfrac{r}{\sqrt{1 + F'^2(X)}}. \end{cases}$$

Ces formules vont nous permettre de résoudre aisément les trois problèmes suivants :

1° *On donne la courbe fixe et la courbe mobile; trouver le lieu décrit par le point* N.

Nous connaissons les fonctions $f(x)$ et $\varphi(r)$; si, entre les trois équations (1), nous éliminons x et r, il nous restera une équation entre X, F(X), F'(X), d'où nous déduirons la fonction F(X), et par suite l'équation $Y = F(X)$ du lieu du point N.

2° *On donne la courbe fixe, et l'on demande quelle courbe il faut faire rouler sur elle pour que le lieu du point* N *soit une courbe donnée.*

Nous connaissons les fonctions $f(x)$ et F(X); si, entre les trois équations (1), nous éliminons x et X, nous aurons une équation entre r et $f'(r)$, d'où nous tirerons $\varphi(r)$, et par suite l'équation $\theta = \varphi(r)$ de la courbe AH.

3° *On donne la courbe* AH *et le lieu du point* N; *on demande de trouver la courbe fixe* MG.

Nous connaissons les fonctions $\varphi(r)$ et F(X); entre les trois équations (1), nous éliminerons r et X, et nous trouverons une équation entre x, $f(x)$ et $f'(x)$, d'où nous tirerons l'équation $y = f(x)$ de la courbe fixe.

Avant de faire des applications, nous supposerons dans les formules (1) que la courbe fixe se réduit à une ligne droite, l'axe des x; elles deviendront

$$(2) \quad \begin{cases} r\,\varphi'(r) = \dfrac{1}{F'(X)}, \\[2ex] F(X) = \dfrac{r}{\sqrt{1 + F'^2(X)}}. \end{cases}$$

Problème n° 21.

Une développante de cercle roule sans glisser sur l'axe des x; quel est le lieu décrit par le pôle de cette courbe?

L'équation de la développante de cercle en coordonnées polaires se trouve immédiatement en exprimant que la distance d'une normale quelconque au pôle est constante; on trouve ainsi

$$r\cos V = a \quad \text{ou} \quad \frac{r\,dr}{\sqrt{dr^2 + r^2 d\theta^2}} = a,$$

d'où

$$\frac{r\,d\theta}{dr} = \frac{\sqrt{r^2 - a^2}}{a};$$

on a donc, en admettant les notations de l'article précédent,

$$\varphi'(r) = \frac{\sqrt{r^2 - a^2}}{ar}.$$

Les formules (2) de cet article donneront

$$\sqrt{r^2 - a^2} = \frac{a}{F'(X)},$$

$$F(X) = \frac{r}{\sqrt{1 + F'^2(X)}};$$

l'élimination de r entre ces deux équations donne

$$F(X)F'(X) = a$$

ou bien

$$Y\,dY = a\,dX.$$

On en tire

$$Y^2 = 2a(X - C);$$

la courbe décrite est donc une parabole dont l'axe est la droite fixe sur laquelle roule la développante de cercle.

Problème n° 22.

Une épicycloïde roule sans glisser sur une droite fixe; quel est le lieu décrit par le pôle de cette épicycloïde? (Le pôle est ici le centre du cercle fixe de rayon a sur lequel a roulé un cercle mobile de rayon b pour engendrer l'épicycloïde.)

L'équation différentielle de l'épicycloïde en coordonnées polaires est, comme on le verra plus loin (problème 40),

$$d\theta = \frac{a + 2b}{a}\,\frac{\sqrt{r^2 - a^2}}{r\sqrt{(a + 2b)^2 - r^2}}\,dr;$$

on a donc

$$r\varphi'(r) = \frac{a + 2b}{a}\,\frac{\sqrt{r^2 - a^2}}{\sqrt{(a + 2b)^2 - r^2}},$$

et les formules (2) deviendront

$$\frac{a + 2b}{a}\,\frac{\sqrt{r^2 - a^2}}{\sqrt{(a + 2b)^2 - r^2}} = \frac{1}{F'(X)},$$

$$F(X) = \frac{r}{\sqrt{1 + F'^2(X)}}.$$

Éliminons r entre ces deux équations, et nous trouverons

$$F(X)F'(X) = \frac{a\sqrt{(a + 2b)^2 - F^2(X)}}{a + 2b}$$

ou bien

$$a\,dX = (a + 2b)\,\frac{Y\,dY}{\sqrt{(a + 2b)^2 - Y^2}},$$

d'où, en intégrant,

$$a(X - X_0) = -(a + 2b)\sqrt{(a + 2b)^2 - Y^2},$$

$$a^2(X - X_0)^2 + (a + 2b)^2 Y^2 = (a + 2b)^4;$$

ainsi, quand une épicycloïde roule sans glisser sur une droite fixe, le pôle de l'épicycloïde décrit une ellipse dont l'un des axes coïncide avec la droite fixe; ces deux axes ont du reste pour valeurs $\dfrac{2(a + b)^2}{a}$ et $2(a + 2b)$.

Problème n° 23.

Quelle courbe doit-on faire rouler sur une ellipse pour qu'un point lié invariablement à cette courbe décrive le grand axe de l'ellipse?

Nous avons ici $f(x) = \dfrac{b}{a}\sqrt{a^2 - x^2}$, $F(X) = 0$; les équations (1) de l'article cité plus haut deviendront

$$r\,\varphi'(r) = \frac{-1}{f'(x)} = +\frac{a\sqrt{a^2 - x^2}}{b\,x},$$

$$0 = f(x) + r = r + \frac{b}{a}\sqrt{a^2 - x^2}.$$

Éliminons x entre ces deux équations, et nous trouverons

$$b\,\varphi'(r) = \frac{a}{\sqrt{b^2 - r^2}}$$

ou bien

$$d\theta = \frac{a}{b}\,\frac{dr}{\sqrt{b^2 - r^2}};$$

d'où, en intégrant,

$$\frac{b}{a}(\theta - \theta_0) = \arcsin \frac{r}{b},$$

$$r = b \sin \frac{b}{a}(\theta - \theta_0).$$

Telle est l'équation de la courbe cherchée.

Problème n° 24.

Sur quelle courbe doit-on faire rouler une cardioïde pour que son pôle décrive une ligne droite?

L'équation de la cardioïde rapportée à son pôle est

$$r = a(1 + \cos\theta);$$

on a donc

$$\theta = \arccos \frac{r-a}{a} = \varphi(r), \quad \text{d'où} \quad \varphi'(r) = -\frac{1}{\sqrt{2ar - r^2}}.$$

Les équations (1), quand on y fera $F(X) = 0$, deviendront

$$\sqrt{\frac{r}{2a-r}} = \frac{1}{f'(x)},$$

$$0 = f(x) + r.$$

Si l'on élimine r entre ces deux équations, on obtient

$$\frac{1}{f'(x)} = \sqrt{\frac{-f(x)}{2a + f(x)}}.$$

Posons $y = -f(x)$, et nous aurons

$$\frac{dy}{dx} = \sqrt{\frac{2a-y}{y}}$$

ce qui est l'équation d'une cycloïde engendrée par un cercle de rayon a roulant sans glisser sur Ox.

Problème n° 25.

Trouver les courbes dans lesquelles il existe une rela-
tion donnée entre le rayon de courbure ρ et le rayon de
courbure correspondant ρ' de la développée..

Soit $\rho' = \varphi(\rho)$; soit, en outre, α l'angle de la tangente à
la courbe cherchée avec l'axe des x; on a

$$\rho' = \pm \frac{d\rho}{d\alpha},$$

par suite

$$\pm \frac{d\rho}{d\alpha} = \varphi(\rho),$$

$$d\alpha = \pm \frac{d\rho}{\varphi(\rho)},$$

$$\alpha - \alpha_0 = \pm \int \frac{d\rho}{\varphi(\rho)}.$$

De cette équation on tirera ρ en fonction de α, et l'on rentrera dans les conditions d'un problème traité précédemment.

APPLICATIONS.

1° *Trouver les courbes telles que la distance de chacun*
de leurs points au centre de courbure correspondant de la
développante soit constante.

Soit a cette longueur constante; nous aurons

$$\rho^2 + \rho'^2 = a^2,$$

$$\rho^2 + \frac{d\rho^2}{d\alpha^2} = a^2,$$

$$d\alpha = \pm \frac{d\rho}{\sqrt{a^2 - \rho^2}},$$

$$\alpha - \alpha_0 = \pm \arcsin \frac{\rho}{a},$$

$$\rho = \pm a \sin(\alpha - \alpha_0);$$

donc les courbes cherchées sont des cycloïdes.

2° *Trouver les courbes telles que le rayon de courbure de la courbe et celui de la développée soient liés par la relation*

$$\frac{\rho^2}{a^2} + \frac{\rho'^2}{b^2} = 1.$$

On aura

$$\rho' = b\sqrt{1 - \frac{\rho^2}{a^2}} = \pm\frac{d\rho}{d\alpha},$$

$$b\,d\alpha = \pm\frac{d\rho}{\sqrt{1 - \frac{\rho^2}{a^2}}},$$

$$\frac{b}{a}(\alpha - \alpha_0) = \pm \arcsin\frac{\rho}{a},$$

$$\rho = \pm a\sin\frac{b}{a}(\alpha - \alpha_0);$$

donc les courbes cherchées sont des épicycloïdes.

3° *Trouver les courbes telles que l'on ait*

$$\rho'^2 = 2a\rho.$$

Nous aurons

$$\rho' = \sqrt{2a\rho} = \pm\frac{d\rho}{d\alpha},$$

$$d\alpha = \pm\frac{d\rho}{\sqrt{2a\rho}},$$

$$\alpha - \alpha_0 = \pm\sqrt{\frac{2\rho}{a}},$$

$$\rho = \frac{a(\alpha - \alpha_0)^2}{2}.$$

On tire de là, en appelant ρ'' le rayon de courbure de la développée de la développée,

$$\rho'' = \frac{d^2\rho}{d\alpha^2} = a.$$

Cette dernière courbe est donc un cercle, et la courbe

cherchée est l'une des développantes de la développante de cercle.

4° *Trouver les courbes telles que le triangle formé par chaque point de la courbe, le point correspondant de la développée et le centre de courbure de cette développée aient une surface constante.*

On doit avoir

$$\rho\rho' = \frac{a^2}{2} \quad \text{ou} \quad \frac{\rho\,d\rho}{d\alpha} = \frac{a^2}{2},$$

$$\rho^2 = a^2(\alpha - \alpha_0),$$

ou, en ne tenant pas compte de la constante, ce qui ne change pas la forme de la courbe,

$$\rho^2 = a^2\alpha,$$

$$\rho = a\sqrt{\alpha} = \frac{ds}{d\alpha};$$

on en déduira

$$dx = a\sqrt{\alpha}\cos\alpha\,d\alpha,$$

$$dy = a\sqrt{\alpha}\sin\alpha\,d\alpha,$$

(1)
$$\begin{cases} \dfrac{x}{a} = \displaystyle\int_0^\alpha \sqrt{\alpha}\cos\alpha\,d\alpha, \\[2mm] \dfrac{y}{a} = \displaystyle\int_0^\alpha \sqrt{\alpha}\sin\alpha\,d\alpha; \end{cases}$$

on aura donc, par deux quadratures, x et y en fonction de la variable auxiliaire α; l'arc de la courbe représentée par les équations (1) se trouve aisément; on a, en effet,

$$ds = a\sqrt{\alpha}\,d\alpha,$$

$$s = \frac{2}{3}a\alpha^{\frac{3}{2}}$$

pour la longueur de l'arc compté à partir de l'origine.

Problème n° 26.

Trouver les courbes telles que, entre les rayons de courbure de la courbe et des deux premières développées, on ait la relation

(1) $$\rho\rho'' = \rho'^2.$$

On tire de là

(2) $$\rho\frac{d^2\rho}{d\alpha^2} = \left(\frac{d\rho}{d\alpha}\right)^2,$$

$$\frac{\dfrac{d^2\rho}{d\alpha^2}}{\dfrac{d\rho}{d\alpha}} = \frac{\dfrac{d\rho}{d\alpha}}{\rho};$$

en intégrant et désignant par m la constante, il vient

$$\log\frac{d\rho}{d\alpha} = \log\rho + \log m,$$

$$\frac{d\rho}{d\alpha} = m\rho, \quad m\,d\alpha = \frac{d\rho}{\rho};$$

intégrant de nouveau et appelant $\log a$ la constante, on aura

$$m\alpha = \log\rho - \log a,$$

$$\rho = ae^{m\alpha};$$

les courbes cherchées sont donc les spirales logarithmiques.

En partant de l'équation (1) pour arriver à l'équation (2), nous avons admis implicitement que ρ'' était égal à $+\dfrac{d^2s}{d\alpha^2}$; mais il peut être égal aussi à $-\dfrac{d^2s}{d\alpha^2}$. Dans ce cas, nous aurons

$$\rho\frac{d^2\rho}{d\alpha^2} + \left(\frac{d\rho}{d\alpha}\right)^2 = 0$$

ou, en appelant b^2 une constante,

$$\rho \frac{d\rho}{d\alpha} = \frac{b^2}{2},$$

$$\alpha - \alpha_0 = \frac{\rho^2}{b^2}.$$

Nous retombons sur le dernier exemple du problème précédent.

Problème n° 27.

Trouver les courbes telles que la différence des rayons de courbure de la courbe et de la seconde développée soit constante.

On doit avoir

$$\rho - \rho'' = l.$$

Prenons

$$\rho'' = - \frac{d^2\rho}{d\alpha^2} \quad \text{ou} \quad \rho + \frac{d^2\rho}{d\alpha^2} = l.$$

L'intégrale générale de cette équation linéaire est, en désignant par a et α_0 deux constantes arbitraires,

$$\rho = l + a\sin(\alpha - \alpha_0).$$

Si l'on avait seulement

$$\rho = a\sin(\alpha - \alpha_0),$$

la courbe cherchée serait une cycloïde. On voit qu'il suffit de porter sur les normales de cette cycloïde une longueur constante l pour avoir la courbe demandée; cette courbe est donc une courbe parallèle à la cycloïde.

Si l'on prend $\rho'' = \frac{d^2\rho}{d\alpha^2}$, on trouvera

$$\rho - \frac{d^2\rho}{d\alpha^2} = l;$$

l'intégrale générale de cette équation est

$$\rho = l + ae^{\alpha} + be^{-\alpha};$$

a et b désignant les deux constantes, la courbe cherchée est une courbe parallèle à celle qui vérifie l'équation

$$\rho = ae^{\alpha} + be^{-\alpha}.$$

Pour cette dernière, on aura

$$x = a\int e^{\alpha}\cos\alpha\, d\alpha + b\int e^{-\alpha}\cos\alpha\, d\alpha,$$
$$y = a\int e^{\alpha}\sin\alpha\, d\alpha + b\int e^{-\alpha}\sin\alpha\, d\alpha$$

ou, en effectuant les intégrations et ne tenant pas compte des constantes,

$$(1) \quad \begin{cases} 2x = \quad ae^{\alpha}(\cos\alpha + \sin\alpha) - be^{-\alpha}(\cos\alpha - \sin\alpha), \\ 2y = - ae^{\alpha}(\cos\alpha - \sin\alpha) - be^{-\alpha}(\cos\alpha + \sin\alpha). \end{cases}$$

En appelant r le rayon vecteur de cette courbe, on a

$$2r^2 = a^2 e^{2\alpha} + b^2 e^{-2\alpha} \quad \text{ou} \quad 2r^2 = \rho^2 - 2ab.$$

Ainsi cette courbe jouit de cette propriété

$$\rho = \sqrt{2}\,\sqrt{r^2 + ab}.$$

On la construira d'ailleurs aisément à l'aide des équations (1).

Problème n° 28.

Trouver les courbes pour lesquelles on a

$$n^2\rho - \rho'' = l.$$

1° $\rho'' = -\dfrac{d^2\rho}{d\alpha^2}$:

$$n^2\rho + \frac{d^2\rho}{d\alpha^2} = l.$$

L'intégrale générale de cette équation linéaire est

$$\rho = \frac{l}{n^2} + a \sin n(\alpha - \alpha_0);$$

donc la courbe demandée est une courbe parallèle à une épicycloïde.

$2^o \quad \rho'' = \dfrac{d^2\rho}{d\alpha^2}$:

$$n^2\rho - \frac{d^2\rho}{d\alpha^2} = l.$$

L'intégrale générale de cette équation est

$$\rho = \frac{l}{n^2} + ae^{n\alpha} + be^{-n\alpha};$$

la courbe cherchée est parallèle à celle représentée par l'équation

$$\rho = ae^{n\alpha} + be^{-n\alpha}.$$

Pour cette dernière, on trouve sans difficulté

$$x = \frac{a}{n^2+1} e^{n\alpha}(n\cos\alpha + \sin\alpha) - \frac{b}{n^2+1} e^{-n\alpha}(n\cos\alpha - \sin\alpha),$$

$$y = \frac{a}{n^2+1} e^{n\alpha}(n\sin\alpha - \cos\alpha) - \frac{b}{n^2+1} e^{-n\alpha}(n\sin\alpha + \cos\alpha).$$

Remarque. — On voit que, si l'on demande de trouver une courbe telle qu'il existe entre les rayons de courbure successifs une équation de la forme

$$\lambda\rho + \lambda'\rho' + \lambda''\rho'' + \ldots + \lambda^{(n)}\rho^{(n)} = \lambda^{(n+1)},$$

où $\lambda, \lambda', \ldots, \lambda^{(n+1)}$ sont des constantes, on aura à intégrer l'équation linéaire et à coefficients constants

$$\lambda\rho \pm \lambda'\frac{d\rho}{d\alpha} \pm \lambda''\frac{d^2\rho}{d\alpha^2} \pm \ldots \pm \lambda^{(n)}\frac{d^n\rho}{d\alpha^n} = \lambda^{(n+1)},$$

qui fera connaître ρ en fonction de α et de n constantes arbitraires, après quoi l'on rentrera dans un problème déjà traité.

Problème n° 29.

Trouver les courbes qui sont égales à leurs développées.

Nous connaissons deux courbes jouissant de cette curieuse propriété, la cycloïde et la spirale logarithmique; nous nous proposons de chercher les autres courbes, s'il y en a.

Nous chercherons l'équation de la courbe sous la forme

(1) $$\rho = f(\alpha),$$

qui, comme nous l'avons vu déjà plusieurs fois, détermine entièrement la forme de la courbe. Pour la développée, on aura

$$\rho' = \pm f'(\alpha), \quad \alpha' = \alpha + \frac{\pi}{2};$$

par suite

$$\rho' = \pm f'\left(\alpha' - \frac{\pi}{2}\right).$$

Cette équation devra coïncider avec celle de la courbe (1), qui aurait tourné d'un certain angle α_0; ainsi nous devrons avoir

$$\pm f'\left(\alpha' - \frac{\pi}{2}\right) = f\left(\alpha' - \frac{\pi}{2} + \alpha_0\right)$$

ou simplement

(2) $$\pm f'(\alpha) = f(\alpha + \alpha_0).$$

Cette équation (2) devra avoir lieu, quel que soit α, avec une valeur déterminée de la constante α_0. Si nous supposons que, pour faire coïncider la courbe proposée avec sa développée, on est obligé de la retourner, nous aurons l'équation

(3) $$\pm f'(\alpha) = f(\alpha_0 - \alpha).$$

17.

Le problème dépend maintenant des équations (2) et (3).

Considérons d'abord cette dernière équation; nous en déduirons, en prenant les dérivées par rapport à α,

$$(4) \qquad \mp f''(\alpha) = f'(\alpha_0 - \alpha);$$

mais, en changeant dans l'équation (3) α en $\alpha_0 - \alpha$, on a

$$(5) \qquad \pm f'(\alpha_0 - \alpha) = f(\alpha),$$

et, en multipliant membre à membre les équations (4) et (5), il vient

$$f''(\alpha) = f(\alpha).$$

L'intégrale générale de cette équation linéaire est

$$f(\alpha) = a \sin(\alpha - \alpha'),$$

α' et a désignant deux constantes; nous avons donc

$$\rho = a \sin(\alpha - \alpha'),$$

ce qui est l'équation de la cycloïde; nous retrouvons donc cette courbe, et nous voyons que c'est la seule qui vérifie l'équation (3).

Occupons-nous maintenant de l'équation (2).

Supposons que la fonction $f(\alpha)$ puisse se développer comme il suit :

$$(6) \qquad f(\alpha) = M e^{m\alpha} + N e^{n\alpha} + \dots,$$

M, N, m, n, ... étant des constantes, et voyons si l'on peut déterminer ces constantes de façon que l'équation (2) soit vérifiée; on devra avoir, quel que soit α,

$$\pm (M m e^{m\alpha} + N n e^{n\alpha} + \dots) = M e^{m\alpha} e^{m\alpha_0} + N e^{n\alpha} e^{n\alpha_0} + \dots,$$

ce qui conduit aux équations

$$(7) \qquad \begin{cases} \pm m = e^{m\alpha_0}, \\ \pm n = e^{n\alpha_0}. \end{cases}$$

Ainsi les coefficients M de l'expression de $f(\alpha)$ restent arbitraires; mais toutes les quantités m, n,... doivent vérifier l'équation (7). Nous ne considérerons que le signe $+$ dans cette équation, et nous prendrons

(8)
$$m = e^{m\alpha_0}.$$

En changeant en effet, dans cette dernière équation, m en $-m$ et α_0 en $-\alpha_0$, on aurait l'équation

$$-m = e^{m\alpha_0}.$$

Nous avons discuté l'équation (8), page 100, et nous avons vu que, si α_0 est négatif, elle a toujours une racine positive; si α_0 est positif et plus petit que $\dfrac{1}{e}$, elle en a deux, m et n, liées par la relation

(9)
$$\frac{\log m}{m} = \frac{\log n}{n}.$$

Nous pourrons donc prendre

$$f(\alpha) = M e^{m\alpha}$$

et aussi

(10)
$$f(\alpha) = M e^{m\alpha} + N e^{n\alpha},$$

m et n vérifiant la condition (9); nous trouvons ainsi après la cycloïde, comme courbes égales à leurs développées, la spirale logarithmique et la courbe définie par l'équation (10); nous avons, du reste, montré directement, page 97, que cette dernière courbe est bien égale à sa développée.

Voyons maintenant si l'équation (8) admet des racines imaginaires. On voit immédiatement que, si elle admet la racine $m = m' + m'' \sqrt{-1}$, elle admettra aussi sa conjuguée $m = m' - m'' \sqrt{-1}$; cette racine donnera donc, dans l'expression (6),

$$f(\alpha) = M e^{\alpha(m'+m''\sqrt{-1})} + N e^{\alpha(m'-m'')\sqrt{-1}}$$

ou, en changeant les constantes M et N en d'autres convenablement choisies P et Q,

$$(11) \qquad f(\alpha) = P e^{m'\alpha} \cos m''\alpha + Q e^{m'\alpha} \sin m''\alpha.$$

Cherchons donc les racines imaginaires de l'équation (8); posons

$$(12) \qquad m = \frac{u}{\alpha_0}\left(\cos v + \sqrt{-1}\,\sin v\right),$$

et nous devrons avoir

$$\frac{u}{\alpha_0}\left(\cos v + \sqrt{-1}\,\sin v\right) = e^{u\cos v + \sqrt{-1}\,u\sin v}$$
$$= e^{u\cos v}\left[\cos\left(u\sin v\right) + \sqrt{-1}\,\sin\left(u\sin v\right)\right].$$

Nous tirons de là

$$e^{u\cos v} = \frac{u}{\alpha_0},$$
$$u\sin v = v,$$

et par suite

$$(13) \qquad \begin{cases} u = \dfrac{v}{\sin v}, \\ \dfrac{v}{\sin v}\, e^{-v\cot v} = \alpha_0. \end{cases}$$

Telles sont les équations propres à déterminer u et v. Posons

$$F(v) = \frac{v}{\sin v}\, e^{-v\cot v},$$

et nous trouverons

$$F'(v) = \frac{1}{\sin^3 v}\, e^{-v\cot v}\left[(v - \sin v \cos v)^2 + \sin^4 v\right],$$

et faisons varier ν de zéro à $+\infty$; de zéro à π, $F'(\nu)$ est positif; cette dérivée est négative quand ν varie de π à 2π; de 2π à 3π, elle est positive, etc. Donc, ν variant de zéro à π, la fonction F est constamment croissante; elle est constamment décroissante quand ν varie de π à 2π, ... On a, du reste, en désignant par ε une quantité infiniment petite,

$$F(\varepsilon) = \frac{1}{e}, \qquad F(\pi - \varepsilon) = +\infty,$$

$$F(\pi + \varepsilon) = 0, \quad F(2\pi - \varepsilon) = -\infty,$$

$$F(2\pi + \varepsilon) = 0, \quad F(3\pi - \varepsilon) = +\infty,$$

$$\dots\dots\dots\dots\dots; \qquad \dots\dots\dots\dots\dots$$

Donc, ν variant de zéro à π, la fonction F passe une fois et une fois seulement par chaque valeur positive supérieure à $\frac{1}{e}$; ν variant de π à 2π, la fonction F passe une fois et une fois seulement par une valeur négative donnée, et d'ailleurs quelconque, etc. Donc, que, dans la dernière équation (13), α_0 soit positif ou négatif, il y aura une infinité de valeurs de ν vérifiant cette équation, et la première équation (13) donnera toujours une valeur de u correspondant à chaque valeur de ν. En mettant, pour plus de clarté, dans l'expression (11), au lieu de m' et m'' respectivement, $m' = \frac{u\cos\nu}{\alpha_0} = \frac{u}{\alpha_0}\cot\nu$, $m'' = \frac{u'}{\alpha_0}\sin\nu = \frac{\nu}{\alpha_0}$, appelant $\nu_1, \nu_2, \dots$ les racines de l'équation $\frac{\nu}{\sin\nu}e^{-\nu\cot\nu} = \alpha_0$, nous aurons donc les solutions, en nombre infini,

$$f(\alpha) = \left(P_1\cos\frac{\nu_1}{\alpha_0}\alpha + Q_1\sin\frac{\nu_1}{\alpha_0}\alpha\right)e^{\frac{\nu_1}{\alpha_0}\cot\nu_1},$$

$$f(\alpha) = \left(P_2\cos\frac{\nu_2}{\alpha_0}\alpha + Q_2\sin\frac{\nu_2}{\alpha_0}\alpha\right)e^{\frac{\nu_2}{\alpha_0}\cot\nu_2},$$

$$\dots\dots\dots\dots\dots\dots\dots\dots\dots\dots\dots$$

et celles qu'on peut former avec les précédentes par voie d'addition et de soustraction.

Voilà donc une infinité de courbes égales à leurs développées.

Problème n° 30.

On demande (fig. 41) de trouver une courbe telle que, C désignant un point quelconque de cette courbe, C' le

Fig. 41.

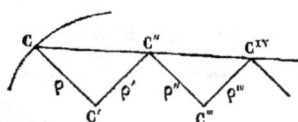

point correspondant de la développée, C'' le point correspondant de la développée de la développée, ... les points C, C'', C^{IV}, ... soient en ligne droite.

On doit avoir, dans les triangles rectangles $CC'C''$, $C''C'''C^{IV}$,

$$\frac{C'C''}{CC'} = \frac{C'''C^{IV}}{C''C'''} \quad \text{ou} \quad \frac{\rho'}{\rho} = \frac{\rho'''}{\rho''}.$$

Or, α désignant l'angle que fait avec Ox la tangente au point C, on a

$$\rho' = \pm \frac{d\rho}{d\alpha},$$

$$\rho'' = \pm \frac{d^2\rho}{d\alpha^2},$$

$$\rho''' = \pm \frac{d^3\rho}{d\alpha^3};$$

il en résultera donc

$$\frac{\dfrac{d\rho}{d\alpha}}{\rho} = \pm \frac{\dfrac{d^3\rho}{d\alpha^3}}{\dfrac{d^2\rho}{d\alpha^2}}.$$

Nous ne considérerons que le cas du signe +, et nous aurons alors

$$d \log \rho = d \log \frac{d^2\rho}{d\alpha^2};$$

intégrant et désignant la constante par k, il viendra

(1) $$\frac{d^2\rho}{d\alpha^2} = k\rho.$$

Remarquons qu'on tirera de là

$$\frac{\dfrac{d^{n+2}\rho}{d\alpha^{n+2}}}{\dfrac{d^{n+1}\rho}{d\alpha^{n+1}}} = \frac{\dfrac{d^n\rho}{d\alpha^n}}{\dfrac{d^{n-1}\rho}{d\alpha^{n-1}}},$$

et par suite tous les points C, C″, C^{IV}, C^{VI},... seront en ligne droite, et aussi tous les points C′, C‴, C^{V},....

Dans l'équation (1), prenons $k = -m^2$, et nous aurons

$$\frac{d^2\rho}{d\alpha^2} + m^2\rho = 0;$$

d'où, en désignant les constantes par a et α_0,

$$\rho = a \sin m(\alpha - \alpha_0),$$

ce qui, comme on l'a vu, page 211, représente des épicycloïdes.

Faisons maintenant $k = +m^2$, et il viendra

$$\frac{d^2\rho}{d\alpha^2} - m^2\rho = 0;$$

d'où, en appelant les constantes A et B,

(2) $$\rho = Ae^{m\alpha} + Be^{-m\alpha}.$$

Nous avons déjà rencontré cette équation, page 258; elle comprend, comme cas particulier, la spirale logarithmique.

Ainsi nous trouvons toutes les cycloïdes, toutes les épicycloïdes, toutes les spirales logarithmiques et toutes les spirales définies par l'équation (2).

Voici (*fig.* 42) la disposition des centres de courbure successifs de la spirale logarithmique :

Fig. 42.

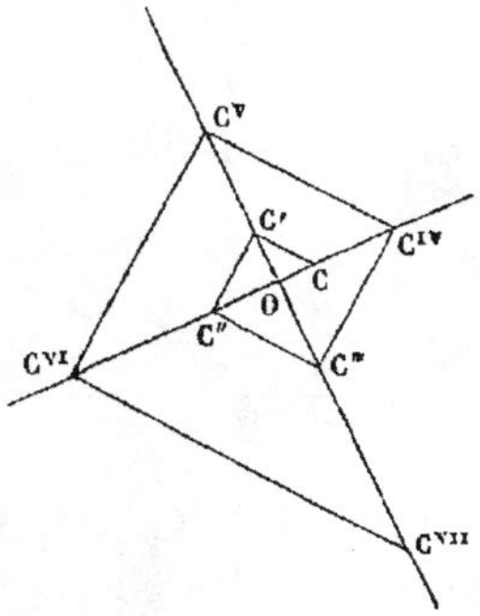

O est le pôle de la spirale, OC et OC′ sont deux droites rectangulaires ; on a

$$OC' = m\, OC,$$
$$OC'' = m^2\, OC,$$
$$OC''' = m^3\, OC,$$

$$\ldots\ldots\ldots\ldots$$

Problème n° 31.

Trouver une courbe telle que l'angle formé avec la tangente en un point quelconque de cette courbe par l'un des axes de la conique qui a en ce point avec la courbe un contact du quatrième ordre soit constant.

D'après les formules du problème 36, première Partie, l'équation de la conique rapportée à la tangente et à la normale de la courbe étant

$$Ay^2 + 2Bxy + Cx^2 + 2Dy = 0,$$

on a

$$(1) \quad \begin{cases} A = 3\rho \dfrac{d^2\rho}{d\alpha^2} - 5\left(\dfrac{d\rho}{d\alpha}\right)^2 - 9\rho^2, \\[2mm] B = 3\rho \dfrac{d\rho}{d\alpha}, \\[2mm] C = -9\rho^2, \end{cases}$$

ρ étant le rayon de courbure de la courbe cherchée et α l'angle fait avec une droite fixe par la tangente de cette courbe. L'angle λ, qui doit être constant, est défini par l'équation

$$\operatorname{tang} 2\lambda = \frac{2B}{C - A} = \frac{6\rho \dfrac{d\rho}{d\alpha}}{5\left(\dfrac{d\rho}{d\alpha}\right)^2 - 3\rho \dfrac{d^2\rho}{d\alpha^2}}.$$

On aura donc

$$\frac{\rho \dfrac{d\rho}{d\alpha}}{5\left(\dfrac{d\rho}{d\alpha}\right)^2 - 3\rho \dfrac{d^2\rho}{d\alpha^2}} = \frac{-1}{3k}$$

ou bien

$$\frac{5\dfrac{d\rho}{d\alpha}}{\rho} - \frac{3\dfrac{d^2\rho}{d\alpha^2}}{\dfrac{d\rho}{d\alpha}} = -3k;$$

en intégrant, on trouve

$$5\log\rho - 3\log\frac{d\rho}{d\alpha} = -3k\alpha.$$

Je ne mets pas de constante; cela ne change rien à la forme de la courbe. Il vient ensuite

$$\log\frac{\rho^{\frac{5}{3}}}{\dfrac{d\rho}{d\alpha}} = -k\alpha,$$

$$e^{k\alpha}\,d\alpha = \rho^{-\frac{5}{3}}\,d\rho.$$

Intégrons de nouveau et désignons par k' une constante arbitraire, et nous aurons

$$\frac{e^{k\alpha} - k'}{k} = -\frac{3}{2} \rho^{-\frac{2}{3}},$$

$$\rho = \left(\frac{2}{3k}\right)^{-\frac{3}{2}} \left(k' - e^{k\alpha}\right)^{-\frac{3}{2}};$$

x et y seraient déterminés ensuite par les formules

$$x = \int \rho \cos\alpha \, d\alpha,$$

$$y = \int \rho \sin\alpha \, d\alpha.$$

Lorsque $k' = 0$, on retrouve la spirale logarithmique.

Problème n° 32.

Trouver une courbe telle que la conique, qui en chacun de ses points a avec elle un contact du quatrième ordre, soit toujours une parabole.

Nous devrons avoir $AC - B^2 = 0$, et, en remplaçant A, B, C par les valeurs rappelées dans l'exercice précédent, nous aurons

(1) $\qquad 3\rho \dfrac{d^2\rho}{d\alpha^2} - 4\left(\dfrac{d\rho}{d\alpha}\right)^2 - 9\rho^2 = 0.$

Cette équation différentielle du second ordre ne contenant pas α, nous ferons

$$\frac{d\rho}{d\alpha} = p, \quad \text{d'où} \quad \frac{d^2\rho}{d\alpha^2} = \frac{p\,dp}{d\rho};$$

l'équation (1) deviendra

$$\frac{3\rho p\,dp}{d\rho} - 4p^2 = 9\rho^2 \quad \text{ou bien} \quad \frac{d.p^2}{d\rho} - \frac{8}{3\rho}p^2 = 6\rho$$

Voilà une équation linéaire qui va nous donner

$$p^2 = \rho^{\frac{8}{3}}\left(6C - 9\rho^{-\frac{2}{3}}\right) = 6C\rho^{\frac{8}{3}} - 9\rho^2;$$

on en conclut

$$d\alpha = \frac{d.\rho}{\rho\sqrt{6C\rho^{\frac{2}{3}} - 9}} = \frac{3}{2}\frac{d.\rho^{\frac{2}{3}}}{\rho^{\frac{2}{3}}\sqrt{6C\rho^{\frac{2}{3}} - 9}} = -\frac{3}{2}\frac{d.\rho^{-\frac{2}{3}}}{\sqrt{6C\rho^{-\frac{2}{3}} - 9\rho^{-\frac{4}{3}}}};$$

en intégrant sans ajouter de constante, on aura

$$2\alpha = \arccos\frac{3\rho^{-\frac{2}{3}} - C}{C},$$

$$3\rho^{-\frac{2}{3}} = C + C\cos 2\alpha = 2C\cos^2\alpha,$$

$$\rho = \frac{\left(\dfrac{3}{2C}\right)^{\frac{3}{2}}}{\cos^3\alpha}.$$

En prenant l'axe des y pour celui des x et inversement, l'équation précédente pourra s'écrire $\rho = \dfrac{a}{\sin^3\alpha}$, et nous avons vu, page 208, que cette équation est celle d'une parabole. Ainsi les courbes cherchées sont des paraboles, et alors la conique coïncide avec la courbe dans toute son étendue.

Problème n° 33.

Trouver la courbe telle qu'en chacun de ses points il existe une hyperbole équilatère ayant avec la courbe un contact du quatrième ordre.

Conservant les notations précédentes, nous devons avoir

$$A + C = 0 \quad \text{ou bien} \quad 3\rho\frac{d^2\rho}{d\alpha^2} - 5\left(\frac{d\rho}{d\alpha}\right)^2 - 18\rho^2 = 0.$$

Faisons encore $\dfrac{d\rho}{d\alpha} = p$, d'où $\dfrac{d^2\rho}{d\alpha^2} = \dfrac{p\,dp}{d\rho}$, et nous aurons

$$\frac{3\rho}{2}\,\frac{d.p^2}{d\rho} - 5p^2 = 18\rho^2,$$

$$\frac{d.p^2}{d\rho} - \frac{10}{3\rho}p^2 = 12\rho;$$

l'intégrale générale de cette équation linéaire est

$$p^2 = \rho^{\frac{10}{3}}\left(C^2 - 9\rho^{-\frac{4}{3}}\right),$$

$$p^2 = C^2\rho^{\frac{14}{3}} - 9\rho^2 = \left(\frac{d\rho}{d\alpha}\right)^2,$$

$$d\alpha = \frac{d\rho}{\rho\sqrt{C^2\rho^{\frac{4}{3}} - 9}} = \frac{3}{2}\,\frac{d.\rho^{\frac{2}{3}}}{\rho^{\frac{2}{3}}\sqrt{C^2\rho^{\frac{4}{3}} - 9}},$$

$$d\alpha = -\frac{3}{2}\,\frac{d.\rho^{-\frac{2}{3}}}{\sqrt{C^2 - 9\rho^{-\frac{4}{3}}}}.$$

Intégrant sans ajouter de constante, nous avons

$$2\alpha = \arccos\frac{3\rho^{-\frac{2}{3}}}{C},$$

$$\rho^{-\frac{2}{3}} = \frac{C}{3}\cos 2\alpha,$$

$$\rho = \left(\frac{3}{C}\right)^{\frac{3}{2}}(\cos 2\alpha)^{-\frac{3}{2}},$$

$$\rho = \frac{a}{(\cos 2\alpha)^{\frac{3}{2}}}.$$

x et y désignant ensuite les coordonnées d'un point quelconque de la courbe, il viendra

$$\frac{x - x_0}{a} = \int \frac{\rho}{a} \cos\alpha\, d\alpha = \int \frac{d\sin\alpha}{\left(1 - 2\sin^2\alpha\right)^{\frac{3}{2}}} = \frac{\sin\alpha}{\sqrt{\cos 2\alpha}},$$

$$\frac{y - y_0}{a} = \int \frac{\rho}{a} \sin\alpha\, d\alpha = -\int \frac{d\cos\alpha}{\left(2\cos^2\alpha - 1\right)^{\frac{3}{2}}} = \frac{\cos\alpha}{\sqrt{\cos 2\alpha}},$$

d'où l'on déduit

$$(y - y_0)^2 - (x - x_0)^2 = a^2.$$

Ainsi la courbe est elle-même une hyperbole équilatère, et la conique coïncide entièrement avec elle.

Problème n° 34.

Trouver une courbe telle que l'ellipse, qui a en chacun de ses points avec elle un contact du quatrième ordre, ait une surface constante.

L'équation de l'ellipse rapportée à la tangente et à la normale de la courbe étant

$$Ay^2 + 2Bxy + Cx^2 + 2Dy = 0,$$

sa surface est

$$\frac{\pi CD^2}{\left(AC - B^2\right)^{\frac{3}{2}}}.$$

On doit donc avoir

$$\frac{AC - B^2}{C^{\frac{2}{3}}D^{\frac{4}{3}}} = k$$

ou bien, en remplaçant A, B, C, D par les valeurs suivantes, trouvées dans le problème 36 de la première Partie,

$$D = 9\rho^3, \quad C = -9\rho^2, \quad B = 3\rho\frac{d\rho}{d\alpha},$$

$$A = 3\rho\frac{d^2\rho}{d\alpha^2} - 9\rho^2 - 5\left(\frac{d\rho}{d\alpha}\right)^2,$$

nous aurons

$$(1) \qquad 9\rho^{-\frac{4}{3}} + 4\rho^{-\frac{10}{3}}\left(\frac{d\rho}{d\alpha}\right)^2 - 3\rho^{-\frac{7}{3}}\frac{d^2\rho}{d\alpha^2} = 9k.$$

Nous sommes conduits à poser $\rho^{-\frac{2}{3}} = u$; nous en déduirons, par un calcul facile, que l'équation (1) devient

$$(2) \qquad 4u^2 - \left(\frac{du}{d\alpha}\right)^2 + 2u\frac{d^2u}{dz^2} = 4k.$$

Cette équation ne contient pas α; nous poserons donc

$$\frac{du}{d\alpha} = p, \quad \text{d'où} \quad \frac{d^2u}{d\alpha^2} = \frac{p\,dp}{du},$$

et, au lieu de l'équation (2), nous aurons

$$4u^2\,du + u\,d.p^2 - p^2\,du = 4k\,du$$

ou bien

$$4\,du + d\frac{p^2}{u} = \frac{4k}{u^2}\,du.$$

Intégrons et désignons la constante par $8\mathrm{C}$, et nous aurons

$$\frac{p^2}{u} + 4u = -\frac{4k}{u} + 8\mathrm{C};$$

d'où

$$p = \frac{du}{d\alpha} = \pm\sqrt{-4k + 8\mathrm{C}u - 4u^2},$$

$$2\,d\alpha = \pm\frac{du}{\sqrt{\mathrm{C}^2 - k - (u - \mathrm{C})^2}}.$$

Intégrons sans ajouter de constante, et nous trouverons

$$2\alpha = \arccos\frac{u - \mathrm{C}}{\sqrt{\mathrm{C}^2 - k}},$$

$$u = \mathrm{C} + \sqrt{\mathrm{C}^2 - k}\cos 2\alpha = \rho^{-\frac{2}{3}};$$

d'où

$$\rho = \cfrac{1}{\left(C + \sqrt{C^2 - k \cos 2\alpha}\right)^{\frac{3}{2}}},$$

expression de la forme $\rho = \cfrac{p}{\left(1 + k' \cos^2 \alpha\right)^{\frac{3}{2}}}$. Nous avons vu, page 214, que cette équation représente des ellipses; donc la courbe cherchée est une ellipse quelconque ayant une surface égale à la surface donnée.

Problème n° 35.

Trouver (fig. 43) une courbe $M_0 M$ *telle, que l'aire du secteur* $M_0 O M$, *comprise entre un rayon vecteur fixe* OM_0, *un rayon vecteur quelconque* OM *et la courbe, soit dans*

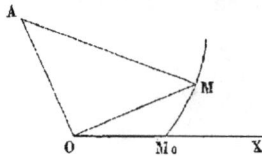

Fig. 43.

un rapport constant avec l'aire du triangle OMA, *formé par le rayon vecteur* OM, *la perpendiculaire* OA *sur le rayon vecteur et la normale* MA.

On doit avoir

$$(1) \qquad \frac{1}{2} \int_0^\theta r^2 d\theta = \frac{k}{2} OM.OA = \frac{k}{2} \frac{r\,dr}{d\theta} = \frac{k}{4} \frac{d.r^2}{d\theta};$$

différentions, et nous trouverons

$$r^2 = \frac{k}{2} \frac{d^2 r^2}{d\theta^2},$$

$$(2) \qquad \frac{d^2 r^2}{d\theta^2} - \frac{2}{k} r^2 = 0.$$

T. — *Rec.*   18

C'est là une équation linéaire qui nous donne, si k est positif, en désignant les constantes arbitraires par A et B,

$$r^2 = A e^{\theta \sqrt{\frac{2}{k}}} + B e^{-\theta \sqrt{\frac{2}{k}}};$$

L'expression $\dfrac{d.r^2}{d\theta}$, pour $\theta = 0$, se réduit à $\sqrt{\dfrac{2}{k}}\,(A - B)$; d'après l'équation (1), elle doit être nulle; nous avons donc

$$A = B;$$

il en résulte

$$r^2 = A \left(e^{\theta \sqrt{\frac{2}{k}}} + e^{-\theta \sqrt{\frac{2}{k}}} \right)$$

pour l'équation de la courbe, qui est une spirale.

Supposons, en second lieu, $k < 0$. Soit $k = -k'$; l'équation (2) nous donnera

$$r^2 = A' \cos\left(\theta \sqrt{\frac{2}{k'}} \right) + B' \sin\left(\theta \sqrt{\frac{2}{k'}} \right).$$

La valeur de $\dfrac{d.r^2}{d\theta}$, pour $\theta = 0$, est $B' \sqrt{\dfrac{2}{k'}}$; on doit donc avoir

$$B' = 0.$$

Faisons $A' = a^2$, et il viendra

$$r^2 = a^2 \cos\left(\theta \sqrt{\frac{2}{k'}} \right).$$

Un cas intéressant à remarquer est celui de $k' = \dfrac{1}{2}$; on a alors

$$r^2 = a^2 \cos 2\theta,$$

équation d'une lemniscate.

Nous voyons donc (*fig. 44*) que, dans la lemniscate, l'aire

Fig. 44.

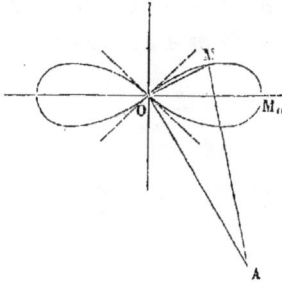

du secteur MOM_0 est la moitié de celle du triangle OMA.

Problème n° 36.

Trouver les courbes dans lesquelles le triangle formé par la tangente, la normale et la perpendiculaire au rayon vecteur, menée par le pôle, a une surface constante.

On pourrait ramener ce problème au précédent, mais il est plus simple de le traiter directement; on trouve

$$\frac{r\,dr}{d\theta} + \frac{r^3 d\theta}{dr} = 2a^4,$$

d'où

$$r\left(\frac{dr}{d\theta}\right)^2 - 2a^2\frac{dr}{d\theta} + r^3 = 0,$$

$$\frac{r\,dr}{d\theta} = a^2 \pm \sqrt{a^4 - r^4}.$$

$$2\,d\theta = \frac{d.r^2}{a^2 \pm \sqrt{a^4 - (r^2)^2}},$$

et l'intégration s'effectue aisément.

18

Problème n° 37.

Trouver les courbes dans lesquelles la normale et la tangente polaires, N et T, sont liées par la relation

$$\frac{N^2}{a^2} + \frac{T^2}{b^2} = 1.$$

On aura

$$(1) \qquad \frac{\dfrac{dr^2}{d\theta^2} + r^2}{a^2} + \frac{r^2 \dfrac{dr^2}{d\theta^2} + r^4}{b^2 \dfrac{dr^2}{d\theta^2}} = 1.$$

Soit $\dfrac{dr}{d\theta} = ru$; il viendra

$$\frac{r^2(1 + u^2)}{a^2} + \frac{r^2(1 + u^2)}{b^2 u^2} = 1,$$

$$r = \frac{abu}{\sqrt{(1 + u^2)(a^2 + b^2 u^2)}},$$

$$d\theta = \frac{a^2 - b^2 u^4}{u^2(1 + u^2)(a^2 + b^2 u^2)} du.$$

u peut prendre toutes les valeurs possibles; la courbe pourra être construite facilement avec les valeurs précédentes de r et de $d\theta$; rien n'empêche, du reste, d'effectuer l'intégration, et d'obtenir θ en fonction de u. Remarquons que la variable auxiliaire u n'est autre chose que cot V.

Problème n° 38.

Trouver les courbes dans lesquelles la sous-tangente polaire est une fonction donnée de la sous-normale polaire.

La première de ces longueurs a pour expression $\dfrac{r^2 d\theta}{dr}$, la seconde $\dfrac{dr}{d\theta}$.

On aura donc

(1)
$$\frac{r^2 d\theta}{dr} = f\left(\frac{dr}{d\theta}\right),$$

équation entre les quantités $\frac{dr}{d\theta}$ et r^2. Si l'on peut résoudre l'équation, on en tirera

$$\frac{dr}{d\theta} = \varphi(r^2), \quad \text{d'où} \quad d\theta = \frac{dr}{\varphi(r^2)},$$

et le problème sera ramené aux quadratures.

Si l'on ne peut pas résoudre l'équation (1) par rapport à $\frac{dr}{d\theta}$, on fera

$$\frac{dr}{d\theta} = u;$$

il viendra ensuite

(2)
$$\begin{cases} r = \sqrt{u f(u)}, \\ dr = \dfrac{f(u) + u f'(u)}{2\sqrt{u f(u)}}\, du, \end{cases}$$

et l'on aura

(3)
$$d\theta = \frac{f(u) + u f'(u)}{2 u \sqrt{u f(u)}}\, du,$$

et les équations (2) et (3) donneront r et θ en fonction de la variable auxiliaire u.

APPLICATIONS.

1° *Trouver les courbes dans lesquelles la somme de la sous-tangente et de la sous-normale est constante.*

On a ici

$$\frac{r^2 d\theta}{dr} + \frac{dr}{d\theta} = 2l.$$

On peut résoudre par rapport à $\dfrac{dr}{d\theta}$, et l'on trouve

$$\frac{dr}{d\theta} = l \pm \sqrt{l^2 - r^2},$$

$$d\theta = \frac{dr}{l \pm \sqrt{l^2 - r^2}}.$$

En intégrant et désignant la constante arbitraire par θ_0, il vient

$$\theta - \theta_0 = 2 \arctan \frac{l \pm \sqrt{l^2 - r^2}}{r} - \frac{l \pm \sqrt{l^2 - r^2}}{r}.$$

2° *La sous-tangente est proportionnelle à une puissance donnée de la sous-normale.*

Ici

$$f(u) = k^2 u^n,$$

$$r = k u^{\frac{n+1}{2}},$$

$$\theta - \theta_0 = k \frac{n+1}{n-1} u^{\frac{n-1}{2}},$$

d'où

$$r = k'(\theta - \theta_0)^{\frac{n+1}{n-1}}.$$

3° *La somme des carrés de la sous-tangente et de la sous-normale est constante.*

Ici

$$f(u) = \sqrt{a^2 - u^2},$$

$$r = \sqrt{u \sqrt{a^2 - u^2}},$$

$$d\theta = \frac{\dfrac{a^2}{2} - u^2}{u^{\frac{3}{2}} (a^2 - u^2)^{\frac{3}{4}}} \, du;$$

u varie de zéro jusqu'à a; on discutera sans difficulté.

Problème n° 39.

Trouver les courbes telles que le rayon de courbure soit dans un rapport constant avec la normale polaire.

Soient p la distance de la tangente à l'origine, r le rayon vecteur, ρ le rayon de courbure, V l'angle de la tangente et du rayon vecteur; la normale polaire est $\dfrac{r}{\sin V}$ ou $\dfrac{r^2}{p}$, en tenant compte de la relation $p = r \sin V$. D'après l'exercice suivant, $\rho = \dfrac{r\,dr}{dp}$; donc, en appelant $\dfrac{1}{n+1}$ le rapport constant, nous aurons

$$\frac{r\,dr}{dp} = \frac{r^2}{(n+1)p} \quad \text{ou} \quad (n+1)\frac{dr}{r} = \frac{dp}{p};$$

en intégrant et désignant par a la constante arbitraire, nous aurons

$$p = \frac{r^{n+1}}{a^n}.$$

Ainsi, dans les courbes cherchées, la distance de la tangente à l'origine est proportionnelle à la puissance $n+1$ du rayon vecteur. Remplaçant, dans la formule précédente, p par $r \sin V = \dfrac{r^2 d\theta}{\sqrt{dr^2 + r^2 d\theta^2}}$, nous trouverons

$$\frac{d\theta}{\sqrt{dr^2 + r^2 d\theta^2}} = \frac{r^{n-}}{a^n}.$$

Élevons au carré et résolvons par rapport à $d\theta$, il viendra

$$d\theta = \frac{r^{n-1}\,dr}{\sqrt{a^{2n} - r^{2n}}} \quad \text{ou bien} \quad n\,d\theta = \frac{d.r^n}{\sqrt{a^{2n} - (r^n)^2}}.$$

Intégrons et désignons la constante arbitraire par θ_0, et

nous aurons

$$n\left(\theta - \theta_0\right) = \text{arc sin} \left(\frac{r}{a}\right)^n;$$

d'où, en faisant abstraction de la constante θ_0, qui ne modifie pas la forme de la courbe,

$$r = a\left(\sin n\theta\right)^{\frac{1}{n}}.$$

Ces courbes ont été rencontrées déjà dans le problème 14 de la troisième Partie; il est, par conséquent, inutile de faire des applications en donnant à n des valeurs particulières.

Problème n° 40.

Trouver les courbes dans lesquelles le rayon de courbure est dans un rapport constant avec la projection du rayon vecteur sur la normale.

Nous allons commencer par donner une expression du rayon de courbure, qui est souvent très-utile. On a

$$\rho = \frac{ds}{d\theta + d\text{V}},$$

V étant l'angle formé par la tangente à la courbe avec le rayon vecteur;

$$\cos\text{V} = \frac{dr}{ds}, \quad \sin\text{V} = \frac{r\,d\theta}{ds}.$$

On en déduit, en éliminant ds et $d\theta$,

$$\rho = \frac{dr}{\cos\text{V}\,d\theta + \cos\text{V}\,d\text{V}} = \frac{r\,dr}{\sin\text{V}\,dr + r\cos\text{V}\,d\text{V}} = \frac{r\,dr}{d.r\sin\text{V}}.$$

Cette formule $\rho = \dfrac{r\,dr}{d.r\sin\text{V}}$, ou encore, en appelant p la distance de la tangente à l'origine, $\rho = \dfrac{r\,dr}{dp}$, est celle que nous voulions obtenir.

La projection du rayon vecteur sur la normale est $r\sin V$; en appelant m le rapport constant du rayon de courbure à cette projection, nous aurons donc

$$\rho = mr\sin V,$$

et, en remplaçant ρ par l'expression que nous venons d'obtenir, nous trouverons

$$\frac{r\,dr}{d.r\sin V} = m.r\sin V.$$

Intégrant et désignant par C la constante arbitraire, nous avons

$$r^2 = mr^2\sin^2 V + C,$$

et, remplaçant $\sin V$ par $\dfrac{r\,d\theta}{\sqrt{dr^2 + r^2\,d\theta^2}}$, nous trouvons

$$r^2 - C = \frac{mr^4\,d\theta^2}{dr^2 + r^2\,d\theta^2},$$

d'où

$$(1) \qquad d\theta = \frac{dr}{r}\sqrt{\frac{r^2 - C}{(m-1)r^2 + C}}.$$

L'expression de $d\theta$ peut s'intégrer; car, en faisant $r^2 = u$, on a

$$d\theta = \frac{du}{2u}\sqrt{\frac{u - C}{(m-1)u + C}},$$

et l'on est ramené à un cas où l'on sait effectuer l'intégration; mais il nous sera plus facile de discuter la différentielle $d\theta$.

Un premier cas à examiner est celui de $C = 0$; l'expression (1) devient

$$d\theta \sqrt{m-1} = \frac{dr}{r}, \quad \text{d'où} \quad r = C'e^{\theta\sqrt{m-1}}.$$

On trouve ainsi une spirale logarithmique ayant l'origine pour pôle.

Ce premier cas examiné, nous allons en distinguer trois autres :

1° $m > 1$. Si C est positif, l'expression de $d\theta$ ne sera réelle que si l'on a $r^2 > C$; r pourra varier de $\sqrt{C}$ à $+\infty$. Pour $r = \sqrt{C}$, nous prendrons $\theta = 0$; comme

$$\frac{r\,d\theta}{dr} = \text{tang}\, V = \sqrt{\frac{r^2 - C}{(m-1)r^2 + C}},$$

$V = 0$, la courbe est tangente à l'axe polaire; r augmentant, θ augmente constamment, car $\frac{d\theta}{dr}$ est toujours positif. Pour r infini, θ est infini, car l'intégrale $\int_{\sqrt{C}}^{\infty} \frac{dr}{r} \sqrt{\frac{r^2 - C}{(m-1)r^2 + C}}$ est finie ou infinie en même temps que la suivante : $\int_{\sqrt{C}}^{\infty} \frac{dr}{r}$, et cette dernière est infinie : nous avons donc une spirale représentée par la *fig.* 45. Si C est négatif, pour que $d\theta$

Fig. 45.

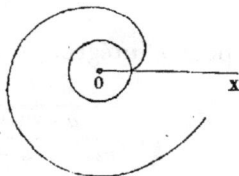

soit réel, il faudra qu'on ait

$$r > \sqrt{\frac{-C}{m-1}};$$

r variera de cette limite inférieure à $+\infty$. Pour $r = \sqrt{\dfrac{-C}{m-1}}$, $\dfrac{r\,d\theta}{dr} = \text{tang}\,V$ est infini; la courbe est normale à l'axe polaire. Pour $r = \infty$, $\theta = \infty$, on a la spirale représentée par la *fig.* 46.

2° $m < 1$. Nous écrirons, dans ce cas, en remarquant

Fig. 46.

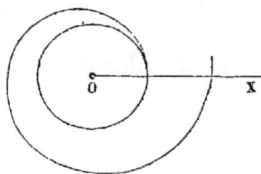

que C est nécessairement positif et faisant $C = l^2$,

$$(2) \qquad d\theta = \frac{dr}{r} \sqrt{\frac{r^2 - l^2}{l^2 - (1-m)r^2}}.$$

Je dis que la courbe est une épicycloïde. Soit, en effet (*fig.* 47), le cercle C de rayon b, roulant extérieurement

Fig. 47.

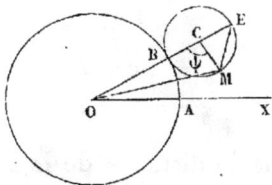

sur le cercle O de rayon l; on a, dans le triangle OCM,

$$(3) \qquad \begin{cases} r^2 = b^2 + (b+l)^2 - 2b(b+l)\cos\psi, \\ r^2 = l^2 + 4b(b+l)\sin^2\dfrac{\psi}{2}; \end{cases}$$

dans le triangle OME,

$$\sin \text{OME} = \frac{l + 2b}{r} \sin \frac{\psi}{2} = \sin V = \frac{r\,d\theta}{\sqrt{dr^2 + r^2 d\theta^2}}.$$

Remplaçant $\sin \frac{\psi}{2}$ par sa valeur tirée de l'équation (3) et résolvant par rapport à $d\theta$, on a

$$d\theta = \frac{l + 2b}{l}\,\frac{dr}{r}\,\sqrt{\frac{r^2 - l^2}{(l + 2b)^2 - r^2}},$$

et cette expression devient identique à l'expression (2) si l'on fait

$$l + 2b = \frac{l}{\sqrt{1 - m}}.$$

On en tire, pour le rayon du cercle mobile,

$$b = \frac{l}{2}\left(\frac{1}{\sqrt{1 - m}} - 1\right).$$

3° $m = 1$. On a ici

$$l\,d\theta = \frac{dr}{r}\sqrt{r^2 - l^2}, \quad \text{d'où} \quad \text{tang}\,V = \frac{r\,d\theta}{r} = \frac{\sqrt{r^2 - l^2}}{l}.$$

Je tire de là

$$r^2 = \frac{l^2}{\cos^2 V},$$
$$r \cos V = l,$$

ce qui exprime que la distance de la normale à l'origine est constante ; toutes les normales de la courbe sont donc tangentes au cercle de rayon l, ayant pour centre l'origine ; par suite la courbe est une développante de ce cercle.

Problème nº 41.

Trouver les courbes telles que le rayon de courbure $\rho = \dfrac{a}{\sin^m V}$, *a désignant une constante et* V *l'angle que fait la tangente avec le rayon vecteur.*

On a, d'après le problème précédent,

$$\rho = \frac{r\,dr}{d.r \sin V},$$

et par suite

$$\frac{dr}{\sin V \dfrac{dr}{r} + \cos V\, dV} = \frac{a}{\sin^m V};$$

on en conclut

$$\frac{d \sin V}{dr} + \sin V \frac{1}{r} = \frac{\sin^m V}{a} :$$

c'est l'équation de Bernoulli. On la ramène à être linéaire en l'écrivant comme il suit :

$$\frac{1}{1-m} \frac{d \sin^{1-m} V}{dr} + \sin^{1-m} V \frac{1}{r} = \frac{1}{a}$$

ou bien

$$\frac{d \sin^{1-m} V}{dr} + \frac{1-m}{r} \sin^{1-m} V = \frac{1-m}{a}.$$

En intégrant et désignant la constante arbitraire par C, on a

$$\sin^{1-m} V = r^{m-1} \left(C + \frac{1-m}{a} \int r^{1-m}\, dr \right)$$

ou bien

$$\sin V = \left(C r^{m-1} + \frac{1-m}{2-m} \frac{r}{a} \right)^{\frac{1}{1-m}}.$$

La formule $\tang V = \dfrac{r\,d\theta}{dr}$ donne ensuite

$$d\theta = \dfrac{dr}{r}\ \dfrac{1}{\sqrt{\dfrac{1}{\sin^2 V}-1}}.$$

Remplaçant $\sin V$ par sa valeur précédente, on a donc

(1)
$$d\theta = \dfrac{dr}{r\ \sqrt{\left(C r^{m-1}+\dfrac{1-m}{2-m}\dfrac{r}{a}\right)^{\frac{2}{m-1}}-1}},$$

et le problème se trouve ramené aux quadratures.

Examinons le cas particulier de $m=-1$ ou de $\rho=a\sin V$. On a, dans ce cas,

$$d\theta = \dfrac{dr}{r\ \sqrt{\dfrac{1}{\dfrac{C}{r^2}+\dfrac{2r}{3a}}-1}}=\dfrac{dr\ \sqrt{C+\dfrac{2r^3}{3a}}}{r\ \sqrt{r^2-C-\dfrac{2r^3}{3a}}}.$$

Si C est positif, l'équation $r^2-C-\dfrac{2r^3}{3a}=0$ a ses trois racines réelles, deux positives, r'' et r''', une négative, r'. On a donc

$$d\theta = \dfrac{\sqrt{\dfrac{3a}{2}C+r^3}}{r\sqrt{(r+r')(r-r'')(r'''-r)}}\,dr,$$

et l'on voit que r varie de r'' à r'''. On a une courbe telle que celle ci-jointe (fig. 48), comprise entre deux cercles concentriques.

Si C est négatif, posons-le égal à $-C'$; alors nous devrons avoir

$$\dfrac{-C'}{r^2}+\dfrac{2r}{3a}>0\quad\text{ou}\quad r>\left(\dfrac{3aC'}{2}\right)^{\frac{1}{3}}=r_1,$$

L'équation $r^2 + C' - \dfrac{2\,r^3}{3\,a} = 0$ n'a qu'une racine réelle r_2;

Fig. 48.

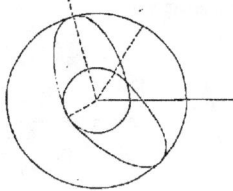

elle est positive et plus grande que r_1; r varie donc entre r_1 et r_2; seulement, dans ce cas, $d\theta$ s'annule pour $r = r_1$; la courbe a la forme ci-dessous (*fig.* 49).

En laissant m quelconque, il est un cas où l'expression (1)

Fig. 49.

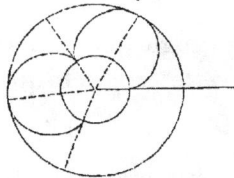

de $d\theta$ peut s'intégrer : c'est le cas de $C = 0$. Nous allons donc trouver des courbes particulières, et non pas toutes les courbes, jouissant de la propriété demandée. On a alors

$$d\theta = \frac{dr}{r \sqrt{\left(\dfrac{1-m}{2-m}\right)^{\frac{2}{m-1}} \left(\dfrac{r}{a}\right)^{\frac{2}{m-1}} - 1}} \cdot$$

Faisons $\left(\dfrac{r}{a}\right)^{\frac{2}{m-1}} = u$, et nous aurons

$$\frac{2}{m-1}\,d\theta = \frac{du}{u \sqrt{\left(\dfrac{1-m}{2-m}\right)^{\frac{2}{m-1}} u - 1}};$$

en intégrant et désignant la constante par θ_0, nous aurons

$$\frac{\theta - \theta_0}{m - 1} = \text{arc tang} \sqrt{\left(\frac{1 - m}{2 - m}\right)^{\frac{2}{m-1}} u - 1,}$$

d'où

$$\left(\frac{1 - m}{2 - m}\right)^{\frac{2}{m-1}} u = \frac{1}{\cos^2 \dfrac{\theta - \theta_0}{m - 1}},$$

et, en revenant à r,

$$r \cos^{m-1} \frac{\theta - \theta_0}{m - 1} = \frac{2 - m}{1 - m} a.$$

Soit $m - 1 = n$; nous trouvons donc la courbe

$$r \cos^n \frac{\theta}{n} = a \frac{n - 1}{n},$$

qui aurait tourné d'un angle quelconque autour du pôle, et cette courbe jouit de cette propriété que son rayon de courbure $\rho = \dfrac{a}{\sin^{n+1} V}$.

Il y a un autre cas où l'expression (1) de $d\theta$ peut s'intégrer en laissant la constante C quelconque : c'est le cas de $m = 3$ ou de $\rho = \dfrac{a}{\sin^3 V}$. On a, en effet, dans ce cas,

$$d\theta = \frac{dr}{r \sqrt{Cr^2 + \dfrac{2r}{a} - 1}} = \frac{- d\dfrac{1}{r}}{\sqrt{C + \dfrac{2}{a} \dfrac{1}{r} - \dfrac{1}{r^2}}};$$

en intégrant, on a

$$\theta - \theta_0 = \text{arc cos} \frac{\dfrac{1}{r} - \dfrac{1}{a}}{\sqrt{C + \dfrac{1}{a^2}}},$$

$$\frac{1}{r} = \frac{1}{a} + \sqrt{C + \frac{1}{a^2}} \cos(\theta - \theta_0),$$

expression de la forme $\frac{1}{r} = \frac{1}{p} + \frac{e\cos(\theta - \theta_0)}{p}$. On trouve donc une ellipse quelconque ayant le pôle pour foyer et a pour paramètre.

Ce cas est, du reste, beaucoup plus simple quand on le traite directement, en partant de l'expression du rayon de courbure au moyen de $z = \frac{1}{r}$, savoir :

$$\rho = \frac{\left(\dfrac{dz^2}{d\theta^2} + z^2\right)^{\frac{3}{2}}}{z^3\left(\dfrac{d^2z}{d\theta^2} + z\right)} = \frac{a}{\sin^3 V} = \frac{a\left(\dfrac{dz^2}{d\theta^2} + z^2\right)^{\frac{3}{2}}}{z^3};$$

d'où

$$\frac{d^2z}{d\theta^2} + z = \frac{1}{a},$$

équation linéaire, à coefficients constants, qui donne, en désignant les constantes arbitraires par C' et θ_0,

$$z = \frac{1}{r} = \frac{1}{a} + C'\cos(\theta - \theta_0).$$

Problème n° 42.

Trouver les courbes dans lesquelles le rapport du rayon de courbure au rayon vecteur est une fonction donnée de l'angle V que fait la tangente avec le rayon vecteur.

On doit avoir

(1) $$\rho = rf(V);$$

or $\sin V = \dfrac{p}{r}$; on peut donc écrire

(2) $$\rho = \frac{r}{\varphi\left(\dfrac{p}{r}\right)} = \frac{r\,dr}{dp},$$

et l'on tire de là

$$\frac{dp}{dr} = \varphi\left(\frac{p}{r}\right),$$

ce qui est une équation homogène. Posons donc

$$\frac{p}{r} = u = \sin V,$$

et nous aurons

$$u + \frac{r\,du}{dr} = \varphi(u),$$

$$\frac{dr}{r} = \frac{du}{\varphi(u) - u};$$

en intégrant et désignant la constante par C, il viendra

$$(3) \qquad r = C e^{\int \frac{du}{\varphi(u) - u}}.$$

Cette équation fera connaître u en fonction de r. Soit $u = F(r)$; on aura

$$\frac{r\,d\theta}{dr} = \frac{F(r)}{\sqrt{1 - F^2(r)}},$$

$$d\theta = \frac{dr}{r} \cdot \frac{F(r)}{\sqrt{1 - F^2(r)}},$$

$$\theta - \theta_0 = \int \frac{dr}{r} \cdot \frac{F(r)}{\sqrt{1 - F^2(r)}}.$$

APPLICATIONS.

Nous pourrions prendre

1° $$\qquad p = mr \sin V \quad \text{ou} \quad p = \frac{mr}{\sin V};$$

mais ces cas ont déjà été traités directement. Faisons $\varphi(u) = u^2$, c'est-à-dire cherchons les courbes telles que

$\rho = \dfrac{r}{\sin^2 V}$; ce sont les courbes dans lesquelles la projection du rayon de courbure sur le rayon vecteur est égale à la normale polaire; nous aurons

$$\int \frac{du}{\varphi(u) - u} = \int \frac{du}{u^2 - u} = \int \frac{du}{u - 1} - \int \frac{du}{u},$$

$$\int \frac{du}{\varphi(u) - u} = \log a + \log \frac{1 - u}{u},$$

et la formule (3) donnera

$$r = a \frac{1 - u}{u}; \quad \text{d'où} \quad u = F(r) = \frac{a}{r + a},$$

$$\frac{u}{\sqrt{1 - u^2}} = \frac{a}{\sqrt{r^2 + 2ar}},$$

$$\frac{r\,d\theta}{dr} = \pm \frac{a}{\sqrt{r^2 + 2ar}},$$

$$\theta - \theta_0 = \pm a \int \frac{dr}{r\sqrt{r^2 + 2ar}},$$

$$\theta - \theta_0 = \mp a \int \frac{d\frac{1}{r}}{\sqrt{1 + \frac{2a}{r}}},$$

$$\theta - \theta_0 = \mp \sqrt{1 + \frac{2a}{r}},$$

$$r = \frac{2a}{(\theta - \theta_0)^2 - 1},$$

équation d'une spirale facile à construire.

2° *Trouver les courbes telles que* $\rho = \dfrac{r}{\sin^3 V}$.

19.

On a dans ce cas

$$\varphi(u) = u^3,$$

$$\int \frac{du}{\varphi(u) - u} = \int \frac{du}{u^3 - u} = \frac{1}{2} \int \frac{du}{u+1} + \frac{1}{2} \int \frac{du}{u-1} - \int \frac{du}{u},$$

$$\int \frac{du}{\varphi(u) - u} = \frac{1}{2} \log(1 - u^2) - \log u + \log a,$$

en appelant a la constante arbitraire. On aura donc, d'après la formule (3),

$$r = \frac{a\sqrt{1 - u^2}}{u},$$

d'où

$$u = \frac{a}{\sqrt{r^2 + a^2}} = F(r),$$

$$\frac{u}{\sqrt{1 - u^2}} = \frac{a}{r} = \frac{r \, d\theta}{dr},$$

$$d\theta = \frac{a \, dr}{r^2},$$

$$\theta - \theta_0 = -\frac{a}{r},$$

$$r = \frac{a}{\theta_0 - \theta}.$$

On trouve donc les spirales hyperboliques.

3° *Trouver les courbes telles que* $\rho = r \cot \frac{V}{2}$.

On a

$$\tan \frac{V}{2} = \frac{1 - \sqrt{1 - \sin V}}{\sin V};$$

par suite

$$\varphi(u) = \frac{1 - \sqrt{1 - u^2}}{u},$$

$$\varphi(u) - u = \frac{1 - u^2 - \sqrt{1 - u^2}}{u},$$

$$\int \frac{du}{\varphi(u) - u} = \int \frac{u \, du}{1 - u^2 - \sqrt{1 - u^2}} = -\log(1 - \sqrt{1 - u^2}) + \log a.$$

On a donc

$$r\left(1 - \sqrt{1 - u^2}\right) = a,$$

$$\sqrt{1 - u^2} = \frac{r - a}{r},$$

$$u = \frac{\sqrt{2\,ar - a^2}}{r},$$

$$\frac{u}{\sqrt{1 - u^2}} = \frac{\sqrt{2\,ar - a^2}}{r - a} = \frac{r\,d\theta}{dr},$$

$$d\theta = \frac{dr\sqrt{2\,ar - a^2}}{r(r - a)};$$

faisant $2\,ar - a^2 = z^2$, il vient

$$d\theta = \frac{4\,a z^2\,dz}{z^4 - a^4} = dz\left(\frac{2\,a}{z^2 + a^2} + \frac{1}{z - a} - \frac{1}{z + a}\right);$$

intégrant et remplaçant z par sa valeur en fonction de r, on a

$$\theta - \theta_0 = \arcsin\frac{\sqrt{2\,ar - a^2}}{r} + \log\frac{a - \sqrt{2\,ar - a^2}}{a + \sqrt{2\,ar - a^2}}.$$

$$S = a\log\frac{a}{a - r} - r.$$

Problème n° 43.

Trouver les courbes dans lesquelles le rayon de courbure ρ est une fonction donnée $\varphi(r)$ du rayon vecteur.

Appelons toujours p la distance de l'origine à la tangente; nous aurons

$$\rho = \pm\frac{r\,dr}{dp} = \varphi(r),$$

d'où

$$dp = \pm \frac{r\,dr}{\varphi(r)}, \quad \pm p = \int \frac{dr}{\varphi(r)} + C;$$

posons

$$\int \frac{dr}{\varphi(r)} = f(r),$$

et nous aurons

$$f(r) + C = \pm p = \frac{r^2 d\theta}{\sqrt{dr^2 + r^2 d\theta^2}},$$

d'ou

$$d\theta = \pm \frac{f(r) + C}{r\sqrt{r^2 - [f(r) + c]^2}}\,dr,$$

et, en intégrant et désignant la constante par θ_0,

$$\theta - \theta_0 = \pm \int \frac{f(r) + C}{r\sqrt{r^2 - [f(r) + c]^2}}\,dr;$$

le problème se trouve donc ramené aux quadratures : les deux constantes sont C et θ_0; la première seule influe sur la forme de la courbe. Nous allons appliquer cette méthode à plusieurs cas particuliers.

Problème n° 44.

Trouver les courbes dans lesquelles le rayon de cour-bure est proportionnel au rayon vecteur

$$\rho = \frac{rdr}{dp} = \frac{r}{k},$$

k étant positif.

$$dp = k\,dr,$$

(1) $$p = kr - a,$$

a désignant la constante arbitraire; nous aurons ensuite

(2) $$d\theta = \pm \frac{kr - a}{r\sqrt{r^2 - (kr - a)^2}}\,dr.$$

Nous ferons d'abord remarquer que, si $a = 0$, on a

$$d\theta = \pm \frac{k}{\sqrt{1 - k^2}} \frac{dr}{r},$$

ce qui donne une spirale logarithmique. Supposons maintenant a différent de zéro, et d'abord $k > 1$; l'expression (2) peut s'écrire :

1° $k > 1$:

$$(3) \quad \frac{\sqrt{k^2 - 1}}{k} d\theta = \pm \frac{r - \dfrac{a}{k}}{r \sqrt{\left(r - \dfrac{a}{k+1}\right)\left(\dfrac{a}{k-1} - r\right)}} dr;$$

nous voyons que a doit être positif. La différentielle $d\theta$ peut s'intégrer : nous ferons le calcul tout à l'heure, mais on peut discuter sans intégrer.

Pour que la valeur de $d\theta$ soit réelle, il faut que r soit compris entre $\dfrac{a}{k+1}$ et $\dfrac{a}{k-1}$. Remarquons que la valeur $\dfrac{a}{k}$ est comprise entre les limites précédentes; traçons trois circonférences concentriques de rayon

$$r_0 = \frac{a}{k+1}, \quad r_1 = \frac{a}{k}, \quad r_2 = \frac{a}{k-1}, \quad r_0 < r_1 < r_2;$$

la courbe est comprise tout entière entre les circonférences de rayon r_0 et r_2; aux points où elle rencontre ces circonférences, elle leur est tangente, car la valeur de $r\dfrac{d\theta}{dr}$, tirée de l'équation (3), est infinie pour $r = r_0$ et pour $r = r_2$; aux points où la courbe coupe la circonférence de rayon r_1, elle est tangente au rayon vecteur, car $r\dfrac{d\theta}{dr}$ s'annule pour $r = r_0$. Pour plus de clarté, écrivons comme il suit l'équation (3) :

$$\frac{\sqrt{k^2 - 1}}{k}\, d\theta = \pm\, \frac{r - r_1}{r\sqrt{(r - r_0)(r_2 - r)}}\, dr.$$

Nous partons de $r = r_0$, θ ayant une certaine valeur $M_0 OX$, et le radical ayant un certain signe, le signe $+$ par exemple; r va croître à partir de r_0, dr sera positif; r étant plus petit que r_1, $r - r_1$ sera négatif : l'expression de $d\theta$ sera négative; θ va décroître jusqu'à ce qu'on ait $r = r_1$. Nous obtenons ainsi (*fig. 5o*) la branche $M_0 M_1$ tangente en M_0 au cercle r_0 et en M_1 au rayon vecteur OM_1; r dépassant r_1,

Fig. 5o.

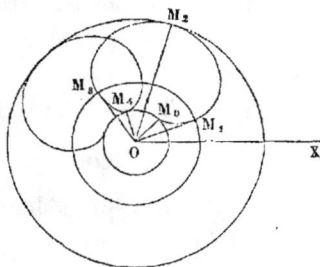

$d\theta$ va devenir positif, θ va croître jusqu'à ce qu'on ait $r = r_2$; cela nous donne la branche $M_1 M_2$ tangente en M_2 au cercle r_2; r doit maintenant décroître, dr est négatif; mais le radical, qui s'est annulé, doit changer de signe; $d\theta$ reste donc positif et continue de croître jusqu'à ce que r repasse par la valeur r_1, pour décroître ensuite. Nous trouverons ainsi la branche $M_2 M_3 M_4$, tangente en M_2 au rayon vecteur, en M_4 à la petite circonférence.

La courbe se compose, en général, d'une infinité de parties égales à celle qui vient d'être tracée.

Effectuons l'intégration dans la formule (3) en posant

$$\tan^2\varphi = \frac{r - \dfrac{a}{k+1}}{\dfrac{a}{k-1} - r},$$

d'où

$$\frac{r - \dfrac{a}{k+1}}{\sin^2\varphi} = \frac{\dfrac{a}{k-1} - r}{\cos^2\varphi} = \frac{a}{k-1} - \frac{a}{k+1} = \frac{2a}{k^2-1},$$

(4)
$$r = \frac{a}{k-1}\sin^2\varphi + \frac{a}{k+1}\cos^2\varphi,$$

$$dr = \frac{4a}{k^2-1}\sin\varphi\cos\varphi\, d\varphi,$$

$$\sqrt{\left(r - \frac{a}{k+1}\right)\left(\frac{a}{k-1} - r\right)} = \frac{2a}{k^2-1}\sin\varphi\cos\varphi,$$

et nous trouverons

(5)
$$\sqrt{k^2-1}\, d\theta = 2\frac{1 - k\cos^2\varphi}{k - \cos^2\varphi}\, d\varphi,$$

(6)
$$\theta - \theta_0 = \frac{2k}{\sqrt{k^2-1}}\varphi - 2\arctan\sqrt{\frac{k+1}{k-1}}\tan\varphi,$$

ce qu'on peut encore écrire

(7)
$$\theta - \theta_0 = \frac{2k}{\sqrt{k^2-1}}\varphi - \arctan\frac{\sqrt{k^2-1}\sin 2\varphi}{k\cos 2\varphi - 1}.$$

D'après la formule (4), nous voyons que les points où la courbe touche la circonférence r_0 répondent aux valeurs

$$\varphi = 0, \quad \varphi = \pi, \quad \varphi = 2\pi, \quad \ldots$$

Soient $\theta_1, \theta_2, \ldots$ les valeurs correspondantes de θ; elles seront, d'après la formule (6),

$$\theta_1 = \theta_0, \quad \theta_2 = \theta_0 + 2\pi\left(\frac{k}{\sqrt{k^2 - 1}} - 1\right),$$

$$\theta_3 = \theta_0 + 4\pi\left(\frac{k}{\sqrt{k^2 - 1}} - 1\right), \quad \cdots;$$

les points où la courbe touche la circonférence r_2 répondent aux valeurs

$$\varphi = \frac{\pi}{2}, \quad \varphi = \frac{3\pi}{2}, \quad \cdots$$

Soient $\theta'_1, \theta'_2, \cdots$ les valeurs correspondantes de θ; nous aurons

$$\theta'_1 = \theta_0 + \pi\left(\frac{k}{\sqrt{k^2 - 1}} - 1\right), \quad \theta'_2 = \theta_0 + 3\pi\left(\frac{k}{\sqrt{k^2 - 1}} - 1\right), \quad \cdots;$$

les points tels que M_1 sont ceux où $d\theta$ change de signe, c'est-à-dire, d'après la formule (5), ceux pour lesquels

$$1 - k\cos 2\varphi = 0;$$

cela répond aux valeurs

$$\varphi = \frac{1}{2}\operatorname{arc\,cos}\frac{1}{k}, \quad \varphi = \pi - \frac{1}{2}\operatorname{arc\,cos}\frac{1}{k}, \quad \varphi = \pi + \frac{1}{2}\operatorname{arc\,cos}\frac{1}{k}, \quad \cdots;$$

et l'on calculera aisément les valeurs correspondantes de θ par la formule (7); l'angle $M_1 OM_4$ est égal à

$$2\pi\left(\frac{k}{\sqrt{k^2 - 1}} - 1\right);$$

la courbe ne se composera donc d'un nombre limité de parties telles que $M_0 M_2 M_4$, que si $\dfrac{k}{\sqrt{k^2 - 1}}$ est commensurable.

2° $k < 1$. — Dans ce nouveau cas, nous supposerons

d'abord a positif; nous écrirons l'expression de $d\theta$ comme il suit :

$$\frac{\sqrt{1-k^2}}{k}\,d\theta = \pm \frac{r-\dfrac{a}{k}}{r\sqrt{\left(r-\dfrac{a}{1+k}\right)\left(r+\dfrac{a}{1-k}\right)}}\,dr;$$

pour que le radical soit réel, il faut qu'on ait

$$r > \frac{a}{1+k}.$$

Traçons ($fig.$ 51) la circonférence OM_0 de rayon $\dfrac{a}{1+k}$. Tous les points de la courbe seront extérieurs à cette circonférence; la courbe part de M_0 où elle est tangente à la

Fig. 51.

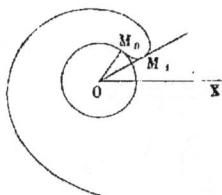

circonférence; $d\theta$ est d'abord négatif; θ diminue jusqu'à ce que r atteigne la valeur $\dfrac{a}{k}$, laquelle est supérieure à $\dfrac{a}{1+k}$; nous obtenons ainsi la partie M_0M_1 tangente en M_1 au rayon vecteur; r continuant à croître, θ croît toujours. Pour $r = \infty$, θ est infini, car l'intégrale

$$\int_{\frac{a}{1+k}}^{\infty} \frac{r-\dfrac{a}{k}}{r\sqrt{\left(r-\dfrac{a}{1+k}\right)\left(r+\dfrac{a}{1-k}\right)}}\,dr$$

est finie ou infinie en même temps que

$$\int_{\frac{a}{1+k}}^{\infty} \frac{dr}{r},$$

et cette dernière est infinie.

La courbe est donc en forme de spirale (*fig*. 52).

Fig. 52.

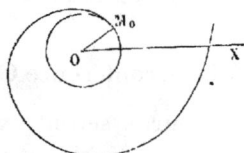

Si a est négatif, posons $a = -a'$, et nous aurons

$$\frac{\sqrt{1-k^2}}{k} d\theta = \pm \frac{r + \frac{a'}{k}}{\sqrt{\left(r + \frac{a'}{1+k}\right)\left(r - \frac{a'}{1-k}\right)}} dr.$$

On devra avoir $r > \frac{a'}{1-k}$; ici θ croît sans cesse : on a la spirale ci-jointe.

Revenons au premier cas, et cherchons la longueur S de l'arc $M_0 M_2 M_4$; on a

$$ds^2 = dr^2 + r^2 d\theta^2,$$

ou, en remplaçant $d\theta$ par sa valeur (2),

$$\sqrt{k^2 - 1}\, ds = \frac{r\, dr}{\sqrt{\left(r - \frac{a}{k+1}\right)\left(\frac{a}{k-1} - r\right)}};$$

en introduisant l'angle φ, on a

$$\sqrt{k^2 - 1}\, ds = \frac{2\,a}{k^2 - 1}\,(k - \cos 2\varphi)\, d\varphi;$$

donc

$$S = \frac{2\,a}{\left(k^2 - 1\right)^{\frac{3}{2}}} \int_0^\pi (k - \cos 2\varphi)\, d\varphi = \frac{2\pi a k}{\left(k^2 - 1\right)^{\frac{3}{2}}}.$$

Remarquons enfin que, pour $k = 1$,

$$\sqrt{2a}\, d\theta = \frac{(r - a)\, dr}{r\sqrt{r - \dfrac{a}{2}}},$$

r varie de $\dfrac{a}{2}$ à l'infini; on a encore une spirale, analogue à l'avant-dernière; en écrivant

$$d\theta = \frac{dr}{\sqrt{2\,ar - a^2}} + \frac{d\dfrac{a}{r}}{\sqrt{1 - \left(\dfrac{a}{r} - 1\right)^2}},$$

on voit qu'on aura

$$\theta - \theta_0 = \frac{\sqrt{2\,ar - a^2}}{a} + \arcsin\left(\frac{a}{r} - 1\right).$$

Cherchons (*fig.* 53) la développée de notre courbe dans le second cas, lorsque k est plus grand que 1. Soit C le

Fig. 53.

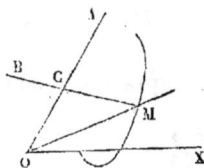

centre de courbure qui correspond au point M, et soient r' et θ' les coordonnées polaires du point C; l'angle ACB sera désigné naturellement par V′, et l'on aura

$$\sin V' = \frac{r'\,d\theta'}{\sqrt{dr'^2 + r'^2 d\theta'^2}}.$$

Nous partons de la formule $d\theta = \dfrac{(kr - a)dr}{r\sqrt{r^2 - (kr - a)^2}}$, d'où nous tirons

$$\operatorname{tang} V = \frac{kr - a}{\sqrt{r^2 - (kr - a)^2}},$$

$$kr - a = r\sin V,$$

$$\sqrt{r^2 - (kr - a)^2} = r\cos V.$$

Le triangle OMC nous donne

$$(8) \qquad \begin{cases} \dfrac{\sin V'}{r} = \dfrac{\cos V}{r'}, \\[2mm] r'\sin V' = r\cos V = \sqrt{r^2 - (kr - a)^2}. \end{cases}$$

Le même triangle nous donne

$$OC^2 = OM^2 + CM^2 - 2\,OM\,.\,CM\cos OMC$$

ou bien, comme $CM = \dfrac{OM}{k} = \dfrac{r}{k}$,

$$(9) \qquad \begin{cases} r'^2 = r^2 + \dfrac{r^2}{k^2} - \dfrac{2r^2}{k}\sin V, \\[2mm] k^2 r'^2 = r^2(1 + k^2) - 2kr(kr - a), \\[2mm] k^2 r'^2 = -r^2(k^2 - 1) + 2akr. \end{cases}$$

En éliminant r entre les équations (8) et (9), et remplaçant $\sin V'$ par $\dfrac{r'\,d\theta'}{\sqrt{dr'^2 + r'^2 d\theta'^2}}$,

$$\frac{r'^2 d\theta'}{\sqrt{dr'^2 + r'^2 d\theta'^2}} = \sqrt{k^2 r'^2 - a^2},$$

et l'on en conclut

$$(10) \qquad d\theta' = \frac{k}{\sqrt{k^2 - 1}} \; \frac{\sqrt{r'^2 - \dfrac{a^2}{k^2}}}{r' \sqrt{\dfrac{a^2}{k^2 - 1} - r'^2}} \, dr'.$$

Or l'équation différentielle d'une épicycloïde engendrée par un point d'un cercle de rayon b, roulant sur un cercle de rayon l, est, comme on l'a déjà vu, problème 40 de la troisième Partie,

$$(11) \qquad d\theta' = \frac{l + 2b}{l} \; \frac{\sqrt{r'^2 - l^2}}{r' \sqrt{(l + 2b)^2 - r'^2}} \, dr',$$

et les équations (10) et (11) seront identiques si l'on prend

$$l + 2b = \frac{a}{\sqrt{k^2 - 1}},$$

$$l = \frac{a}{k}.$$

Donc la courbe qui jouit de la propriété $\rho = \dfrac{r}{k}$, où k est plus grand que 1, est l'une des développantes d'une épicycloïde dans laquelle le rapport du rayon du cercle mobile au rayon du cercle fixe est $\dfrac{1}{2}\left(\dfrac{k}{\sqrt{k^2 - 1}} - 1 \right)$.

Problème n° 45.

Trouver les courbes dans lesquelles le rayon de courbure est proportionnel au cube du rayon vecteur.

$$\rho = \frac{r^3}{a^2} = \frac{r\,dr}{dp}, \quad \text{d'où} \quad dp = \frac{a^2\,dr}{r^2}.$$

Intégrant et désignant la constante par $2b$, il vient

$$p = 2b - \frac{a^2}{r} = \frac{r^2 d\theta}{\sqrt{dr^2 + r^2 d\theta^2}};$$

on tire de là

$$d\theta = \pm \frac{\left(2b - \frac{a^2}{r}\right) dr}{r \sqrt{r^2 - \left(2b - \frac{a^2}{r}\right)^2}}$$

ou bien

$$(1) \qquad d\theta = \pm \frac{(2br - a^2) dr}{r \sqrt{(r^2 + 2br - a^2)(r^2 - 2br + a^2)}}.$$

Nous sommes conduits à une intégrale elliptique; nous allons chercher néanmoins à nous rendre compte des diverses formes de la courbe, suivant les valeurs de la constante arbitraire. Considérons les deux équations du second degré

$$(2) \quad r^2 + 2br - a^2 = 0, \qquad (3) \quad r^2 - 2br + a^2 = 0;$$

la première a toujours ses racines réelles, l'une positive, l'autre négative : nous les représenterons par r_2 et $-r_1$; la seconde n'a ses racines réelles que dans le cas où b^2 est plus grand que a^2; elles sont toutes les deux positives ou négatives si b est positif ou négatif. Soient ces racines r_3 et r_4; posons, en outre, $r_0 = \frac{a^2}{2b}$. Nous sommes amenés à distinguer plusieurs cas.

Premier cas : $b^2 > a^2$ et $b > 0$. — Nous avons donc

$$(4) \quad \left\{ \begin{array}{l} r_1 = + b + \sqrt{a^2 + b^2} \\ r_2 = - b + \sqrt{a^2 + b^2} \end{array} \right\} \begin{array}{l} r_3 = b - \sqrt{b^2 - a^2}, \\ r_4 = b + \sqrt{b^2 - a^2}, \end{array} \quad r_0 = \frac{a^2}{2b}.$$

L'expression (1) de $d\theta$ va s'écrire

$$(5) \qquad \frac{d\theta}{2b} = \pm \frac{(r - r_0) dr}{r \sqrt{(r + r_1)(r - r_2)(r - r_3)(r - r_4)}}.$$

Rangeons les quantités r_0, r_2, r_3, r_4 par ordre de grandeur ; on a

$$r_0 - r_2 = \frac{1}{2b} \left(a^2 + 2b^2 - 2b\sqrt{a^2+b^2} \right) = \frac{1}{2b} \left(\sqrt{a^2+b^2} - b \right)^2,$$

$$r_3 - r_0 = \frac{1}{2b} \left(2b^2 - a^2 - 2b\sqrt{b^2-a^2} \right) = \frac{1}{2b} \left(\sqrt{b^2-a^2} - b \right)^2 ;$$

nous avons donc

$$r_2 < r_0 < r_3 < r_4.$$

L'expression (5) de $d\theta$ ne sera réelle que quand r sera compris entre r_2 et r_3 ou bien entre r_4 et $+\infty$. Traçons donc les circonférences ayant pour centre l'origine et pour rayons r_2, r_0, r_3 et r_4 ; une partie de la courbe sera comprise entre la première et la troisième de ces circonférences ; une autre sera entièrement extérieure à la quatrième. La courbe sera tangente aux circonférences r_2, r_3 et r_4 aux points où elle les rencontre ; elle sera tangente au rayon vecteur aux points où elle rencontre la circonférence r_0. Partons de $r = r_2$; supposons que pour cette valeur θ soit nul, et prenons le radical avec le signe $+$; la valeur de $d\theta$ est négative tant que r est inférieur à r_0 ; donc θ est négatif et décroissant. Pour $r = r_0$, θ est un minimum ; r continuant à croître, $d\theta$ devient positif, θ croît ; quand r a atteint la valeur r_3, il doit décroître ; le radical et dr changent de signe ; θ augmente toujours jusqu'à ce que r repasse par la valeur r_0, après quoi θ diminuera. Nous obtenons ainsi la courbe $M_0 M_1 M_2 M_3 M_4 \ldots$ (*fig.* 54), composée en général d'une infinité de parties égales entre elles.

Faisons maintenant varier r de r_4 à $+\infty$; nous prendrons encore $\theta = 0$ pour $r = r_4$; θ croît sans cesse. A-t-il une limite finie pour r infini, c'est-à-dire l'intégrale

$$\int_{r_4}^{+\infty} \frac{(r - r_0)\,dr}{r\sqrt{(r+r_1)(r-r_2)(r-r_3)(r-r_4)}}$$ est-elle finie ? Cette

intégrale est finie ou infinie en même temps que $\displaystyle\int_{r_4}^{+\infty}\frac{dr}{r}$. Cette dernière étant finie (*fig.* 54), θ tend vers une limite

Fig. 54.

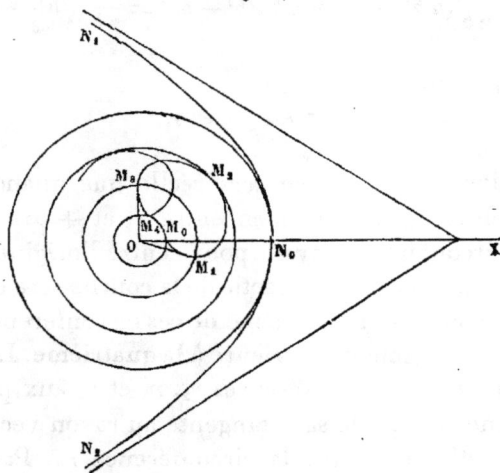

finie α; il y a lieu de chercher si la courbe a une asymptote; il faut voir si $r^2\dfrac{d\theta}{dr}$ est fini pour r infini. Or

$$r^2\frac{d\theta}{dr} = \frac{2\,br\,(r-r_0)}{\sqrt{(r+r_1)\,(r-r_2)\,(r-r_3)\,(r-r_4)}},$$

et cette expression, pour r infini, est égale à $2\,b$. Il y a donc une asymptote située à la distance $2\,b$ de l'origine. Remarquons qu'on a $2\,b > r_4$; nous avons ainsi la branche infinie N_0N_1. Si nous avions pris le radical avec le signe $-$, nous aurions eu la branche égale N_0N_2.

Deuxième cas : $b^2 > a^2$ et $b < o$. — Dans ce cas, r_0, r_3 et r_4 sont négatifs. Faisons $r_0 = -r'_0$, $r_3 = -r'_3$, $r_4 = -r'_4$, et nous aurons

$$\frac{d\theta}{2b} = \frac{(r+r_0')\,dr}{r\sqrt{(r+r_1)(r-r_2)(r+r_3')(r+r_4')}};$$

r variera de r_2 à $+\infty$; la partie $M_0 M_1\ldots$ de la courbe n'existera plus; il restera une courbe à branches infinies avec asymptotes, tout à fait analogue à la courbe $N_1 N_0 N_2$.

Troisième cas : $b^2 < a^2$ *et* $b > 0$. — Ici les racines r_3 et r_4 sont imaginaires. Faisons $(r+r_1)(r-r_3)(r-r_4) = R$: R sera toujours positif; nous aurons

$$\frac{d\theta}{2b} = \frac{(r-r_0)\,dr}{r\sqrt{(r-r_2)R}};$$

r varie de r_2 à $+\infty$ en passant par r_0; θ est négatif et décroissant tant que r est plus petit que r_0; il est croissant pour $r > r_0$; il y a encore une branche infinie avec une asymptote. Nous obtenons ainsi la branche $M_0 M_1 M_2$ (*fig.* 55), que nous compléterons par la partie symétrique de la précédente par rapport à Ox.

Quatrième cas : $b^2 < a^2$ *et* $b < 0$. r_0 devient négatif;

Fig. 55.

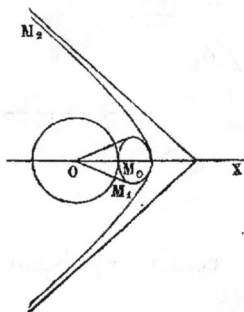

r varie encore de r_2 à $+\infty$, mais sans passer par r_0; la boucle du cas précédent disparaît, et il reste seulement

20.

une courbe à branches infinies, telle que la courbe $N_1 N_0 N_2$ du premier cas.

Cinquième cas : $b = + a$. — L'expression $r^2 - 2br + a^2$ est un carré, et l'on trouve

$$d\theta = \frac{2a\left(r - \dfrac{a}{2}\right)dr}{r(r-a)\sqrt{(r+r_1)(r-r_2)}}.$$

On a, du reste,

$$r_2 = a(\sqrt{2} - 1),$$

$a(\sqrt{2} - 1) < \dfrac{a}{2} < a$; r varie de r_2 à $+\infty$; mais θ, qui croît tant que r est plus petit que $\dfrac{a}{2}$, qui décroît ensuite, θ devient infini pour $r = a$. L'intégrale

$$\int_{r_2}^{a} \frac{\left(r - \dfrac{a}{2}\right)dr}{r(r-a)\sqrt{(r+r_1)(r-r_2)}}$$

est, en effet, infinie. La courbe (*fig.* 56) est donc asymptote au cercle $r = a$.

Fig. 56.

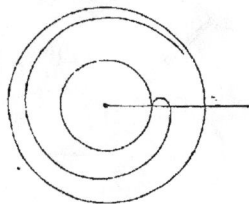

En construisant la courbe représentée par l'équation

$$\theta = 2a\int_{r'}^{r} \frac{\left(r - \dfrac{a}{2}\right)dr}{r(r-a)\sqrt{(r+r_1)(r-r_2)}},$$

où r' est plus grand que a, et r varie de r' à $+\infty$, on aura encore une branche infinie avec asymptote.

Sixième cas : $b = -a$. — Alors

$$d\theta = \frac{(2ar + a^2)\,dr}{r(r+a)\sqrt{(r+r_1)(r-r_2)}};$$

r varie de r_2 à $+\infty$, θ croît sans cesse; on a une branche infinie analogue à la branche $N_0 N_1$ du premier cas.

Remarque. — Dans les deux derniers cas, l'intégration peut s'effectuer.

Revenant à l'équation (1), supposons $b = 0$; nous trouverons

$$d\theta = \frac{a^2 dr}{r\sqrt{r^4 - a^4}} = \frac{a^2 d.r^2}{2r^2\sqrt{r^4 - a^4}}$$

ou bien

$$d\theta = \frac{-a^2 d\frac{1}{r^2}}{2\sqrt{1 - a^4\left(\frac{1}{r^2}\right)^2}};$$

on en tire, en intégrant,

$$2(\theta - \theta_0) = \arccos\frac{a^2}{r^2},$$

$$r^2 = \frac{a^2}{\cos 2(\theta - \theta_0)},$$

ce qui est l'équation d'une hyperbole équilatère dont le demi-axe transverse est a.

Problème n° 46.

Trouver les courbes dans lesquelles le rayon de courbure est inversement proportionnel au rayon vecteur.

$$\rho = \frac{a^2}{r};$$

on aura donc

$$\frac{r\,dr}{dp} = \frac{a^2}{r}, \quad dp = \frac{r^2\,dr}{a^2}.$$

Intégrant et désignant la constante par $\dfrac{2\,b^3}{3}$, il vient

$$p = \frac{r^3 + 2\,b^3}{3\,a^2} = \frac{r^2\,d\theta}{\sqrt{dr^2 + r^2\,d\theta^2}}.$$

On tire de là

$$d\theta = \pm \frac{r^3 + 2\,b^3}{r\sqrt{9\,a^4 r^2 - (r^3 + 2\,b^3)^2}}\,dr$$

ou bien

$$(1) \quad d\theta = \pm \frac{(r^3 + 2\,b^3)\,dr}{r\sqrt{(r^3 + 3\,a^2 r + 2\,b^3)(-r^3 + 3\,a^2 r - 2\,b^3)}}.$$

Le problème est ramené aux quadratures. Bien que nous ne puissions pas intégrer, nous allons chercher à nous rendre compte des formes diverses que peut prendre la courbe, suivant les valeurs de la constante arbitraire b. Posons

$$P = r^3 + 3\,a^2 r + 2\,b^3,$$
$$Q = r^3 - 3\,a^2 r + 2\,b^3;$$

le critérium $4p^3 + 27q^2$ est, pour les deux équations $P = 0$ et $Q = 0$,

$$108(b^6 + a^6) \quad \text{et} \quad 108(b^6 - a^6).$$

On en conclut que l'équation $P = 0$ n'a jamais qu'une racine réelle, qui est, du reste, de signe contraire à celui de b; l'équation $Q = 0$ n'aura non plus qu'une racine réelle et de signe contraire à b si l'on a $b^6 > a^6$; elle aura, au contraire, ses trois racines réelles si b^6 est plus petit que a^6, deux racines positives quand b sera positif, une seule racine positive quand b sera négatif. Nous sommes ainsi conduit à distinguer plusieurs cas.

Premier cas : $b^6 > a^6$ et $b < 0$. — Si, avec $b^6 > a^6$, on avait $b > 0$, l'équation $Q = 0$ n'aurait qu'une racine réelle et négative, de même que l'équation $P = 0$; la quantité placée sous le radical serait négative et la valeur de $d\theta$ imaginaire pour toutes les valeurs positives de r; avec $b^6 > a^6$, nous prendrons donc $b < 0$; les équations $P = 0$ et $Q = 0$ auront chacune une racine positive. Soient r' la première, r'' la seconde; posons, en outre, $r_0 = - b\sqrt[3]{2}$. Je dis que r'' est plus grand que r'; car, si l'on substitue r'' dans la valeur de P, en tenant compte de la relation

$$r''^3 - 3a^2 r'' + 2b^3 = 0,$$

on aura le résultat positif $6a^2 r''$; r'' et zéro, substitués dans P, donnent des résultats de signes contraires; la racine r' est donc comprise entre zéro et r''. Je dis maintenant que r_0 est compris entre r' et r'' : en effet les résultats de la substitution de r_0 à la place de r, dans P et Q, sont respectivement $+ 3a^2 r_0$ et $- 3a^2 r_0$; nous avons donc

$$r' < r_0 < r'',$$

et l'expression (1) pourra s'écrire

$$d\theta = \pm \frac{r^3 - r_0^3}{r\sqrt{(r - r')(r'' - r)}\,\mathrm{R}} dr,$$

R désignant une fonction de r qui reste positive pour toutes les valeurs positives de r. Nous voyons que r doit être compris entre r' et r''. Partons de $r = r'$, prenons $\theta = 0$ et le radical avec le signe $+$; r augmentant, θ diminue; pour $r = r_0$, θ est un minimum; r augmentant, θ augmente; r, ayant atteint r'', doit diminuer; θ augmente encore et ne recommence à diminuer que quand r repasse par la valeur r_0; il diminue jusqu'à ce que r revienne à sa valeur initiale r'. La courbe aura donc une forme analogue à celle de la courbe $M_0 M_1 M_2 \ldots$, discutée dans le premier cas du problème précédent.

Deuxième cas : $b^6 < a^6$ et $b > 0$. — L'équation $P = 0$ n'a pas de racine positive, l'équation $Q = 0$ en a deux; désignons-les par r_1 et r_2, et supposons $r_1 < r_2$; l'expression de $d\theta$ deviendra

$$d\theta = \pm \frac{r^3 + 2b^3}{r\sqrt{(r - r_1)(r_2 - r)\mathrm{R}_1}} dr,$$

R_1 désignant une fonction qui reste positive pour toutes les valeurs positives de r. Nous voyons que r ne peut varier qu'entre les limites r_1 et r_2, mais que, $d\theta$ ne s'annulant plus, θ va toujours en croissant. On a une courbe (*fig. 57*) telle que $M_0 M_1 M_2 M_3 \ldots$.

Fig. 57.

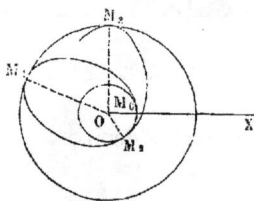

Considérons en particulier le cas de $b = 0$; l'expression (1) de $d\theta$ va nous donner

$$d\theta = \frac{r\,dr}{\sqrt{9a^4 - r^4}} = \frac{\frac{1}{2} d \dfrac{r^2}{3a^2}}{\sqrt{1 - \left(\dfrac{r^2}{3a^2}\right)^2}};$$

en intégrant, nous trouverons

$$2(\theta - \theta_0) = \arcsin \frac{r^2}{3a^2},$$

$$r^2 = 3a^2 \sin 2(\theta - \theta_0),$$

équation d'une lemniscate.

Troisième cas : $b^6 < a^6$ et $b < 0$. — Dans ce cas, les équations $P = 0$ et $Q = 0$ ont chacune une racine positive. Soient ces racines r'_1 et r'_2, $r'_1 < r'_2$; nous aurons

$$d\theta = \pm \frac{r^3 - r_0^3}{r \sqrt{(r - r'_1)(r'_2 - r) R_2}} dr,$$

R_2 étant positif en même temps que r; la courbe est du même genre que dans le premier cas.

Quatrième cas : $b = -a$. — L'équation $Q = 0$ a deux racines égales à $-a$, et l'on a

$$d\theta = \pm \frac{(r^2 - 2a^3)dr}{r(r+a)\sqrt{(r^3 + 3a^2r - 2a^3)(2a - r)}};$$

r doit être compris entre la racine positive de l'équation $P = 0$ et $2a$; $d\theta$ s'annule, dans cet intervalle, pour $r = a\sqrt[3]{2}$: on rentre encore dans le premier cas.

Problème n° 47.

Trouver les courbes dans lesquelles le rayon de courbure est proportionnel à la puissance $\frac{3}{2}$ du rayon vecteur.

$$p = \frac{r^{\frac{3}{2}}}{\sqrt{a}} = \frac{r\,dr}{dp}, \quad dp = \sqrt{\frac{a}{r}}\,dr;$$

d'où, en appelant b la constante,

$$p = 2\sqrt{ar} + b;$$

on en déduit

$$(1) \begin{cases} d\theta = \pm \dfrac{\left(2\sqrt{ar}+b\right)dr}{r\sqrt{r^2-\left(2\sqrt{ar}+b\right)^2}}, \\[3ex] d\theta = \pm \dfrac{\left(2\sqrt{ar}+b\right)dr}{r\sqrt{\left(r+2\sqrt{ar}+b\right)\left(r-2\sqrt{ar}-b\right)}}, \\[3ex] d\theta = \pm \dfrac{\left(2\sqrt{ar}+b\right)dr}{r\sqrt{\left[\left(\sqrt{r}+\sqrt{a}\right)^2-\left(a-b\right)\right]\left[\left(\sqrt{r}-\sqrt{a}\right)^2-\left(a+b\right)\right]}}, \\[3ex] d\theta = \pm \dfrac{\left(2\sqrt{ar}+b\right)\dfrac{dr}{r}}{\sqrt{\begin{array}{c}\left[\left(\sqrt{r}+\sqrt{a}+\sqrt{a-b}\right)\left(\sqrt{r}+\sqrt{a}-\sqrt{a-b}\right)\right]\\ \left(\sqrt{r}-\sqrt{a}+\sqrt{a+b}\right)\left(\sqrt{r}-\sqrt{a}-\sqrt{a+b}\right)\end{array}}} \end{cases}$$

ou, en faisant $r=z^2$, $a=\alpha^2$, $a-b=\beta^2$, $a+b=\gamma^2$, d'où $\beta^2+\gamma^2=2\alpha^2$,

$$d\theta = \pm 2 \frac{\left(2\alpha z+\alpha^2-\beta^2\right)dz}{z\sqrt{\left(z+\alpha+\beta\right)\left(z+\alpha-\beta\right)\left(z-\alpha+\gamma\right)\left)\left(z-\alpha-\gamma\right)}}.$$

Nous laisserons au lecteur la discussion de la courbe; nous nous bornerons à considérer le cas de $b=0$; l'équation (1) devient, après réduction,

$$d\theta = \frac{2\sqrt{a}\,dr}{r\sqrt{r-4a}}, \quad \text{d'où} \quad \frac{\theta-\theta_0}{2} = \operatorname{arc\,tang}\sqrt{\frac{r-4a}{4a}},$$

d'où

$$r = \frac{4a}{\cos^2\dfrac{\theta-\theta_0}{2}},$$

équation d'une parabole ayant l'origine pour foyer et $8a$ pour paramètre.

Problème n° 48.

On trace sur un cylindre de révolution une courbe dont la première courbure est constante; trouver ce que devient cette coube quand on étale le cylindre sur un plan.

Prenons l'axe du cylindre pour axe des z et le plan de la base pour plan des xy. Soient a le rayon de la base du cylindre, ka le rayon constant de la première courbure de la courbe considérée, x, y, z les coordonnées d'un point quelconque de la courbe, et σ l'arc de la circonférence de la base du cylindre compris entre l'axe des x et le point x, y ; nous aurons

$$x = a \cos \frac{\sigma}{a}, \quad y = a \sin \frac{\sigma}{a},$$

(1)
$$ka = \frac{ds^2}{\sqrt{(d^2x)^2 + (d^2y)^2 + (d^2z)^2 - (d^2s)^2}}.$$

Prenant σ pour variable indépendante, je trouve

$$\frac{dx}{d\sigma} = -\sin\frac{\sigma}{a}, \qquad \frac{d^2x}{d\sigma^2} = -\frac{1}{a}\cos\frac{\sigma}{a},$$

$$\frac{dy}{d\sigma} = +\cos\frac{\sigma}{a}, \qquad \frac{d^2y}{d\sigma^2} = -\frac{1}{a}\sin\frac{\sigma}{a},$$

$$\frac{ds}{d\sigma} = \sqrt{1 + \frac{dz^2}{d\sigma^2}}, \quad \frac{d^2s}{d\sigma^2} = \frac{\frac{dz}{d\sigma}\frac{d^2z}{d\sigma^2}}{\sqrt{1 + \frac{dz^2}{d\sigma^2}}}.$$

Portant ces valeurs dans l'équation (1), il vient, après réduction,

$$k = \frac{\left(1 + \frac{dz^2}{d\sigma^2}\right)^{\frac{3}{2}}}{\sqrt{1 + \frac{dz^2}{d\sigma^2} + a^2\left(\frac{d^2z}{d\sigma^2}\right)^2}},$$

d'où

$$(2) \qquad ka\frac{d^2z}{d\sigma^2} = \sqrt{\left(1+\frac{dz^2}{d\sigma^2}\right)\left[\left(1+\frac{dz^2}{d\sigma^2}\right)^2 - k^2\right]}.$$

Remarquons que, quand on étale la surface du cylindre sur un de ses plans tangents, σ est l'abscisse et z l'ordonnée d'un point quelconque de la transformée de la courbe; nous allons construire cette transformée. L'équation (2) est de la forme

$$\frac{d^2z}{d\sigma^2} = f\left(\frac{dz}{d\sigma}\right).$$

On sait que, dans ce cas, pour intégrer, on pose $\frac{dz}{d\sigma} = u$; nous ferons ici $\frac{dz}{d\sigma} = \tan\alpha$; α sera l'angle que fait la tangente à la courbe avec l'axe des abscisses; l'équation (2) deviendra

$$ka\frac{d\alpha}{d\sigma}\cos\alpha = \sqrt{1-k^2\cos^4\alpha};$$

nous aurons donc

$$(3) \qquad d\sigma = \frac{ka\cos\alpha}{\sqrt{1-k^2\cos^4\alpha}}\,d\alpha \quad \text{et} \quad dz = \frac{ka\sin\alpha}{\sqrt{1-k^2\cos^4\alpha}}\,d\alpha.$$

On est conduit, comme on voit, à des intégrales elliptiques,

Fig. 58.

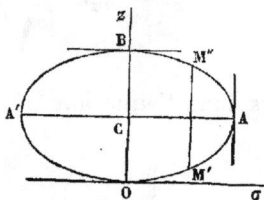

néanmoins on peut discuter aisément; nous distinguerons trois cas :

1° $k < 1$ (*fig.* 58), ou le rayon constant de la première courbure plus petit que le rayon du cylindre.

Dans les formules (3), le radical est toujours réel; partons de $\alpha = 0$ et prenons $\sigma = 0$, $z = 0$, ce qui ne changera rien à la forme de la courbe; la courbe passe donc au point O où elle est tangente à Oσ; α augmentant, σ et z augmentent, car $\frac{d\sigma}{d\alpha}$ et $\frac{dz}{d\alpha}$ sont positifs. Pour $\alpha = \frac{\pi}{2}$, $\frac{d\sigma}{d\alpha} = 0$, la tangente est parallèle à Oz; à partir de là, σ décroît, car $\frac{d\sigma}{d\alpha}$ est négatif; en B la tangente est parallèle à Ox. En faisant varier α de π à 2π, on trouverait la partie BA$'$O symétrique de BAO par rapport à Oy. Soient α' et α'' deux valeurs de α dont la somme égale 180 degrés

$$\alpha' = \frac{\pi}{2} + \beta, \quad \alpha'' = \frac{\pi}{2} - \beta.$$

On voit, par la décomposition des intégrales définies en éléments, que

$$\int_0^{\alpha'} \frac{ka\cos\alpha\,d\alpha}{\sqrt{1 - k^2\cos^4\alpha}} = \int_0^{\alpha''} \frac{ka\cos\alpha\,d\alpha}{\sqrt{1 - k^2\cos^4\alpha}},$$

$$\int_0^{\alpha'} \frac{ka\sin\alpha\,d\alpha}{\sqrt{1 - k^2\cos^4\alpha}} + \int_0^{\alpha''} \frac{ka\sin\alpha\,d\alpha}{\sqrt{1 - k^2\cos^4\alpha}} = 2\int_0^{\frac{\pi}{2}} \frac{ka\sin\alpha\,d\alpha}{\sqrt{1 - k^2\cos^4\alpha}},$$

ce qui montre que la courbe est symétrique par rapport à la droite AA$'$; elle l'est déjà par rapport à BB$'$; donc elle admet pour centre le point C.

2° $k > 1$, ou le rayon constant de la première courbure plus grand que le rayon du cylindre.

Faisons $\cos^2\alpha_0 = \frac{1}{k}$, et nous aurons

$$(4) \quad d\sigma = \frac{a\cos\alpha}{\sqrt{\cos^4\alpha_0 - \cos^4\alpha}}\,dz, \quad dz = \frac{a\sin\alpha\,d\alpha}{\sqrt{\cos^4\alpha_0 - \cos^4\alpha}}.$$

Remarquons d'abord que ces équations sont satisfaites par $\alpha = \alpha_0$, qui donne $d\alpha = 0$; nous trouvons donc déjà comme solution l'hélice; on sait, en effet, que le rayon de sa première courbure est constant.

Nous voyons (*fig.* 59) que, dans les formules (4), le

Fig. 59.

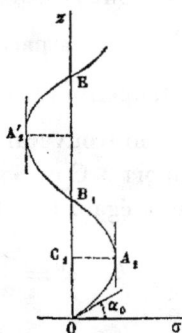

radical ne sera réel que pour les valeurs de α comprises entre α_0 et $\pi - \alpha_0$ et entre $\pi + \alpha_0$ et $2\pi - \alpha_0$.

Partons de $\alpha = \alpha_0$, et prenons en ce point $\sigma = z = 0$; α augmentant, σ et z augmentent; pour $\alpha = \dfrac{\pi}{2}$, la tangente est parallèle à Oz; nous obtenons ainsi la partie OA_1 de la courbe. Les valeurs de α comprises entre $\dfrac{\pi}{2}$ et $\pi - \alpha_0$ nous donneront la partie $A_1 B_1$ symétrique de la précédente par rapport à $A_1 C_1$. Si l'on fait varier α de $\pi + \alpha_0$ à $2\pi - \alpha_0$, on obtiendra un arc de courbe égal à $OA_1 B_1$, mais tournant sa concavité vers les abscisses positives. On peut le placer arbitrairement, puisque, entre les valeurs $\pi - \alpha_0$ et $\pi + \alpha_0$ de α, σ et z ont cessé d'être réels; nous le placerons de manière qu'il fasse suite au premier, et nous aurons ainsi construit la courbe $OA_1 B_1 A'_1 E_1$, qu'on peut d'ailleurs répéter indéfiniment.

3° $k = 1$, ou le rayon de la première courbure égal à celui du cylindre; on a ici

$$(5) \quad d\sigma = \frac{a \cos\alpha}{\sin\alpha \sqrt{1 + \cos^2\alpha}} \, d\alpha, \quad dz = \frac{a}{\sqrt{1 + \cos^2\alpha}} \, d\alpha.$$

On peut effectuer l'intégration pour ce qui concerne $d\sigma$; en effet on peut écrire

$$d\sigma = \frac{a}{\sqrt{2}} \frac{d\sin\alpha}{\sin\alpha \sqrt{1 - \frac{1}{2}\sin^2\alpha}} = -\frac{a}{\sqrt{2}} \frac{d\frac{1}{\sin\alpha}}{\sqrt{\frac{1}{\sin^2\alpha} - \frac{1}{2}}};$$

d'où

$$\sigma = -\frac{a}{\sqrt{2}} \log\left(\frac{1}{\sin\alpha} + \sqrt{\frac{1}{\sin^2\alpha} - \frac{1}{2}} \right)$$

$$= -\frac{a}{\sqrt{2}} \log \frac{1 + \sqrt{1 - \frac{1}{2}\sin^2\alpha}}{\sin\alpha};$$

je n'ai pas ajouté de constantes; cela ne change rien à la forme de la courbe. Pour $\alpha = 0$, $\sigma = -\infty$, et l'on peut prendre $z = 0$; α augmentant, σ et z augmentent jusqu'à ce qu'on ait $\alpha = \frac{\pi}{2}$. Nous obtiendrons la courbe KHL (*fig.* 60)

Fig. 60.

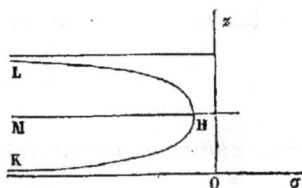

ayant deux asymptotes parallèles dont l'une est l'axe $O\sigma$.

Problème n° 49.

Sur un cylindre de révolution, on trace une courbe dont les plans osculateurs coupent la surface sous un angle constant; on demande ce que devient cette courbe quand on développe la surface cylindrique sur un plan.

Prenons l'axe du cylindre pour axe des z et le plan de sa base pour plan des xy; soient a le rayon de ce cylindre, i l'angle constant, x, y, z les coordonnées d'un point quelconque de la courbe, σ l'arc de la base du cylindre compris entre la projection de ce point et l'axe des x, λ, μ, ν les angles que fait avec les axes l'angle du plan osculateur; nous avons

$$\cos i = \cos\lambda \cos\frac{\sigma}{a} + \cos\mu \sin\frac{\sigma}{a},$$

$$(1) \begin{cases} \dfrac{\cos\lambda}{dy\,d^2z - dz\,d^2y} = \dfrac{\cos\mu}{dz\,d^2x - dx\,d^2z} = \dfrac{\cos\nu}{dx\,d^2y - dy\,d^2x} \\[2em] = \dfrac{\cos i}{\cos\dfrac{\sigma}{a}\left(dy\,d^2z - dz\,d^2y\right) + \sin\dfrac{\sigma}{a}\left(dz\,d^2x - dx\,d^2z\right)} \\[2em] = \dfrac{1}{\sqrt{(dy\,d^2z - dz\,d^2y)^2 + (dz\,d^2x - dx\,d^2z)^2 + (dx\,d^2y - dy\,d^2x)^2}}. \end{cases}$$

La dernière équation donnera la solution quand on y aura remplacé x, y, z par les valeurs suivantes :

$$x = a\cos\frac{\sigma}{a}, \quad y = a\sin\frac{\sigma}{a}.$$

Faisons le calcul en prenant σ pour variable indépendante; nous trouverons

$$\frac{dx}{d\sigma} = -\sin\frac{\sigma}{a}, \quad \frac{d^2x}{d\sigma^2} = -\frac{1}{a}\cos\frac{\sigma}{a},$$

$$\frac{dy}{d\sigma} = +\cos\frac{\sigma}{a}, \quad \frac{d^2y}{d\sigma^2} = -\frac{1}{a}\sin\frac{\sigma}{a};$$

d'où

$$\frac{dy}{d\sigma}\frac{d^2z}{d\sigma^2} - \frac{dz}{d\sigma}\frac{d^2y}{d\sigma^2} = \cos\frac{\sigma}{a}\frac{d^2z}{d\sigma^2} + \frac{1}{a}\sin\frac{\sigma}{a}\frac{d^2z}{d\sigma^2},$$

$$\frac{dz}{d\sigma}\frac{d^2x}{d\sigma^2} - \frac{dx}{d\sigma}\frac{d^2z}{d\sigma^2} = \sin\frac{\sigma}{a}\frac{d^2z}{d\sigma^2} - \frac{1}{a}\cos\frac{\sigma}{a}\frac{dz}{d\sigma},$$

$$\frac{dx}{d\sigma}\frac{d^2y}{d\sigma^2} - \frac{dy}{d\sigma}\frac{d^2x}{d\sigma^2} = \frac{1}{a}.$$

L'équation (1) deviendra

$$\frac{\cos i}{\dfrac{d^2z}{d\sigma^2}} = \frac{1}{\sqrt{\left(\dfrac{d^2z}{d\sigma^2}\right)^2 + \dfrac{1}{a^2}\dfrac{dz^2}{d\sigma^2} + \dfrac{1}{a^2}}}.$$

On en tire

$$a\tang i\,\frac{d^2z}{d\sigma^2} = \sqrt{1 + \frac{dz^2}{d\sigma^2}},$$

ou, en introduisant le rayon de courbure ρ et l'angle α que fait la tangente avec l'axe des abscisses,

$$\rho = \frac{a\tang i}{\cos^2\alpha}.$$

Or, dans le problème 1 de la troisième Partie, on a vu que cette équation est celle d'une chaînette. Donc le développement de la courbe considérée est une chaînette dont l'axe est parallèle aux génératrices du cylindre.

Problème n° 50.

Trouver les trajectoires sous un angle constant α des méridiennes d'une surface de révolution.

Prenons pour axe des z l'axe de révolution et l'équateur pour plan des xy; soient r la distance à l'axe d'un point quelconque de la surface, θ l'angle que fait le méridien de ce point avec le plan des xz, on aura

$$(1) \qquad x = r\cos\theta, \quad y = r\sin\theta, \quad z = \varphi(r),$$

en supposant que l'équation de la courbe méridienne, dans le plan des zx, soit $z = \varphi(x)$.

Pour avoir les cosinus des angles que fait avec les axes de coordonnées la tangente à la méridienne passant par le point considéré, il suffit de différentier les formules (1) sans faire varier θ. Soient ces cosinus λ, μ, ν; nous trouverons

$$\frac{\lambda}{\cos\theta\,dr} = \frac{\mu}{\sin\theta\,dr} = \frac{\nu}{\varphi'(r)\,dr} = \frac{1}{dr\sqrt{1 + \varphi'^2(r)}},$$

d'où

$$\lambda = \frac{\cos\theta}{\sqrt{1 + \varphi'^2(r)}}, \quad \mu = \frac{\sin\theta}{\sqrt{1 + \varphi'^2(r)}}, \quad \nu = \frac{\varphi'(r)}{\sqrt{1 + \varphi'^2(r)}}.$$

Les cosinus λ', μ', ν' des angles correspondants pour la trajectoire sont

$$\lambda' = \frac{dx}{ds}, \quad \mu' = \frac{dy}{ds}, \quad \nu' = \frac{dz}{ds}.$$

Nous aurons donc

$$(2) \qquad \frac{\cos\theta\,dx + \sin\theta\,dy + \varphi'(r)\,dz}{\sqrt{1 + \varphi'^2(r)}\,ds} = \cos\alpha.$$

Or, en différentiant les équations (1) et faisant varier r et θ, on a

$$dx = \cos\theta\,dr - r\sin\theta\,d\theta,$$
$$dy = \sin\theta\,dr + r\cos\theta\,d\theta,$$
$$dz = \varphi'(r)\,dr,$$
$$ds = \sqrt{[1 + \varphi'^2(r)]\,dr^2 + r^2\,d\theta^2}.$$

Portant ces valeurs dans l'équation (2), elle devient

$$\sqrt{1 + \varphi'^2(r)}\, dr = \cos\alpha \sqrt{[1 + \varphi'^2(r)]dr^2 + r^2 d\theta^2},$$

d'où

(3). $$d\theta = \tang\alpha\, \frac{dr}{r}\sqrt{1 + \varphi'^2(r)}.$$

Dans chaque cas particulier, la fonction φ sera donnée; l'équation (3) fera connaître θ en fonction de r, c'est-à-dire l'équation en coordonnées polaires de la projection de la trajectoire sur l'équateur.

APPLICATIONS.

$1°$ *Trouver les trajectoires sous l'angle constant α des méridiennes d'un tore circulaire. Peut-on déterminer l'angle α de façon que les projections des trajectoires sur l'équateur soient des ellipses?*

Soient R le rayon du cercle générateur, l la distance de son centre à l'axe; la fonction φ est ici

$$\varphi(r) = \sqrt{R^2 - (r - l)^2};$$

l'équation (3) de l'exercice précédent devient

$$d\theta = R\,\tang\alpha\, \frac{dr}{r\sqrt{R^2 - (r - l)^2}},$$

ce que l'on peut écrire

$$d\theta = -R\,\tang\alpha\, \frac{d\dfrac{1}{r}}{\sqrt{R^2\left(\dfrac{1}{r}\right)^2 - \left(1 - \dfrac{l}{r}\right)^2}}.$$

Supposons $l > R$, c'est-à-dire que la surface ne rencontre

pas l'axe; nous aurons

$$\frac{\sqrt{l^2 - R^2}}{R} \cot\alpha \, d\theta = - \frac{\dfrac{l^2 - R^2}{R} d\dfrac{1}{r}}{\sqrt{1 - \left(\dfrac{l^2 - R^2}{R}\dfrac{1}{r} - \dfrac{l}{R}\right)^2}},$$

et, en intégrant,

$$\frac{\sqrt{l^2 - R^2}}{R} \cot\alpha\,(\theta - \theta_0) = \arccos\left(\frac{l^2 - R^2}{R\,r} - \frac{l}{R}\right),$$

$$r = \frac{l^2 - R^2}{l + R \cos\left[\dfrac{\sqrt{l^2 - R^2}}{R} \cot\alpha\,(\theta - \theta_0)\right]},$$

expression de la forme

$$r = \frac{p}{1 + e \cos m(\theta - \theta_0)}.$$

Ces courbes seront des ellipses ayant l'origine pour foyer quand on aura

$$m = 1 \quad \text{ou bien} \quad \frac{\sqrt{l^2 - R^2}}{R} \cot\alpha = 1,$$

d'où

$$\tan\alpha = \frac{\sqrt{l^2 - R^2}}{R},$$

ce qui montre que l'angle α cherché est le complément de la moitié de l'angle sous lequel le cercle générateur est vu du centre de la surface.

Dans le cas où $l < R$ on trouve, en faisant $n = \dfrac{\sqrt{R^2 - l^2}}{R} \cot\alpha$,

$$r = \frac{2\sqrt{R^2 - l^2}}{e^{n(\theta - \theta_0)} - \dfrac{R^2}{R^2 - l^2} e^{-n(\theta - \theta_0)} - \dfrac{2l}{\sqrt{R^2 - l^2}}}.$$

Enfin, pour $l = R$, on a

$$r = \frac{2R}{1 + \cot^2\alpha\,(\theta - \theta_0)^2}.$$

$2°$ *Quelle doit être la méridienne de la surface de ré-volution pour que les trajectoires sous l'angle constant α des méridiennes se projettent sur l'équateur, suivant des paraboles de même paramètre ayant l'origine pour foyer?*

Reprenons l'équation

(a)
$$d\theta = \tang\alpha \frac{dr}{r}\sqrt{1+\varphi'^2(r)};$$

nous devons avoir

$$r = \frac{q}{\cos^2\dfrac{\theta-\theta_0}{2}},$$

d'où

$$\theta = 2\arc\cos q^{\frac{1}{2}} r^{-\frac{1}{2}} + \theta_0,$$

$$d\theta = q^{\frac{1}{2}}\frac{dr}{r\sqrt{r-q}}.$$

Portant cette valeur dans l'équation (a), nous aurons

$$\tang\alpha\sqrt{1+\varphi'^2(r)} = \frac{\sqrt{q}}{\sqrt{r-q}},$$

$$\varphi'(r) = \sqrt{\frac{\dfrac{q}{\sin^2\alpha}-r}{r-q}};$$

donc la méridienne sera définie par l'équation

(b)
$$\frac{dz}{dx} = \sqrt{\frac{\dfrac{q}{\sin^2\alpha}-x}{x-q}}.$$

Il est aisé, en partant de là, de montrer que la méridienne est une cycloïde. Prenons (*fig.* 61), en effet,

$$OA = q, \quad OB = \frac{q}{\sin^2\alpha}, \quad \text{d'où} \quad AB = q \cot^2\alpha,$$

$$BC = BC' = \frac{\pi}{2} q \cot^2\alpha.$$

Je dis que la méridienne est la cycloïde engendrée par le

Fig. 61.

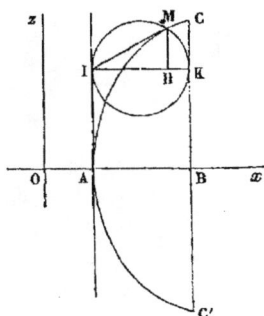

cercle de diamètre AB, roulant sans glisser sur la droite CC'. Pour cette courbe, on a, en effet,

$$\frac{dz}{dx} = \tang MIH = \frac{MH}{IH} = \frac{\sqrt{IH.HK}}{IH} = \sqrt{\frac{HK}{IH}}$$

ou

$$\frac{dz}{dx} = \sqrt{\frac{\dfrac{q}{\sin^2\alpha} - x}{x - q}}.$$

Pour chaque valeur de α, on trouverait une cycloïde différente pour méridienne de la surface.

Problème n° 51.

Trouver les lignes de courbure et les rayons de cour-
bure principaux de l'hélicoïde gauche à plan directeur.

Cette surface est engendrée par une droite qui rencontre,
à angle droit, l'axe d'un cylindre de révolution et s'appuie
constamment sur une hélice tracée sur le cylindre. Elle a
pour équation

$$z = a \operatorname{arc\,tang} \frac{y}{x}$$

ou, en introduisant les variables auxiliaires ρ et ω, coordonnées polaires sur le plan des xy,

$$x = \rho \cos\omega, \quad y = \rho \sin\omega, \quad z = a\omega.$$

L'équation différentielle des lignes de courbure est

$$(1) \qquad \frac{dx + p\,dz}{dp} = \frac{dy + q\,dz}{dq}.$$

On trouve aisément

$$p = -\frac{a \sin\omega}{\rho}, \quad q = +\frac{a \cos\omega}{\rho},$$

et l'équation précédente devient

$$\frac{-\rho d.\rho \cos\omega + a^2 \sin\omega\, d\omega}{\rho d \dfrac{\sin\omega}{\rho}} = \frac{\rho d.\rho \sin\omega + a^2 \cos\omega\, d\omega}{\rho d \dfrac{\cos\omega}{\rho}}.$$

En simplifiant, on trouve

$$d\rho^2 = (\rho^2 + a^2)\,d\omega^2,$$

d'où

$$(2) \qquad \frac{d\rho}{\sqrt{\rho^2 + a^2}} = \pm\, d\omega$$

Les variables sont séparées. En intégrant et désignant la constante par ω_0, on a

$$\log \frac{\rho + \sqrt{\rho^2 + a^2}}{a} = \pm (\omega - \omega_0),$$

$$\rho + \sqrt{\rho^2 + a^2} = a e^{\pm (\omega - \omega_0)}.$$

On en déduit

$$-\rho + \sqrt{\rho^2 + a^2} = a e^{\mp (\omega - \omega_0)} \quad \text{et} \quad \rho = \frac{a}{2} [e^{\pm (\omega - \omega_0)} - e^{\mp (\omega - \omega_0)}].$$

Si l'on prend les signes supérieurs, on a les projections des lignes de courbure du premier système ; les signes inférieurs donnent celles du second système. Toutes ces projections passent par le pôle, et l'on peut les obtenir en faisant tourner autour de ce point la spirale unique ayant pour équation

$$\rho = \frac{a}{2} (e^{\omega} - e^{-\omega}).$$

La valeur de chacun des membres de l'équation (1) est

$$\frac{R_1}{\sqrt{1 + p^2 + q^2}} \quad \text{ou} \quad \frac{R_2}{\sqrt{1 + p^2 + q^2}}$$

(R_1 et R_2 désignant les deux rayons de courbure principaux), suivant que, dans l'équation (2), on prend le signe + ou le signe —. On trouve ainsi

$$R_1 = \frac{\rho^2 + a^2}{a}, \quad R_2 = -\frac{\rho^2 + a^2}{a}.$$

Les deux rayons de courbure sont égaux et de signes contraires ; l'indicatrice est donc une hyperbole équilatère. On en conclut que, en chaque point, la génératrice fait un angle de 45 degrés avec chacune des lignes de courbure.

Problème n° 52.

Discuter la surface qui a pour équation

$$e^{-z} = \cos x \cos y,$$

et trouver ses lignes de courbure.

Prenons (*fig.* 62)

$$O\alpha_1 = O\beta_1 = \frac{\pi}{2},$$

$$O\alpha_2 = O\beta_2 = \frac{3\pi}{2},$$

$$O\alpha_3 = O\beta_3 = \frac{5\pi}{2},$$

et, par les points de division, menons des parallèles aux

Fig. 62.

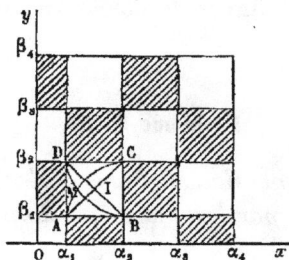

axes; la surface, située tout entière au-dessus du plan des xy, se composera d'une infinité de parties identiques, se projetant sur les carrés blancs de la figure.

On a

$$- z = \log \cos x \cos y,$$
$$p = \tang x, \quad q = \tang y.$$

L'équation différentielle des projections des lignes de courbure sur le plan des xy est, comme on le trouve aisément,

$$dy^2 \cos^2 x - dx^2 \cos^2 y = 0, \quad \text{d'où} \quad \frac{dx}{\cos x} = \pm \frac{dy}{\cos y}.$$

Les variables sont séparées; en intégrant et désignant par α et β deux constantes, on aura, pour les équations des projections des lignes de courbure du premier système, les équations

$$\tan\left(\frac{\pi}{4} + \frac{y}{2}\right) = \alpha \tan\left(\frac{\pi}{4} + \frac{x}{2}\right)$$

et

$$\tan\left(\frac{\pi}{4} + \frac{y}{2}\right) = \beta \tan\left(\frac{\pi}{4} - \frac{x}{2}\right)$$

pour celles du second système.

Les projections de toutes les lignes du premier système passent par les points A et C, celles des lignes du second système par les points B et D; les diagonales AC et BD sont les projections des lignes de courbure qui passent par le centre I du carré.

Problème n° 53.

Trouver les lignes de courbure de la surface développable représentée par les deux équations

$$(1) \quad \begin{cases} z = \alpha x + y\varphi(\alpha) + \psi(\alpha), \\ 0 = x + y\varphi'(\alpha) + \psi'(\alpha), \end{cases}$$

dans lesquelles α est un paramètre variable, et

$$\psi(\alpha) = R\sqrt{1 + \alpha^2 + \varphi^2(\alpha)},$$

R *désignant une constante et φ une fonction donnée quelconque.*

Différentiant la première des équations (1) et tenant

compte de la seconde, on a

$$(2) \qquad dz = \alpha\, dx + \varphi(\alpha)\, dy,$$

d'où

$$p = \alpha \quad \text{et} \quad q = \varphi(\alpha).$$

L'équation des lignes de courbure $\dfrac{dx + p\, dz}{dp} = \dfrac{dy + q\, dz}{dq}$ devient

$$(dx + \alpha\, dz)\varphi'(\alpha)\, d\alpha = [dy + \varphi(\alpha)\, dz]\, d\alpha.$$

On aperçoit la solution $d\alpha = 0$ ou $\alpha = \text{const.}$, qui donne les génératrices rectilignes de la surface comme lignes de courbure du premier système. On a ensuite l'équation

$$\varphi'(\alpha)\, dx - dy + [\alpha\varphi'(\alpha) - \varphi(\alpha)]\, dz = 0,$$

qui, combinée avec l'équation (2), donne

$$(3) \quad \left\{ \begin{aligned} \frac{dx}{1+\varphi^2(\alpha)-\alpha\varphi(\alpha)\varphi'(\alpha)} &= \frac{dy}{\varphi'(\alpha)+\alpha^2\varphi'(\alpha)-\alpha\varphi(\alpha)} = \frac{dz}{\alpha+\varphi(\alpha)\varphi'(\alpha)} \\ &= \frac{x\,dx + y\,dy + z\,dz}{V}, \end{aligned} \right.$$

ou

$$V = x[1 + \varphi^2(\alpha) - \alpha\varphi(\alpha)\varphi'(\alpha)] + y[\varphi'(\alpha)(1+\alpha^2) - \alpha\varphi(\alpha)] \\ + z[\alpha + \varphi(\alpha)\varphi'(\alpha)],$$

ce qui, en tenant compte des équations (1), devient

$$V = \psi(\alpha)[\alpha + \varphi(\alpha)\varphi'(\alpha)] - \psi'(\alpha)[1 + \alpha^2 + \varphi^2(\alpha)].$$

Si l'on remplace $\psi(\alpha)$ par sa valeur, on trouve

$$V = 0,$$

et, en se reportant aux équations (3), on voit qu'il en résulte

$$x\,dx + y\,dy + z\,dz = 0 \quad \text{ou bien} \quad x^2 + y^2 + z^2 = \text{const.};$$

donc les lignes de courbure du second système sont situées sur des sphères ayant l'origine pour centre commun.

Réciproquement, si l'on demande que les lignes de courbure du second système de la surface développable, représentées par les équations (1), soient situées sur des sphères ayant l'origine pour centre, il faudra qu'on ait

$$\mathrm{V} = 0 \quad \text{ou bien} \quad \psi(\alpha)[\alpha + \varphi(\alpha)\,\varphi'(\alpha)] - \psi'(\alpha)[1 + \alpha^2 + \varphi^2(\alpha)] = 0,$$

ce qui donne

$$\frac{\psi'(\alpha)}{\psi(\alpha)} = \frac{1}{2}\,\frac{\dfrac{d\left[1 + \alpha^2 + \varphi^2(\alpha)\right]}{d\alpha}}{1 + \alpha^2 + \varphi^2(\alpha)},$$

et, en intégrant et désignant la constante par R,

$$\psi(\alpha) = \mathrm{R}\,\sqrt{1 + \alpha^2 + \varphi^2(\alpha)}.$$

Il convient de remarquer le cas où la constante R est nulle; on a alors

$$\psi(\alpha) = 0, \quad \psi'(\alpha) = 0,$$

et les surfaces en question sont des surfaces coniques quelconques ayant l'origine pour sommet.

Problème n° 54.

Trouver les lignes géodésiques de l'hélicoïde gauche à plan directeur.

Ces lignes jouissent de cette propriété que, en chacun de leurs points, leur plan osculateur est normal à la surface. On devra donc avoir, p et q ayant la signification ordinaire,

$$(1) \quad dx\,d^2y - dy\,d^2x = p\,(dy\,d^2z - dz\,d^2y) + q\,(dz\,d^2x - dx\,d^2z).$$

Or, pour notre surface, on a

$$x = \rho \cos\omega, \quad y = \rho \sin\omega, \quad z = a\omega,$$

$$p = -\frac{a\sin\omega}{\rho}, \quad q = +\frac{a\cos\omega}{\rho};$$

et, si l'on substitue ces valeurs dans l'équation (1), en prenant ω pour variable indépendante, on aura une équation différentielle du second ordre, laquelle, toutes réductions faites, se trouve être

$$\frac{d^2\rho}{d\omega^2}\left(\rho + \frac{a^2}{\rho}\right) - 2\frac{d\rho^2}{d\omega^2} - (\rho^2 + a^2) = 0.$$

Cette équation est du second ordre; elle ne contient pas ω; on l'abaissera au premier ordre en posant

$$(2) \qquad \frac{d\rho}{d\omega} = \sqrt{u},$$

d'où

$$\frac{d^2\rho}{d\omega^2} = \frac{1}{2}\frac{du}{d\rho},$$

et par suite

$$\frac{1}{2}\frac{\rho^2 + a^2}{\rho}\frac{du}{d\rho} - 2u - (\rho^2 + a^2) = 0$$

ou bien

$$\frac{du}{d\rho} - \frac{4\rho}{\rho^2 + a^2}u = 2\rho.$$

Cette équation du premier ordre est linéaire; en l'intégrant et désignant par b^2 une constante arbitraire, on aura

$$u = (\rho^2 + a^2)^2\left(\frac{1}{b^2} - \frac{1}{\rho^2 + a^2}\right) = \frac{\rho^2 + a^2}{b^2}(\rho^2 + a^2 - b^2),$$

et, en revenant à l'équation (2),

$$(3) \quad \begin{cases} d\omega = \dfrac{b\,d\rho}{\sqrt{(\rho^2 + a^2)(\rho^2 + a^2 - b^2)}}, \\[2em] \omega = \displaystyle\int \dfrac{b\,d\rho}{\sqrt{(\rho^2 + a^2)(\rho^2 + a^2 - b^2)}}. \end{cases}$$

Telle est, en coordonnées polaires, l'équation des projections des lignes géodésiques. Le problème est donc réduit aux quadratures. On voit qu'on est conduit à une intégrale elliptique.

DISCUSSION. — *Premier cas : $b < a$.* — Le radical de la formule (3) étant toujours réel, ρ peut prendre toutes les valeurs possibles. Pour $\rho = 0$, nous prendrons $\omega = 0$; la courbe passe par l'origine, où elle est tangente à Ox; ρ augmentant, ω augmente. Pour $\rho = \infty$, ω est fini; car l'intégrale $\displaystyle\int_0^\infty \dfrac{d\rho}{\sqrt{(\rho^2 + a^2)(\rho^2 + a^2 - b^2)}}$ est finie. Il y a lieu de chercher si la courbe a une asymptote; il faut voir si $\rho^2 \dfrac{d\omega}{d\rho}$ a une limite finie quand ρ tend vers l'infini; or $\rho^2 \dfrac{d\omega}{d\rho} = \dfrac{b}{\sqrt{\left(1 + \dfrac{a^2}{\rho^2}\right)\left(1 + \dfrac{a^2 - b^2}{\rho^2}\right)}}$; la limite cherchée est donc égale à b. Il y a, par conséquent, une asymptote distante de l'origine de la quantité b.

Deuxième cas : $b > a$. — ρ peut varier de $\sqrt{b^2 - a^2}$ à $+\infty$; il y a encore une asymptote.

Troisième cas : $b = a$. — On a

$$d\omega = \frac{a\,d\rho}{\rho\sqrt{\rho^2 + a^2}},$$

$$\omega - \omega_0 = -a \int \frac{d\dfrac{1}{\rho}}{\sqrt{\dfrac{a^2}{\rho^2} + 1}}.$$

L'intégration peut s'effectuer, et il vient

$$\omega_0 - \omega = \log \frac{a + \sqrt{\rho^2 + a^2}}{\rho};$$

d'où

$$e^{\omega_0 - \omega} = \frac{a}{\rho} + \frac{\sqrt{\rho^2 + a^2}}{\rho},$$

$$e^{\omega - \omega_0} = -\frac{a}{\rho} + \frac{\sqrt{\rho^2 + a^2}}{\rho},$$

$$\rho = \frac{2a}{e^{\omega_0 - \omega} - e^{\omega - \omega_0}}.$$

La courbe admet l'origine comme point asymptotique et la droite $\rho = \dfrac{a}{\sin(\omega - \omega_0)}$ pour asymptote.

Problème n° 55.

Trouver parmi tous les conoïdes droits ceux dont les rayons de courbure principaux sont en chaque point égaux et de signes contraires.

L'équation de ces surfaces est

$$z = \varphi\left(\frac{y}{x}\right) = \varphi(u), \quad u = \frac{y}{x}.$$

On doit avoir

(1) $$(1 + p^2)r + (1 + q^2)t - 2pqs = 0.$$

Or on trouve

$$p = -\frac{1}{x}u\varphi'(u),$$

$$q = \frac{1}{x}\varphi'(u),$$

$$r = \frac{1}{x^2}[2u\varphi'(u) + u^2\varphi''(u)],$$

$$s = -\frac{1}{x^2}[\varphi'(u) + u\varphi''(u)],$$

$$t = \frac{1}{x^2}\varphi''(u).$$

L'équation (1) devient, après réductions,

$$x^2[\varphi''(u)(1+u^2)+2u\varphi'(u)]=0$$

ou

$$\frac{\varphi''(u)}{\varphi'(u)}+\frac{2u}{1+u^2}=0.$$

En intégrant, et désignant la constante par a, on a

$$\varphi'(u)=\frac{a}{1+u^2}.$$

Intégrant de nouveau,

$$\varphi(u)=a\operatorname{arc tang}u+b;$$

donc l'équation des surfaces est

$$z-b=a\operatorname{arc tang}\frac{y}{x}.$$

On ne trouve donc que les hélicoïdes gauches à plan directeur.

Problème n° 56.

Trouver, parmi toutes les surfaces gauches engendrées par une droite qui reste constamment parallèle à un plan fixe, celles qui, en chacun de leurs points, ont leurs rayons de courbure principaux égaux et de signes contraires.

Prenons le plan fixe pour plan des xy, et l'équation générale de nos surfaces sera

$$(1) \qquad\qquad y=x\varphi(z)+\psi(z),$$

les deux fonctions φ et ψ étant arbitraires.

On doit avoir l'équation

$$(2) \qquad\qquad (1+q^2)r-2pqs+(1+p^2)t=0.$$

En différentiant l'équation (1) successivement par rapport

à x et y, on trouve

$$0 = \varphi(z) + p[x\varphi'(z) + \psi'(z)],$$
$$1 = \qquad q[x\varphi'(z) + \psi'(z)],$$
$$0 = 2p\varphi'(z) + p^2[x\varphi''(z) + \psi''(z)] + r[x\varphi'(z) + \psi'(z)],$$
$$0 = \quad q\varphi'(z) + pq[x\varphi''(z) + \psi''(z)] + s[x\varphi'(z) + \psi'(z)].$$
$$0 = \qquad q^2[x\varphi''(z) + \psi''(z)] + t[x\varphi'(z) + \psi'(z)].$$

L'équation (2) deviendra

$$2p\varphi'(z) + (p^2 + q^2)[x\varphi''(z) + \psi''(z)] = 0$$

ou bien

$$\psi''(z)[1 + \varphi^2(z)] - 2\varphi(z)\varphi'(z)\psi'(z)$$
$$+ x\{\varphi''(z)[1 + \varphi^2(z)] - 2\varphi(z)\varphi'^2(z)\} = 0.$$

Cette équation, devant avoir lieu quelles que soient les variables indépendantes x et z, se décompose dans les deux suivantes :

$$\frac{\psi''(z)}{\psi'(z)} = \frac{2\varphi(z)\varphi'(z)}{1 + \varphi^2(z)},$$
$$\frac{\varphi''(z)}{\varphi'(z)} = \frac{2\varphi(z)\varphi'(z)}{1 + \varphi^2(z)};$$

la dernière donne, en intégrant,

$$\varphi'(z) = C[1 + \varphi^2(z)];$$

en intégrant une seconde fois, on a

$$\operatorname{arc\,tang} \varphi(z) = Cz + C'.$$

On a de même, en désignant par C'' une nouvelle constante,

$$\psi'(z) = C''C[1 + \varphi^2(z)] = C''\varphi'(z),$$
$$\psi(z) = C''\varphi(z) - C^*,$$

et l'équation de la surface devient

$$y = C''' + (x + C'') \varphi(z)$$

ou bien

$$\text{arc tang} \frac{y - C'''}{x + C''} = Cz + C';$$

en transportant les axes parallèlement à eux-mêmes, on peut écrire

$$z = a \text{ arc tang} \frac{y}{x},$$

et l'on trouve ainsi les hélicoïdes gauches à plan directeur.

Problème n° 57.

Trouver les lignes asymptotiques d'une surface.

On appelle ainsi des lignes qui, en chacun de leurs points, sont tangentes à l'une des asymptotes de l'indicatrice de ce point. Soient α, β, γ les angles formés avec les axes de coordonnées par l'asymptote; on aura

$$0 = r\cos^2\alpha + 2s\cos\alpha\cos\beta + t\cos^2\beta.$$

La ligne asymptotique devant être tangente à l'asymptote, $\cos\alpha$ et $\cos\beta$ seront égaux respectivement aux valeurs de $\frac{dx}{ds}$ et $\frac{dy}{ds}$, relatives à la ligne asymptotique; l'équation précédente deviendra donc

$$(1) \qquad 0 = r\,dx^2 + 2s\,dx\,dy + t\,dy^2.$$

Cette équation, dans laquelle r, s et t doivent être considérés comme étant des fonctions connues de x et y, est l'équation différentielle des projections des lignes asymptotiques sur le plan des xy; elle est, comme on voit, du premier ordre et du second degré en $\frac{dy}{dx}$.

Problème n° 58.

Trouver les lignes asymptotiques de l'hyperboloïde à une nappe.

Nous connaissons d'avance le résultat; en effet, en chaque point de la surface, les asymptotes de l'indicatrice sont les deux génératrices rectilignes qui passent en ce point; donc le système des lignes asymptotiques est identique au système des génératrices rectilignes. Voyons comment l'équation (1) du problème précédent va nous fournir ce résultat.

Soit l'équation de la surface

$$\frac{x^2}{a^2} + \frac{y^2}{b^2} - \frac{z^2}{c^2} = 1,$$

on en tire

$$\frac{c^2 x}{a^2} = p z,$$

$$\frac{c^2 y}{b^2} = q z,$$

$$\frac{c^2}{a^2} = p^2 + z r,$$

$$0 = p q + z s,$$

$$\frac{c^2}{b^2} = q^2 + z t.$$

L'équation (1) donnera donc

$$c^2 \left(\frac{dx^2}{a^2} + \frac{dy^2}{b^2} \right) = (p \, dx + q \, dy)^2 = \frac{c^4}{z^2} \left(\frac{x \, dx}{a^2} + \frac{y \, dy}{b^2} \right)^2.$$

Remplaçant z par sa valeur tirée de l'équation de la surface, il vient

$$\left(a^2 y \frac{dy}{dx} + b^2 x \right)^2 = \left(b^2 + a^2 \frac{dy^2}{dx^2} \right) (a^2 y^2 + b^2 x^2 - a^2 b^2)$$

22.

ou, en développant et réduisant,

$$y^2 - 2xy\frac{dy}{dx} + x^2\frac{dy^2}{dx^2} = b^2 + a^2\frac{dy^2}{dx^2}$$

ou bien

$$y = x\frac{dy}{dx} + \sqrt{b^2 + a^2\frac{dy^2}{dx^2}}:$$

c'est l'équation de Clairaut. L'intégrale générale est, en désignant par m une constante arbitraire,

$$y = mx + \sqrt{b^2 + a^2m^2},$$

équation qui représente, comme on sait, les projections des génératrices rectilignes sur le plan des xy.

Problème n° 59.

Trouver les lignes asymptotiques des conoïdes.

Quand on cherche les lignes asymptotiques d'une surface réglée, l'équation (1) de l'avant-dernier problème est assez facile à traiter, car, la génératrice étant une de ces lignes, on connaît une solution de cette équation : c'est ici le cas. Soit $z = f\left(\frac{y}{x}\right)$ l'équation de la surface.

Nous en tirerons

$$p = -\frac{y}{x^2}f'\left(\frac{y}{x}\right),$$

$$q = \frac{1}{x}f'\left(\frac{y}{x}\right),$$

$$r = \frac{2y}{x^3}f'\left(\frac{y}{x}\right) + \frac{y^2}{x^4}f''\left(\frac{y}{x}\right),$$

$$s = -\frac{1}{x^2}f'\left(\frac{y}{x}\right) - \frac{y}{x^3}f''\left(\frac{y}{x}\right),$$

$$t = \frac{1}{x^2}f''\left(\frac{y}{x}\right).$$

L'équation (1) deviendra donc

$$2f'\left(\frac{y}{x}\right)\left(\frac{y}{x^3}dx^2 - \frac{dx\,dy}{x^2}\right)$$
$$+ \frac{1}{x^4}f''\left(\frac{y}{x}\right)(y^2\,dx^2 - 2xy\,dx\,dy + x^2\,dy^2) = 0$$

ou bien

$$2x\,dx\,f'\left(\frac{y}{x}\right)(y\,dx - x\,dy) + f''\left(\frac{y}{x}\right)(y\,dx - x\,dy)^2 = 0.$$

On aperçoit la solution

$$y\,dx - x\,dy = 0$$

ou

$$\frac{y}{x} = \text{const.},$$

qui donne la génératrice. Supprimant cette solution, nous aurons

$$2xf'\left(\frac{y}{x}\right)dx + f''\left(\frac{y}{x}\right)(y\,dx - x\,dy) = 0$$

ou bien

$$2\frac{dx}{x} = \frac{f''\left(\frac{y}{x}\right)}{f'\left(\frac{y}{x}\right)}\,d\frac{y}{x}.$$

Les variables sont séparées; soit C la constante arbitraire, l'intégrale de l'équation précédente sera

$$(2) \qquad x^2 = Cf'\left(\frac{y}{x}\right).$$

C'est là l'équation du second système de lignes asymptotiques.

Considérons en particulier l'hélicoïde gauche à plan directeur, dont l'équation est

(3) $$z = a \text{ arc tang} \frac{y}{x}.$$

On a dans ce cas

$$f\left(\frac{y}{x}\right) = a \text{ arc tang} \frac{y}{x},$$

et l'équation (2) donnera

$$x^2 = \frac{a\,C}{1 + \dfrac{y^2}{x^2}}$$

ou bien

$$x^2 + y^2 = C'.$$

Ces lignes asymptotiques se projettent donc sur le plan des xy suivant des circonférences ayant toutes l'origine pour centre.

Il est à remarquer que ces lignes sont, dans le cas présent, les mêmes que les trajectoires orthogonales des génératrices; en effet nous avons montré, dans le problème 51 de la troisième Partie, que les rayons de courbure principaux de la surface (3) sont égaux et de signes contraires; en tous les points de cette surface, l'indicatrice est donc une hyperbole équilatère, c'est-à-dire que, l'une des asymptotes étant la génératrice, l'autre est toujours perpendiculaire sur cette génératrice.

Problème n° 60.

Trouver sur un hyperboloïde à une nappe les lignes qui, en chacun de leurs points, sont tangentes aux bissectrices des angles formés par les génératrices rectilignes qui passent en ce point.

Soit l'équation de la surface

(1)
$$\frac{x^2}{a^2} + \frac{y^2}{b^2} - \frac{z^2}{c^2} = 1.$$

Les équations des deux systèmes de génératrices rectilignes sont

$$\frac{x}{a} + \frac{z}{c} = \lambda\left(1 + \frac{y}{b}\right),$$

$$\frac{x}{a} - \frac{z}{c} = \frac{1}{\lambda}\left(1 - \frac{y}{b}\right)$$

et

$$\frac{x}{a} + \frac{z}{c} = \mu\left(1 - \frac{y}{b}\right),$$

$$\frac{x}{a} - \frac{z}{c} = \frac{1}{\mu}\left(1 + \frac{y}{b}\right).$$

Si dans ces équations x, y, z désignent les coordonnées d'un point quelconque de la surface, on en tirera les paramètres correspondants λ et μ; mais on peut aussi se servir de ces équations pour exprimer les coordonnées x, y, z d'un point quelconque de la surface, en fonction des paramètres correspondants λ et μ; on obtient ainsi

(2)
$$\begin{cases} x = a\,\dfrac{\lambda\mu + 1}{\lambda + \mu}, \\[2mm] y = b\,\dfrac{\mu - \lambda}{\lambda + \mu}, \\[2mm] z = c\,\dfrac{\lambda\mu - 1}{\lambda + \mu}. \end{cases}$$

Si, entre ces trois équations, on éliminait λ et μ, on retrouverait l'équation (1) de la surface; on obtiendra tous les points de cette surface, en donnant à λ et μ toutes les valeurs possibles; λ et μ peuvent être regardés comme étant les coordonnées d'un point quelconque de la surface; une ligne tracée sur la surface aura pour équation une certaine relation entre λ et μ; par exemple les équations (2) représenteront une génératrice rectiligne du premier système quand on y fera $\lambda = $ const.; $\mu = $ const. donnerait au contraire une génératrice du second système. Soit ds la distance de deux points de la surface infiniment voisins, répondant aux valeurs λ, μ et $\lambda + d\lambda, \mu + d\mu$ des coordonnées ; on aura

$$ds^2 = \left[\left(\frac{dx}{d\lambda}\right)^2 + \left(\frac{dy}{d\lambda}\right)^2 + \left(\frac{dz}{d\lambda}\right)^2 \right] d\lambda^2$$
$$+ 2 \left(\frac{dx}{d\lambda} \frac{dx}{d\mu} + \frac{dy}{d\lambda} \frac{dy}{d\mu} + \frac{dz}{d\lambda} \frac{dz}{d\mu} \right) d\lambda \, d\mu$$
$$+ \left[\left(\frac{dx}{d\mu}\right)^2 + \left(\frac{dy}{d\mu}\right)^2 + \left(\frac{dz}{d\mu}\right)^2 \right] d\mu^2.$$

Remplaçant les dérivées partielles $\frac{dx}{d\lambda}, \cdots$ par leurs valeurs déduites des équations (2), on trouve, en faisant

$$(3) \begin{cases} A = \dfrac{1}{(\lambda + \mu)^4} \left[a^2(\mu^2 - 1)^2 + 4\,b^2\mu^2 + c^2(\mu^2 + 1)^2 \right], \\[2mm] B = \dfrac{1}{(\lambda + \mu)^4} \left[a^2(\lambda^2 - 1)(\mu^2 - 1) + 4\,b^2\lambda\mu + c^2(\lambda^2+1)(\mu^2+1) \right], \\[2mm] C = \dfrac{1}{(\lambda + \mu)^4} \left[a^2(\lambda^2 - 1)^2 + 4\,b^2\lambda^2 + c^2(\lambda^2 + 1)^2 \right], \end{cases}$$

$$(4) \qquad dz^2 = A \, d\lambda^2 + 2B \, d\lambda \, d\mu + C d\mu^2.$$

Soient ($fig.$ 63) M le point dont les coordonnées sont λ,

Fig. 63.

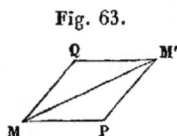

μ, M' le point $\lambda + d\lambda, \mu + d\mu$, P le point $\lambda, \mu + d\mu$, Q le point $\lambda + d\lambda, \mu$. On pourra déduire la distance MP de l'é-

quation (4) en y faisant $d\lambda = 0$, MQ, en faisant $d\mu = 0$;
on aura ainsi

$$MP = \pm \sqrt{C} \, d\mu, \quad MQ = \pm \sqrt{A} \, d\lambda \, ;$$

MP et MQ sont les directions des génératrices rectilignes
du point M. Si MM′ est la tangente à la courbe cherchée,
c'est-à-dire la bissectrice de l'angle PMQ ou de son sup-
plément, on devra avoir

$$\pm \sqrt{C} \, d\mu = \pm \sqrt{A} \, d\lambda$$

ou, en remplaçant A et C par leurs valeurs (3).

$$(5) \quad \begin{cases} \dfrac{d\lambda}{\sqrt{\lambda^4 + 2 \dfrac{2\,b^2 + c^2 - a^2}{a^2 + c^2} \lambda^2 + 1}} \\ = \pm \dfrac{d\mu}{\sqrt{\mu^4 + 2 \dfrac{2\,b^2 + c^2 - a^2}{a^2 + c^2} \mu^2 + 1}} . \end{cases}$$

En prenant le signe $+$ et le signe $-$, on aura, entre les
coordonnées λ et μ, les équations différentielles des lignes
cherchées. Dans l'équation (5), les variables sont séparées ;
en intégrant immédiatement, on introduit des fonctions
transcendantes ; néanmoins l'intégrale est algébrique. Ce
résultat fondamental est dû à Euler. L'intégrale est ici, en
prenant le signe $+$ et faisant $k^2 = \dfrac{2\,b^2 + c^2 - a^2}{a^2 + c^2}$,

$$(6) \quad \sqrt{\lambda^4 + 2\,k^2\lambda^2 + 1} - \sqrt{\mu^4 + 2\,k^2\mu^2 + 1} = (\lambda - \mu)\sqrt{2\,C + (\lambda + \mu)^2},$$

C désignant la constante arbitraire. Il ne reste plus qu'à
remettre, pour λ et μ, leurs valeurs en x, y, z, à éliminer z
avec l'équation de la surface, pour avoir les équations des
projections des lignes cherchées sur le plan des xy.

Pour faire aisément ce calcul, nous déduirons de l'équation (6) les formules suivantes :

$$C(\lambda - \mu)^2 = 1 + \lambda^2\mu^2 + k^2(\lambda^2 + \mu^2)$$
$$- \sqrt{\lambda^4 + 2k^2\lambda^2 + 1}\sqrt{\mu^4 + 2k^2\mu^2 + 1},$$

$$(k^4 - 1)\frac{(\lambda + \mu)^2}{C} = 1 + \lambda^2\mu^2 + k^2(\lambda^2 + \mu^2)$$
$$+ \sqrt{\lambda^4 + 2k^2\lambda^2 + 1}\sqrt{\mu^4 + 2k^2\mu^2 + 1},$$

$$(k^4 - 1)\frac{(\lambda + \mu)^2}{C} + C(\lambda - \mu)^2 = (\lambda\mu + 1)^2 + k^2(\lambda + \mu)^2 + k^2(\lambda - \mu)^2,$$

$$(k^2 - C)\left(\frac{\lambda - \mu}{\lambda + \mu}\right)^2 + \left(\frac{\lambda\mu + 1}{\lambda + \mu}\right)^2 + \left(\frac{\lambda\mu - 1}{\lambda + \mu}\right)^2 = \frac{k^4 - 1}{C} - k^2.$$

Dans cette dernière équation, remplaçons $\frac{\lambda\mu + 1}{\lambda + \mu}$, $\frac{\lambda\mu - 1}{\lambda + \mu}$, $\frac{\lambda - \mu}{\lambda + \mu}$ par leurs valeurs tirées des équations (2), et nous trouverons

$$\frac{x^2}{a^2} + (k^2 - C)\frac{y^2}{b^2} + \frac{z^2}{c^2} = \frac{k^4 - 1}{C} - k^2.$$

Entre cette équation et l'équation (1) de la surface, éliminons λ, remplaçons C par $C' = \frac{1}{2}C\frac{c^2 + a^2}{c^2 + b^2}$, k^2 par $\frac{2b^2 + c^2 - a^2}{c^2 + a^2}$, et nous obtiendrons

$$\frac{c^2 + a^2}{a^2}x^2 + \frac{c^2 + b^2}{b^2}(1 - C')y^2 = (a^2 - b^2)\left(1 - \frac{1}{C'}\right).$$

Le lecteur reconnaîtra aisément là l'équation des projections des lignes de courbure de l'hyperboloïde sur le plan des xy; cela devait être. En effet, en un point quelconque de la surface, les génératrices rectilignes sont les asymptotes de l'indicatrice; les bissectrices des angles des génératrices rectilignes sont les axes de l'indicatrice ou les tangentes des sections principales. Donc les lignes cherchées sont tangentes en chacun de leurs points à l'une des sections principales qui passent en ce point; ce sont donc les lignes de courbure.

La même question se résout plus facilement dans le cas du paraboloïde équilatère $xy = az$; on a, dans ce cas, les formules

$$x = a\lambda, \quad y = a\mu, \quad z = a\lambda\mu,$$
$$ds^2 = a^2[(1 + \mu^2)d\lambda^2 + (1 + \lambda^2)d\mu^2].$$

L'équation (5) devient

$$\frac{d\lambda}{\sqrt{1 + \lambda^2}} = \pm \frac{d\mu}{\sqrt{1 + \mu^2}};$$

d'où, en intégrant,

$$\sqrt{\lambda^2 + 1} + \lambda = C\left(\sqrt{\mu^2 + 1} - \mu\right).$$

En partant de là, on n'aura pas de peine à obtenir, sur le plan des xy, l'équation des projections des lignes cherchées.

Problème n° 61.

Trouver les trajectoires orthogonales des génératrices rectilignes du paraboloïde équilatère $xy = az$.

Les génératrices rectilignes du premier système ont pour équations

(1) $$x = a\lambda, \quad y = \frac{z}{\lambda}.$$

Pour la trajectoire orthogonale, on doit avoir

$$dy + \lambda.dz = 0$$

ou bien, en remplaçant λ par sa valeur $\frac{z}{y}$, tirée de la seconde équation (1),

$$y\,dy + z\,dz = 0.$$

Intégrant et désignant par k la constante arbitraire, on a

$$y^2 + z^2 = k^2.$$

Ainsi les trajectoires orthogonales des génératrices recti-lignes du premier système ont pour projections, sur le plan des yz, des circonférences dont l'origine est le centre commun.

La même chose a lieu, sur le plan des xz, pour les tra-jectoires orthogonales des génératrices rectilignes du second système.

Problème n° 62.

Montrer que la famille des surfaces représentées par l'équation $\alpha = \dfrac{xy}{z}$, *dans laquelle α est le paramètre va-riable, fait partie d'un système triple orthogonal, et trouver les deux autres familles.*

On sait que les surfaces représentées par l'équation $\alpha = \mathrm{F}(x, y, z)$ ne font pas généralement partie d'un sys-tème orthogonal; la fonction F doit vérifier une certaine équation aux dérivées partielles du troisième ordre, qu'a fait connaître M. Bonnet.

Soit $\beta = f(x, y, z)$ l'une des familles cherchées; on devra vérifier identiquement l'équation

$$\frac{d\alpha}{dx} \frac{d\beta}{dx} + \frac{d\alpha}{dy} \frac{d\beta}{dy} + \frac{d\alpha}{dz} \frac{d\beta}{dz} = 0$$

ou bien

$$(1) \qquad \frac{1}{x} \frac{d\beta}{dx} + \frac{1}{y} \frac{d\beta}{dy} - \frac{1}{z} \frac{d\beta}{dz}$$

C'est là une équation linéaire du premier ordre aux déri-vées partielles. Pour l'intégrer, nous formons les équations différentielles

$$x\,dx = y\,dy = -\,z\,dz = \frac{d\beta}{0}.$$

Les équations intégrales de ce système sont

$$C_1 = z^2 + x^2, \quad C_2 = z^2 + y^2, \quad C_3 = \beta,$$

et l'on sait que, Φ désignant une fonction arbitraire, l'intégrale générale de l'équation (1) sera

$$\beta = \Phi(C_1,\ C_2).$$

En désignant de même par Ψ une fonction arbitraire, la troisième famille cherchée sera donnée par l'équation

$$\gamma = \Psi(C_1,\ C_2).$$

Ainsi, quelles que soient les fonctions Φ et Ψ des quantités $C_1 = z^2 + x^2$, $C_2 = z^2 + y^2$, chacune des surfaces β coupera orthogonalement chacune des surfaces α, et il en sera de même de chacune des surfaces γ. Il reste à exprimer que deux quelconques des surfaces β et γ se coupent orthogonalement; il faut avoir

$$\frac{d\beta}{dx}\frac{d\gamma}{dx} + \frac{d\beta}{dy}\frac{d\gamma}{dy} + \frac{d\beta}{dz}\frac{d\gamma}{dz} = 0$$

ou bien

$$x^2\frac{d\Phi}{dC_1}\frac{d\Psi}{dC_1} + y^2\frac{d\Phi}{dC_2}\frac{d\Psi}{dC_2} + z^2\left(\frac{d\Phi}{dC_1} + \frac{d\Phi}{dC_2}\right)\left(\frac{d\Psi}{dC_1} + \frac{d\Psi}{dC_2}\right) = 0,$$

ou, en remplaçant x et y par leurs valeurs en fonction de z, C_1 et C_2,

$$C_1\frac{d\Phi}{dC_1}\frac{d\Psi}{dC_1} + C_2\frac{d\Phi}{dC_2}\frac{d\Psi}{dC_2} + z^2\left(\frac{d\Phi}{dC_1}\frac{d\Psi}{dC_2} + \frac{d\Phi}{dC_2}\frac{d\Psi}{dC_1}\right) = 0.$$

Cette équation devant avoir lieu quelles que soient les

quantités C_1, C_2 et z, on doit poser les deux équations

$$C_1 \frac{d\Phi}{dC_1} \frac{d\Psi}{dC_1} + C_2 \frac{d\Phi}{dC_2} \frac{d\Psi}{dC_2} = 0,$$

$$\frac{d\Phi}{dC_1} \frac{d\Psi}{dC_2} + \frac{d\Phi}{dC_2} \frac{d\Psi}{dC_1} = 0.$$

De ces deux équations on tire

$$C_1 \left(\frac{d\Phi}{dC_1}\right)^2 = C_2 \left(\frac{d\Phi}{dC_2}\right)^2, \quad C_1 \left(\frac{d\Psi}{dC_1}\right)^2 = C_2 \left(\frac{d\Psi}{dC_2}\right)^2,$$

et par suite

$$(2) \qquad \sqrt{C_1} \frac{d\Phi}{dC_1} = \pm \sqrt{C_2} \frac{d\Phi}{dC_2}, \quad \sqrt{C_1} \frac{d\Psi}{dC_1} = \mp \sqrt{C_2} \frac{d\Psi}{dC_2}.$$

Chacune de ces équations est une équation linéaire du premier ordre, aux dérivées partielles. Pour intégrer la première, on considère le système d'équations différentielles ordinaires $\dfrac{dC_1}{\sqrt{C_1}} = \mp \dfrac{dC_2}{\sqrt{C_2}} = \dfrac{d\Phi}{0}$, qui admet pour intégrales $a = \sqrt{C_1} \pm \sqrt{C_2}$, $b = \Phi$. On a donc

$$\beta = \Phi\left(\sqrt{C_1} \pm \sqrt{C_2}\right)$$

ou simplement

$$\beta = \sqrt{C_1} + \sqrt{C_2}, \quad \gamma = \sqrt{C_1} - \sqrt{C_2}.$$

Ainsi le système triple demandé est

$$\alpha = \frac{xy}{z}, \quad \beta = \sqrt{z^2 + x^2} + \sqrt{z^2 + y^2}, \quad \gamma = \sqrt{z^2 + x^2} - \sqrt{z^2 + y^2}.$$

On voit que les surfaces β et γ peuvent être définies comme étant le lieu géométrique des points dont la somme ou la différence des distances aux axes des x et des y est constante.

Ces surfaces ont été trouvées par M. J.-A. Serret.

Problème n° 63.

De la transformation par rayons vecteurs réciproques.

Considérons un système de points $m, m', m'', \ldots$ et un point fixe O; aux points $m, m', \ldots$, nous faisons correspondre une série de points M, M', M'', ..., définis comme il suit : sur les rayons vecteurs $Om, Om', Om'', \ldots$, nous prenons des points M, M', M'', ..., tels que $OM \times Om = k^2$, $OM' \times Om' = k^2$, ..., k étant une constante donnée; la figure MM'M''... est dite la *transformée* par rayons vecteurs réciproques de la figure $mm'm''\ldots$ relativement au point O. Cette transformation entraîne des relations simples entre les deux figures; nous allons faire connaître les plus importantes.

Soient x, y, z les coordonnées d'un point quelconque de la figure proposée, X, Y, Z les coordonnées du point correspondant de la transformée, $r = Om$, $r' = Om'$, ..., $R = OM$, $R' = OM'$, ...; on trouve aisément

$$
(1) \quad
\begin{cases}
X = \dfrac{k^2 x}{x^2 + y^2 + z^2} = \dfrac{k^2 x}{r^2}, \\[2mm]
Y = \dfrac{k^2 y}{x^2 + y^2 + z^2} = \dfrac{k^2 y}{r^2}, \\[2mm]
Z = \dfrac{k^2 z}{x^2 + y^2 + z^2} = \dfrac{k^2 z}{r^2},
\end{cases}
$$

$$ Rr = k^2; $$

$$
(2) \quad
\begin{cases}
x = \dfrac{k^2 X}{X^2 + Y^2 + Z^2} = \dfrac{k^2 X}{R^2}, \\[2mm]
y = \dfrac{k^2 Y}{X^2 + Y^2 + Z^2} = \dfrac{k^2 Y}{R^2}, \\[2mm]
z = \dfrac{k^2 Z}{X^2 + Y^2 + Z^2} = \dfrac{k^2 Z}{R^2}.
\end{cases}
$$

Soient p la distance de deux points m et m' de la figure

proposée, P la distance des points correspondants M et M′;
on a

$$P^2 = (X - X')^2 + (Y - Y')^2 + (Z - Z')^2,$$

$$P^2 = (X^2 + Y^2 + Z^2) + (X'^2 + Y'^2 + Z'^2) - 2(XX' + YY' + ZZ'),$$

$$P^2 = \frac{k^4}{r^2} + \frac{k^4}{r'^2} - \frac{2k^4(xx' + yy' + zz')}{r^2 r'^2},$$

$$P^2 = \frac{k^4}{r^2 r'^2}[(x - x')^2 + (y - y')^2 + (z - z')^2],$$

$$(3) \qquad P = \frac{k^2}{rr'}p.$$

Prenons pour première figure l'ensemble des points du
plan défini par l'équation $ax + by + cz + d = 0$; la transformée aura pour équation, d'après la formule (2),

$$d(X^2 + Y^2 + Z^2) + k^2(aX + bY + cZ) = 0.$$

Ce sera une sphère, excepté lorsque le plan donné passe
par l'origine, auquel cas la transformée est ce plan lui-
même; le centre de la sphère se trouve sur la perpendiculaire abaissée du point O sur le plan. À deux plans parallèles répondent deux sphères tangentes au point O.

Prenons pour première figure la sphère

$$x^2 + y^2 + z^2 - 2Ax - 2By - 2Cz + D = 0;$$

la transformée sera

$$D(X^2 + Y^2 + Z^2) - 2k^2(AX + BY + CZ) + k^4 = 0.$$

C'est une sphère, excepté dans le cas où $D = 0$; alors la
sphère donnée passe par l'origine; la transformée est un
plan.

Une circonférence de cercle pouvant être considérée
comme l'intersection d'un plan et d'une sphère aura généralement pour transformée une circonférence de cercle;
elle ne sera une ligne droite que quand la circonférence
proposée passera par le point O.

Une propriété remarquable de cette transformation consiste en ce que les deux triangles, formés par trois points infiniment voisins quelconques de la figure primitive et les trois points correspondants de sa transformée, sont semblables l'un à l'autre, en sorte que, si deux lignes se coupent dans l'une des figures sous un certain angle, les lignes correspondantes de l'autre figure se couperont sous le même angle.

La démonstration de cette propriété repose sur l'équation (3)

$$P = \frac{k^2 p}{r r'}.$$

Supposons, en effet, que les deux points m, m' soient infiniment voisins et que leur distance soit représentée par ds; soit dS la distance des points correspondants M et M'; nous aurons, en négligeant les infiniment petits d'ordre supérieur à ds,

$$dS = \frac{k^2 ds}{r^2}.$$

Considérons un troisième point m'' infiniment voisin de m et m', et soient ds' et ds'' ses distances à ces deux points, dS' et dS'' les distances correspondantes MM'', M'M''; nous aurons aussi

$$dS' = \frac{k^2 ds'}{r^2},$$

$$dS'' = \frac{k^2 ds''}{r^2};$$

d'où

$$\frac{dS}{ds} = \frac{dS'}{ds'} = \frac{dS''}{ds''}.$$

Ainsi le triangle infinitésimal $mm'm''$ est semblable au triangle correspondant MM'M''; l'angle de ds avec ds' est donc le même que l'angle de dS avec dS'.

En particulier, si deux surfaces se coupent sous un certain angle, leurs transformées se coupent sous le même angle.

On déduit aisément de là un théorème important :

Les transformées des lignes de courbure d'une surface sont les lignes de courbure de la surface transformée.

Représentons-nous, en effet, les lignes de courbure de la surface proposée, les deux séries de surfaces développables orthogonales entre elles et à la surface donnée, qui sont formées par les normales successives, et la série des surfaces parallèles à la proposée; nous aurons là un système triple orthogonal. La transformation par rayons vecteurs réciproques nous donnera, d'après ce qui précède, un nouveau système triple orthogonal, et le théorème de Dupin nous apprend que ces surfaces se couperont mutuellement suivant leurs lignes de courbure; les lignes de courbure de la surface donnée resteront donc lignes de courbure de sa transformée.

Considérons, comme application de ce qui précède, le système orthogonal formé des surfaces homofocales du second degré, savoir :

$$\frac{x^2}{\rho^2} + \frac{y^2}{\rho^2 - b^2} + \frac{z^2}{\rho^2 - c^2} = 1,$$

$$\frac{x^2}{\mu^2} + \frac{y^2}{\mu^2 - b^2} - \frac{z^2}{c^2 - \mu^2} = 1,$$

$$\frac{x^2}{\nu^2} - \frac{y^2}{b^2 - \nu^2} - \frac{z^2}{c^2 - \nu^2} = 1,$$

où

$$b^2 < c^2, \quad \rho^2 > c^2, \quad b^2 < \mu^2 < c^2, \quad \nu^2 < b^2;$$

nous en déduirons, en transformant par rayons vecteurs réciproques ce nouveau système orthogonal, formé de sur-

faces du quatrième degré,

$$(4) \quad \begin{cases} \dfrac{X^2}{\rho^2} + \dfrac{Y^2}{\rho^2 - b^2} + \dfrac{Z^2}{\rho^2 - c^2} = \dfrac{(X^2 + Y^2 + Z^2)^2}{k^4}, \\[2mm] \dfrac{X^2}{\mu^2} + \dfrac{Y^2}{\mu^2 - b^2} - \dfrac{Z^2}{c^2 - \mu^2} = \dfrac{(X^2 + Y^2 + Z^2)^2}{k^4}, \\[2mm] \dfrac{X^2}{\nu^2} - \dfrac{Y^2}{b^2 - \nu^2} - \dfrac{Z^2}{c^2 - \nu^2} = \dfrac{(X^2 + Y^2 + Z^2)^2}{k^4}. \end{cases}$$

Ces surfaces se couperont mutuellement suivant leurs lignes de courbure. On saura, par exemple, trouver les lignes de courbure de la surface, lieu des pieds des perpendiculaires abaissées du centre de l'ellipsoïde

$$\frac{x^2}{A^2} + \frac{y^2}{B^2} + \frac{z^2}{C^2} = 1$$

sur ses plans tangents ; l'équation de cette surface, qui est

$$A^2 X^2 + B^2 Y^2 + C^2 Z^2 = (X^2 + Y^2 + Z^2)^2,$$

rentre, en effet, dans la forme (4).

Considérons encore le système orthogonal dont nous nous sommes occupé, p. 348,

$$\alpha = \frac{xy}{z},$$

$$\beta = \sqrt{z^2 + x^2} + \sqrt{z^2 + y^2},$$

$$\gamma = \sqrt{z^2 + x^2} - \sqrt{z^2 + y^2}.$$

Appliquons-lui la transformation par rayons vecteurs réciproques ; nous en déduirons ce nouveau système orthogonal

$$\alpha' = \frac{XY}{Z(X^2 + Y^2 + Z^2)},$$

$$\beta' = \frac{\sqrt{Z^2 + Y^2} + \sqrt{Z^2 + X^2}}{X^2 + Y^2 + Z^2},$$

$$\gamma' = \frac{\sqrt{Z^2 + Y^2} - \sqrt{Z^2 + X^2}}{X^2 + Y^2 + Z^2}.$$

23

Nous saurons trouver les lignes de courbure des familles de surfaces représentées par ces trois équations.

Proposons-nous, comme dernière application, de trouver les lignes de courbure de la surface enveloppe des sphères qui touchent trois sphères données.

Soient O et P les points d'intersection de ces trois sphères. Prenons le point O pour origine, et opérons une transformation par rayons vecteurs réciproques. Dans la figure transformée, les trois sphères données seront remplacées par trois plans, qui se couperont en un point Π correspondant au point P. La surface enveloppe des sphères tangentes aux trois plans sera un cône circulaire droit, ayant son sommet au point Π. Les lignes de courbure de cette surface conique sont : 1° les génératrices rectilignes qui passent toutes par le point Π; dans le retour à la première figure, ces droites deviendront des cercles passant tous par le point P; 2° les parallèles, qui deviendront aussi des cercles. Les lignes de courbure de la surface enveloppe des sphères tangentes à trois sphères données sont donc des circonférences de cercle.

Ce qui précède est extrait, presque textuellement, d'un beau Mémoire de M. Liouville, publié au tome XII du *Journal de Mathématiques pures et appliquées*.

Problème n° 64.

Trouver les systèmes orthogonaux dont font partie les sphères représentées par l'équation

$$x^2 + y^2 + z^2 = \alpha x,$$

où α est un paramètre variable.

Les sphères proposées passent par l'origine et ont leurs centres sur l'axe des x. Écrivons leur équation comme il

suit :

$$(1) \qquad \alpha = \frac{x^2 + y^2 + z^2}{x}.$$

Nous allons d'abord chercher la forme la plus générale des fonctions F, telles que les surfaces représentées par l'équation $\rho = F(x, y, z)$ coupent à angle droit toutes les sphères proposées, quel que soit le paramètre variable ρ ; nous devrons avoir identiquement

$$\frac{dF}{dx} \frac{d\alpha}{dx} + \frac{dF}{dy} \frac{d\alpha}{dy} + \frac{dF}{dz} \frac{d\alpha}{dz} = 0.$$

ou, en remplaçant α par sa valeur (1),

$$(2) \qquad (x^2 - y^2 - z^2) \frac{dF}{dx} + 2xy \frac{dF}{dy} + 2xz \frac{dF}{dz} = 0.$$

C'est là une équation linéaire, du premier ordre, aux dérivées partielles. Pour en trouver l'intégrale générale, il nous faut intégrer le système suivant d'équations différentielles simultanées :

$$(3) \qquad \frac{dx}{x^2 - y^2 - z^2} = \frac{dy}{2xy} = \frac{dz}{2xz} = \frac{dF}{0}.$$

Mettons à la suite de ces trois rapports égaux le suivant, égal aussi à chacun des premiers, $\dfrac{x\,dx + y\,dy + z\,dz}{x(x^2 + y^2 + z^2)}$, et considérons les deux équations

$$\frac{dy}{2xy} = \frac{x\,dx + y\,dy + z\,dz}{x(x^2 + y^2 + z^2)},$$

$$\frac{dz}{2xz} = \frac{x\,dx + y\,dy + z\,dz}{x(x^2 + y^2 + z^2)}.$$

En désignant par C' et C'' deux constantes arbitraires, on aura, en intégrant après avoir supprimé x en dénominateur,

$$\log y = \log(x^2 + y^2 + z^2) + \log C',$$
$$\log z = \log(x^2 + y^2 + z^2) + \log C''$$

ou bien

$$\frac{y}{x^2 + y^2 + z^2} = C', \quad \frac{z}{x^2 + y^2 + z^2} = C'';$$

on a, du reste,

$$F = C.$$

Tel est le système intégral général des équations (3); donc l'intégrale générale de l'équation (2) sera, en désignant par f une fonction arbitraire,

$$C = f(C', C'')$$

ou bien

$$F = f\left(\frac{y}{x^2 + y^2 + z^2}, \frac{z}{x^2 + y^2 + z^2}\right).$$

Donnant à f deux formes différentes φ et ψ, désignant par β et γ deux paramètres variables, nous pourrons prendre pour équations des deux familles de surfaces conjuguées à la famille des surfaces (1)

$$(2) \qquad \beta = \varphi\left(\frac{y}{x^2 + y^2 + z^2}, \frac{z}{x^2 + y^2 + z^2}\right),$$

$$(3) \qquad \gamma = \psi\left(\frac{y}{x^2 + y^2 + z^2}, \frac{z}{x^2 + y^2 + z^2}\right).$$

Quels que soient les paramètres α, β, γ, une quelconque des surfaces des familles (2) ou (3) coupera toujours à angle droit l'une quelconque des surfaces de la famille (1). Reste à exprimer que les surfaces (2) et (3) se coupent aussi mutuellement à angle droit.

Soit posé, pour abréger,

$$(4) \qquad u = \frac{y}{x^2 + y^2 + z^2}, \quad v = \frac{z}{x^2 + y^2 + z^2},$$

d'où

(5) $$\beta = \varphi(u, v), \quad \gamma = \psi(u, v).$$

Nous devrons avoir identiquement

$$\frac{d\varphi}{dx}\frac{d\psi}{dx} + \frac{d\varphi}{dy}\frac{d\psi}{dy} + \frac{d\varphi}{dz}\frac{d\psi}{dz} = 0.$$

ou bien

$$\left(\frac{d\varphi}{du}\frac{du}{dx} + \frac{d\varphi}{dv}\frac{dv}{dx}\right)\left(\frac{d\psi}{du}\frac{du}{dx} + \frac{d\psi}{dv}\frac{dv}{dx}\right) + \ldots = 0,$$

et, en développant,

(6) $$\begin{cases} \frac{d\varphi}{du}\frac{d\psi}{du}\left[\left(\frac{du}{dx}\right)^2 + \left(\frac{du}{dy}\right)^2 + \left(\frac{du}{dz}\right)^2\right] \\ + \frac{d\varphi}{dv}\frac{d\psi}{dv}\left[\left(\frac{dv}{dx}\right)^2 + \left(\frac{dv}{dy}\right)^2 + \left(\frac{dv}{dz}\right)^2\right] \\ + \left(\frac{d\varphi}{du}\frac{d\psi}{dv} + \frac{d\varphi}{dv}\frac{d\psi}{du}\right)\left(\frac{du}{dx}\frac{dv}{dx} + \frac{du}{dy}\frac{dv}{dy} + \frac{du}{dz}\frac{dv}{dz}\right) = 0. \end{cases}$$

En remplaçant u et v par leurs valeurs (1), on trouve

$$\left(\frac{du}{dx}\right)^2 + \left(\frac{du}{dy}\right)^2 + \left(\frac{du}{dz}\right)^2 = \frac{1}{(x^2 + y^2 + z^2)^2},$$

$$\left(\frac{dv}{dx}\right)^2 + \left(\frac{dv}{dy}\right)^2 + \left(\frac{dv}{dz}\right)^2 = \frac{1}{(x^2 + y^2 + z^2)^2},$$

$$\frac{du}{dx}\frac{dv}{dx} + \frac{du}{dy}\frac{dv}{dy} + \frac{du}{dz}\frac{dv}{dz} = 0.$$

L'équation (2) devient donc simplement

(7) $$\frac{d\varphi}{du}\frac{d\psi}{du} + \frac{d\varphi}{dv}\frac{d\psi}{dv} = 0.$$

Quand on se donnera une fonction φ particulière, en intégrant l'équation (6) linéaire du premier ordre aux dérivées partielles par rapport à ψ, on aura cette dernière fonction; il existe donc une infinité de systèmes orthogonaux dont fait partie la famille de surfaces (1).

On peut se représenter tous ces systèmes d'une façon simple, comme nous allons le voir.

Transformons ces systèmes par rayons vecteurs réciproques, en prenant sur le rayon vecteur mené de l'origine au point $m(x, y, z)$ un point $M(X, Y, Z)$ tel que

$$O m \times OM = 1;$$

les coordonnées X, Y, Z seront les fonctions suivantes de x, y, z :

$$X = \frac{x}{x^2 + y^2 + z^2},$$

$$Y = \frac{y}{x^2 + y^2 + z^2},$$

$$Z = \frac{z}{x^2 + y^2 + z^2},$$

et notre système orthogonal deviendra

$$(8) \qquad X = \frac{1}{\alpha}, \quad \beta = \varphi(Y, Z), \quad \gamma = \psi(Y, Z).$$

Ce nouveau système sera aussi orthogonal; il est composé de plans perpendiculaires à l'axe des X et de cylindres parallèles à OX, et dont les bases sur le plan des YZ sont des courbes orthogonales. Réciproquement, si l'on considère le système le plus général satisfaisant aux conditions précédentes, et qu'on le transforme par rayons vecteurs réciproques, on aura le système le plus général demandé. La réponse à la question posée est donc la suivante :

Que l'on considère le système orthogonal triple formé de cylindres orthogonaux parallèles à l'axe des X, et de plans perpendiculaires sur cet axe, et qu'on transforme ce système par rayons vecteurs réciproques, on aura une in-

finité de systèmes orthogonaux, qui sont les systèmes cherchés.

Prenons, par exemple, pour nos cylindres les plans perpendiculaires aux axes des Y et des Z, ayant par conséquent pour équations

$$Y = \text{const.} = \frac{1}{\beta},$$

$$Z = \text{const.} = \frac{1}{\gamma}.$$

Nous aurons à transformer par rayons vecteurs réciproques le système

$$\frac{1}{\alpha} = X, \quad \frac{1}{\beta} = Y, \quad \frac{1}{\gamma} = Z,$$

ce qui donnera le système triple orthogonal

$$\alpha = \frac{x^2 + y^2 + z^2}{x}, \quad \beta = \frac{x^2 + y^2 + z^2}{y}, \quad \gamma = \frac{x^2 + y^2 + z^2}{z},$$

formé de sphères passant par l'origine et ayant leurs centres sur les axes Ox, Oy, Oz.

Prenons en second lieu pour bases des cylindres sur le plan des YZ les ellipses et les hyperboles homofocales représentées par les équations

$$\frac{Y^2}{\beta^2} + \frac{Z^2}{\beta^2 - c^2} = 1, \quad \beta^2 > c^2,$$

$$\frac{Y^2}{\gamma^2} - \frac{Z^2}{c^2 - \gamma^2} = 1, \quad \gamma^2 < c^2.$$

Nous en déduirons le système triple orthogonal

$$x^2 + y^2 + z^2 = \alpha x,$$

$$\frac{y^2}{\beta^2} + \frac{z^2}{\beta^2 - c^2} = (x^2 + y^2 + z^2)^2,$$

$$\frac{y^2}{\gamma^2} - \frac{z^2}{c^2 - \gamma^2} = (x^2 + y^2 + z^2)^2.$$

Problème n° 65.

Trouver les systèmes orthogonaux dont font partie les cônes

$$(1) \qquad \frac{xy}{z^2} = \alpha,$$

où α est un paramètre variable.

Déterminons d'abord la fonction F de façon que les surfaces représentées par l'équation

$$\rho = F(x, y, z)$$

coupent à angle droit tous les cônes proposés, quel que soit le paramètre ρ.

Nous devrons avoir identiquement

$$\frac{d\rho}{dx}\frac{d\alpha}{dx} + \frac{d\rho}{dy}\frac{d\alpha}{dy} + \frac{d\rho}{dz}\frac{d\alpha}{dz} = 0$$

ou bien, en remplaçant α par sa valeur (1),

$$(1) \qquad yz\frac{d\rho}{dx} + zx\frac{d\rho}{dy} - 2xy\frac{d\rho}{dz} = 0.$$

Pour obtenir l'intégrale générale de cette équation linéaire, nous devons intégrer le système suivant d'équations simultanées :

$$\frac{dx}{yz} = \frac{dy}{xz} = \frac{dz}{-2xy} = \frac{d\rho}{0}$$

ou

$$x\,dx = y\,dy = -\frac{1}{2}z\,dz = \frac{d\rho}{0}.$$

Nous avons

$$\rho = C, \quad 2x^2 + z^2 = C', \quad 2y^2 + z^2 = C'';$$

par suite l'intégrale générale de l'équation (1) sera

$$\rho = F(z^2 + 2x^2, \ z^2 + 2y^2),$$

F étant une fonction arbitraire.

Donnant à la fonction F deux formes distinctes, désignant par β et γ deux paramètres variables, nous prendrons

$$(2) \qquad \beta = \varphi(z^2 + 2x^2, \ z^2 + 2y^2),$$

$$(3) \qquad \gamma = \psi(z^2 + 2x^2, \ z^2 + 2y^2).$$

Posons, pour abréger,

$$(4) \qquad u = z^2 + 2x^2, \quad v = z^2 + 2y^2;$$

nous aurons

$$(5) \qquad \begin{cases} \beta = \varphi(u, v), \\ \gamma = \psi(u, v). \end{cases}$$

Quels que soient les paramètres β et γ, l'une quelconque des surfaces (2) ou (3) coupe à angle droit toutes les surfaces (1); reste à exprimer que les surfaces (2) et (3) se coupent mutuellement à angle droit, ce qui, d'après l'exercice précédent, donne l'équation

$$(6) \quad \begin{cases} \dfrac{d\varphi}{du} \dfrac{d\psi}{du} \left[\left(\dfrac{du}{dx}\right)^2 + \left(\dfrac{du}{dy}\right)^2 + \left(\dfrac{du}{dz}\right)^2 \right] \\[2mm] \quad + \dfrac{d\varphi}{dv} \dfrac{d\psi}{dv} \left[\left(\dfrac{dv}{dx}\right)^2 + \left(\dfrac{dv}{dy}\right)^2 + \left(\dfrac{dv}{dz}\right)^2 \right] \\[2mm] \quad + \left(\dfrac{d\varphi}{du} \dfrac{d\psi}{dv} + \dfrac{d\varphi}{dv} \dfrac{d\psi}{du} \right) \left(\dfrac{du}{dx} \dfrac{dv}{dx} + \dfrac{du}{dy} \dfrac{dv}{dy} + \dfrac{du}{dz} \dfrac{dv}{dz} \right) = 0. \end{cases}$$

Cette équation, qui doit être vérifiée, quels que soient x, y, z, devient, quand on y remplace u et v par leurs valeurs (4),

$$(z^2 + 4x^2) \dfrac{d\varphi}{du} \dfrac{d\psi}{du} + (z^2 + 4y^2) \dfrac{d\varphi}{dv} \dfrac{d\psi}{dv} + z^2 \left(\dfrac{d\varphi}{du} \dfrac{d\psi}{dv} + \dfrac{d\varphi}{dv} \dfrac{d\psi}{du} \right) = 0.$$

Exprimons x et y à l'aide de z, u et v, au moyen des équations (4), et nous aurons

$$\left(2u - z^2\right)\frac{d\varphi}{du}\frac{d\psi}{du} + \left(2v - z^2\right)\frac{d\varphi}{dv}\frac{d\psi}{dv} + z^2\left(\frac{d\varphi}{du}\frac{d\psi}{dv} + \frac{d\varphi}{dv}\frac{d\psi}{du}\right) = 0,$$

et cette équation, devant être vérifiée quels que soient u, v et z, se partage immédiatement en deux autres

$$(7) \quad \begin{cases} u\dfrac{d\varphi}{du}\dfrac{d\psi}{du} + v\dfrac{d\varphi}{dv}\dfrac{d\psi}{dv} = 0, \\[2mm] \dfrac{d\varphi}{du}\dfrac{d\psi}{dv} + \dfrac{d\varphi}{dv}\dfrac{d\psi}{du} - \dfrac{d\varphi}{du}\dfrac{d\psi}{du} - \dfrac{d\varphi}{dv}\dfrac{d\psi}{dv} = 0. \end{cases}$$

La dernière équation peut s'écrire

$$(8) \quad \left(\frac{d\varphi}{du} - \frac{d\varphi}{dv}\right)\left(\frac{d\psi}{du} - \frac{d\psi}{dv}\right) = 0,$$

d'où en premier lieu

$$\frac{d\varphi}{du} - \frac{d\varphi}{dv} = 0.$$

Cette équation étant intégrée donne

$$\varphi = \varphi\left(u + v\right),$$

φ étant une fonction arbitraire; et l'équation (7), quand on y remplace φ par la valeur précédente, devient

$$(9) \quad u\frac{d\psi}{du} + v\frac{d\psi}{dv} = 0.$$

Pour obtenir l'intégrale générale de cette équation, j'intègre le système

$$\frac{du}{u} = \frac{dv}{v} = \frac{d\psi}{0},$$

qui donne

$$C = \frac{v}{u}, \quad C' = \psi.$$

L'intégrale générale de l'équation (9) est donc

$$\psi = \psi\left(\frac{v}{u}\right),$$

ψ étant une fonction arbitraire; nous avons ainsi le système orthogonal

$$\alpha = \frac{xy}{z^2}, \quad \beta = \varphi(u+v), \quad \gamma = \psi\left(\frac{v}{u}\right),$$

qui n'est pas plus général que le suivant :

$$\alpha = \frac{xy}{z^2}, \quad \beta = \frac{u+v}{2}, \quad \gamma = \frac{v}{u}$$

ou bien

$$\alpha = \frac{xy}{z^2}, \quad \beta = x^2+y^2+z^2, \quad \gamma = \frac{z^2+2y^2}{z^2+2x^2}.$$

Nous trouvons ainsi pour surfaces conjuguées des proposées des cônes ayant même sommet que les proposés et des sphères ayant l'origine pour centre.

Si dans l'équation (8) on avait annulé le second facteur, on serait évidemment tombé sur le système

$$\alpha = \frac{xy}{z^2}, \quad \beta = \frac{z^2+2y^2}{z^2+2x^2}, \quad \gamma = x^2+y^2+z^2.$$

Problème n° 66.

L'une des familles d'un système triple orthogonal étant représentée par l'équation

$$(1) \qquad \alpha = xyz,$$

dans laquelle α est un paramètre variable, on demande de trouver les deux autres familles.

Soit $\beta = F(x, y, z)$ l'équation générale des surfaces qui coupent à angle droit les surfaces (1); nous devrons avoir, quels que soient $x, y, z,$

$$\frac{d\mathrm{F}}{dx}\frac{d\alpha}{dx} + \frac{d\mathrm{F}}{dy}\frac{d\alpha}{dy} + \frac{d\mathrm{F}}{dz}\frac{d\alpha}{dz} = 0,$$

ou, en remplaçant les dérivées de α par leurs valeurs tirées de l'équation (1),

$$(2) \qquad \frac{1}{x}\frac{d\mathrm{F}}{dx} + \frac{1}{y}\frac{d\mathrm{F}}{dy} + \frac{1}{z}\frac{d\mathrm{F}}{dz} = 0.$$

Pour intégrer cette équation linéaire aux dérivées partielles, je considère le système suivant d'équations différentielles simultanées :

$$x\,dx = y\,dy = z\,dz = \frac{d\mathrm{F}}{0},$$

et j'en tire

$$\mathrm{C}_1 = x^2 - y^2,$$
$$\mathrm{C}_2 = x^2 + y^2 - 2z^2,$$
$$\mathrm{C}_3 = \mathrm{F};$$

donc l'intégrale générale de l'équation (2) est

$$\beta = \varphi(x^2 + y^2 - 2z^2, \ x^2 - y^2),$$

φ désignant une fonction arbitraire. Posons

$$(3) \qquad \begin{cases} u = x^2 + y^2 - 2z^2, \\ v = x^2 - y^2, \end{cases}$$

et, en désignant par ψ une nouvelle fonction arbitraire, nous prendrons pour les équations des familles de surfaces cherchées

$$(4) \qquad \beta = \varphi(u, v), \quad \gamma = \psi(u, v),$$

β et γ étant les paramètres variables. Il nous reste à exprimer qu'une quelconque des surfaces β coupe à angle

droit une quelconque des surfaces γ, c'est-à-dire que

$$\frac{d\varphi}{dx}\frac{d\psi}{dx} + \frac{d\varphi}{dy}\frac{d\psi}{dy} + \frac{d\varphi}{dz}\frac{d\psi}{dz} = 0.$$

Cette équation, quand on y introduit u et v, devient

$$\frac{d\varphi}{du}\frac{d\psi}{du}\left[\left(\frac{du}{dx}\right)^2 + \left(\frac{du}{dy}\right)^2 + \left(\frac{du}{dz}\right)^2\right] + \frac{d\varphi}{dv}\frac{d\psi}{dv}\left[\left(\frac{dv}{dx}\right)^2 + \left(\frac{dv}{dy}\right)^2\right]$$

$$+ \left(\frac{d\varphi}{du}\frac{d\psi}{dv} + \frac{d\varphi}{dv}\frac{d\psi}{du}\right)\left(\frac{du}{dx}\frac{dv}{dx} + \frac{du}{dy}\frac{dv}{dy}\right) = 0.$$

Remplaçons les dérivées de u et v par leurs valeurs tirées des équations (3), et nous aurons

$$\frac{d\varphi}{du}\frac{d\psi}{du}(x^2 + y^2 + 4z^2) + \frac{d\varphi}{dv}\frac{d\psi}{dv}(x^2 + y^2)$$

$$+ \left(\frac{d\varphi}{du}\frac{d\psi}{dv} + \frac{d\varphi}{dv}\frac{d\psi}{du}\right)(x^2 - y^2) = 0.$$

Mettons dans cette dernière équation, pour x^2 et y^2, leurs expressions en u, v et z^2 tirées des formules (3), et il viendra

$$\frac{d\varphi}{du}\frac{d\psi}{du}(u + 6z^2) + \frac{d\varphi}{dv}\frac{d\psi}{dv}(u + 2z^2) + \left(\frac{d\varphi}{du}\frac{d\psi}{dv} + \frac{d\varphi}{dv}\frac{d\psi}{du}\right)v = 0.$$

Cette équation, devant avoir lieu quels que soient u, v et z^2, se partage en deux autres :

$$3\frac{d\varphi}{du}\frac{d\psi}{du} + \frac{d\varphi}{dv}\frac{d\psi}{dv} = 0,$$

$$u\frac{d\varphi}{du}\frac{d\psi}{du} + u\frac{d\varphi}{dv}\frac{d\psi}{dv} + v\left(\frac{d\varphi}{du}\frac{d\psi}{dv} + \frac{d\varphi}{dv}\frac{d\psi}{du}\right) = 0.$$

On déduit de là

$$v\left(\frac{d\varphi}{dv}\right)^2 - 2u\frac{d\varphi}{du}\frac{d\varphi}{dv} - 3v\left(\frac{d\varphi}{du}\right)^2 = 0,$$

$$v\left(\frac{d\psi}{dv}\right)^2 - 2u\frac{d\psi}{du}\frac{d\psi}{dv} - 3v\left(\frac{d\psi}{du}\right)^2 = 0,$$

et par suite

$$(5) \quad \begin{cases} v \dfrac{d\varphi}{dv} - \left(u + \sqrt{u^2 + 3v^2} \right) \dfrac{d\varphi}{du} = 0, \\[2mm] v \dfrac{d\psi}{dv} - \left(u - \sqrt{u^2 + 3v^2} \right) \dfrac{d\psi}{du} = 0. \end{cases}$$

Ces équations aux dérivées partielles sont linéaires. Intégrons la première; nous serons conduits à trouver l'intégrale générale de l'équation différentielle homogène

$$(6) \qquad \frac{du}{dv} = - \frac{u + \sqrt{u^2 + 3v^2}}{v}.$$

Je pose $u = v \dfrac{3 - \theta^2}{2\theta}$ afin de séparer les variables et de chasser le radical en une seule fois; j'en tire

$$\sqrt{u^2 + 3v^2} = \frac{3 + \theta^2}{2\theta} v,$$

$$u + \sqrt{u^2 + 3v^2} = \frac{3}{\theta} v,$$

et l'équation (6) devient

$$\frac{dv}{v} = \frac{3 + \theta^2}{\theta(9 - \theta^2)} d\theta = \frac{1}{3} \left(\frac{1}{\theta} - \frac{2}{\theta + 3} - \frac{2}{\theta - 3} \right) d\theta.$$

En intégrant et désignant la constante par C, j'aurai donc

$$C = \frac{v^3 (9 - \theta^2)^2}{\theta}.$$

Remettant pour θ sa valeur en u et v, je trouve, après quelques réductions,

$$C' = \left(\sqrt{u^2 + 3v^2} + 2u \right)^2 \left(\sqrt{u^2 + 3v^2} - u \right).$$

L'intégrale générale de la première équation (5) sera donc

$\beta = \varphi(\mathbf{C}')$ ou simplement $\beta = \mathbf{C}'$, c'est-à-dire

$$\beta = \left(\sqrt{u^2 + 3v^2} + 2u\right)^2 \left(\sqrt{u^2 + 3v^2} - u\right).$$

On aurait de même

$$\gamma = \left(\sqrt{u^2 + 3v^2} - 2u\right)^2 \left(\sqrt{u^2 + 3v^2} + u\right).$$

Remettons à la place de u et v leurs valeurs en x, y, z, remplaçons β et γ par $-\dfrac{\beta}{4}$ et $-\dfrac{\gamma}{4}$, et, après quelques calculs assez simples, nous aurons le système triple orthogonal demandé sous la forme

$$(7) \begin{cases} \alpha = xyz, \\ \beta = (y^2 + z^2 - 2x^2)(z^2 + x^2 - 2y^2)(x^2 + y^2 - 2z^2) \\ \quad - 2(x^4 + y^4 + z^4 - y^2 z^2 - z^2 x^2 - x^2 y^2)^{\frac{3}{2}}, \end{cases}$$

$$(8) \begin{cases} \gamma = (y^2 + z^2 - 2x^2)(z^2 + x^2 - 2y^2)(x^2 + y^2 - 2z^2) \\ \quad + 2(x^4 + y^4 + z^4 - y^2 z^2 - z^2 x^2 - x^2 y^2)^{\frac{3}{2}}. \end{cases}$$

D'après le théorème de Dupin, les lignes de courbure de la surface

$$\alpha = xyz$$

seront les intersections de cette surface par les surfaces (7) et (8).

Problème n° 67.

Déterminer les fonctions X, Y, Z *ne contenant, la première que* x, *la deuxième que* y, *la troisième que* z, *de telle façon que les surfaces représentées par les équa-*

tions

$$(1) \quad \begin{cases} \dfrac{X}{\rho-a} + \dfrac{Y}{\rho-b} + \dfrac{Z}{\rho-c} = 1, \\[2mm] \dfrac{X}{\mu-a} + \dfrac{Y}{\mu-b} + \dfrac{Z}{\mu-c} = 1, \\[2mm] \dfrac{X}{\nu-a} + \dfrac{Y}{\nu-b} + \dfrac{Z}{\nu-c} = 1, \end{cases}$$

où ρ, μ, ν sont des paramètres variables, a, b, c des constantes données, constituent un système triple orthogonal, c'est-à-dire de façon qu'une quelconque des surfaces de l'une des familles coupe à angle droit une quelconque des surfaces des deux autres.

De la première des équations (1) on tire

$$\rho^3 - \rho^2(X+Y+Z+a+b+c)$$
$$+ \rho[X(b+c)+Y(c+a)+Z(a+b)+bc+ca+ab]$$
$$- [X\,bc + Y\,ca + Z\,ab + abc] = 0.$$

Les racines de cette équation du troisième degré sont ρ, μ, ν; on a donc

$$(2) \quad \begin{cases} \rho+\mu+\nu = X+Y+Z+a+b+c, \\[1mm] \mu\nu+\nu\rho+\rho\mu = X(b+c)+Y(c+a) \\[1mm] \qquad\qquad + Z(a+b)+bc+ca+ab, \\[1mm] \rho\mu\nu = X\,bc + Y\,ca + Z\,ab + abc, \end{cases}$$

et l'on déduira de ces formules, en les différentiant par rapport à x,

$$\frac{d\rho}{dx} + \frac{d\mu}{dx} + \frac{d\nu}{dx} = X',$$

$$(\mu+\nu)\frac{d\rho}{dx} + (\nu+\rho)\frac{d\mu}{dx} + (\rho+\mu)\frac{d\nu}{dx} = X'(b+c),$$

$$\mu\nu\frac{d\rho}{dx} + \nu\rho\frac{d\mu}{dx} + \rho\mu\frac{d\nu}{dx} = X'\,bc.$$

En multipliant ces équations, la première par ρ^2, la deuxième par $-\rho$, la troisième par 1, et ajoutant, on trouve

$$(\rho - \mu)(\rho - \nu)\frac{d\rho}{dx} = (\rho - b)(\rho - c)X',$$

et l'on trouvera de même les valeurs de $\dfrac{d\mu}{dx}, \dfrac{d\nu}{dx}, \dfrac{d\rho}{dy}, \ldots$ J'écris ces valeurs comme il suit :

$$(3)\begin{cases} \dfrac{\frac{d\rho}{dx}}{\frac{X'}{\rho - a}} = \dfrac{\frac{d\rho}{dy}}{\frac{Y'}{\rho - b}} = \dfrac{\frac{d\rho}{dz}}{\frac{Z'}{\rho - c}} = \dfrac{(\rho - a)(\rho - b)(\rho - c)}{(\rho - \mu)(\rho - \nu)}, \\[4em] \dfrac{\frac{d\mu}{dx}}{\frac{X'}{\mu - a}} = \dfrac{\frac{d\mu}{dy}}{\frac{Y'}{\mu - b}} = \dfrac{\frac{d\mu}{dz}}{\frac{Z'}{\mu - c}} = \dfrac{(\mu - a)(\mu - b)(\mu - c)}{(\mu - \nu)(\mu - \rho)}, \\[4em] \dfrac{\frac{d\nu}{dx}}{\frac{X'}{\nu - a}} = \dfrac{\frac{d\nu}{dy}}{\frac{Y'}{\nu - b}} = \dfrac{\frac{d\nu}{dz}}{\frac{Z'}{\nu - c}} = \dfrac{(\nu - a)(\nu - b)(\nu - c)}{(\nu - \rho)(\nu - \mu)}. \end{cases}$$

Les conditions d'orthogonalité, qui sont

$$\frac{d\rho}{dx}\frac{d\mu}{dx} + \frac{d\rho}{dy}\frac{d\mu}{dy} + \frac{d\rho}{dz}\frac{d\mu}{dz} = 0,$$

$$\frac{d\mu}{dx}\frac{d\nu}{dx} + \frac{d\mu}{dy}\frac{d\nu}{dy} + \frac{d\mu}{dz}\frac{d\nu}{dz} = 0,$$

$$\frac{d\nu}{dx}\frac{d\rho}{dx} + \frac{d\nu}{dy}\frac{d\rho}{dy} + \frac{d\nu}{dz}\frac{d\rho}{dz} = 0,$$

vont devenir, en substituant pour $\dfrac{d\rho}{dx}; \cdots$ leurs va-

24.

leurs (3),

$$(4) \begin{cases} \dfrac{X'^2}{(\mu - a)(\nu - a)} + \dfrac{Y'^2}{(\mu - b)(\nu - b)} + \dfrac{Z'^2}{(\mu - c)(\nu - c)} = 0, \\[2mm] \dfrac{X'^2}{(\nu - a)(\rho - a)} + \dfrac{Y'^2}{(\nu - b)(\rho - b)} + \dfrac{Z'^2}{(\nu - c)(\rho - c)} = 0, \\[2mm] \dfrac{X'^2}{(\rho - a)(\mu - a)} + \dfrac{Y'^2}{(\rho - b)(\mu - b)} + \dfrac{Z'^2}{(\rho - c)(\mu - c)} = 0. \end{cases}$$

Or, en retranchant deux à deux les équations (1), après la suppression d'un facteur commun, on trouve

$$(5) \begin{cases} \dfrac{X}{(\mu - a)(\nu - a)} + \dfrac{Y}{(\mu - b)(\nu - b)} + \dfrac{Z}{(\mu - c)(\nu - c)} = 0, \\[2mm] \dfrac{X}{(\nu - a)(\rho - a)} + \dfrac{Y}{(\nu - b)(\rho - b)} + \dfrac{Z}{(\nu - c)(\rho - c)} = 0, \\[2mm] \dfrac{X}{(\rho - a)(\mu - a)} + \dfrac{Y}{(\rho - b)(\mu - b)} + \dfrac{Z}{(\rho - c)(\mu - c)} = 0, \end{cases}$$

et la comparaison des formules (4) et (5) donne immédiatement

$$\frac{X'^2}{X} = \frac{Y'^2}{Y} = \frac{Z'^2}{Z}.$$

Ces relations devant avoir lieu quels que soient x, y, z, les rapports précédents doivent être constants; on aura donc

$$\frac{X'^2}{X} = \frac{Y'^2}{Y} = \frac{Z'^2}{Z} = 4k,$$

$$\frac{dX}{dx} = 2\sqrt{kX}, \quad dx = \frac{dX}{2\sqrt{kX}}.$$

En intégrant et désignant la constante par x_0, on a

$$x - x_0 = \sqrt{\frac{X}{k}},$$

et par suite

$$X = k(x - x_0)^2, \quad Y = k(y - y_0)^2, \quad Z = k(z - z_0)^2.$$

En déplaçant les axes parallèlement à eux-mêmes, et faisant $k = 1$, ce qui n'enlève rien à la généralité de la solution, on aura donc

$$X = x^2, \quad Y = y^2 \quad Z = z^2,$$

et le système orthogonal cherché sera

$$\frac{x^2}{\rho - a} + \frac{y^2}{\rho - b} + \frac{z^2}{\rho - c} = 1,$$

$$\frac{x^2}{\mu - a} + \frac{y^2}{\mu - b} + \frac{z^2}{\mu - c} = 1,$$

$$\frac{x^2}{\nu - a} + \frac{y^2}{\nu - b} + \frac{z^2}{\nu - c} = 1.$$

C'est le système orthogonal connu des surfaces homofocales du second degré.

Problème n° 68.

Déterminer la fonction U *de* x, y, z, *de façon que le système des surfaces représentées par les trois équations*

(1) $\begin{cases} \dfrac{x^2}{\rho - a} + \dfrac{y^2}{\rho - b} + \dfrac{z^2}{\rho - c} = \dfrac{1}{U}, \\[2mm] \dfrac{x^2}{\mu - a} + \dfrac{y^2}{\mu - b} + \dfrac{z^2}{\mu - c} = \dfrac{1}{U}, \\[2mm] \dfrac{x^2}{\nu - a} + \dfrac{y^2}{\nu - b} + \dfrac{z^2}{\nu - c} = \dfrac{1}{U}, \end{cases}$

où ρ, μ, ν *sont des paramètres variables,* a, b, c *des constantes, soit un système orthogonal.*

En opérant comme précédemment, on trouve

$$(2)\begin{cases} \dfrac{\dfrac{d\rho}{dx}}{\dfrac{2\mathrm{U}x}{\rho-a}+\dfrac{d\mathrm{U}}{dx}} = \dfrac{\dfrac{d\mu}{dx}}{\dfrac{2\mathrm{U}x}{\mu-a}+\dfrac{d\mathrm{U}}{dx}} = \dfrac{\dfrac{d\nu}{dx}}{\dfrac{2\mathrm{U}x}{\nu-a}+\dfrac{d\mathrm{U}}{dx}}, \\[3em] \dfrac{\dfrac{d\rho}{dy}}{\dfrac{2\mathrm{U}y}{\rho-b}+\dfrac{d\mathrm{U}}{dy}} = \dfrac{\dfrac{d\mu}{dy}}{\dfrac{2\mathrm{U}y}{\mu-b}+\dfrac{d\mathrm{U}}{dy}} = \dfrac{\dfrac{d\nu}{dy}}{\dfrac{2\mathrm{U}y}{\nu-b}+\dfrac{d\mathrm{U}}{dy}}, \\[3em] \dfrac{\dfrac{d\rho}{dz}}{\dfrac{2\mathrm{U}z}{\rho-c}+\dfrac{d\mathrm{U}}{dz}} = \dfrac{\dfrac{d\mu}{dz}}{\dfrac{2\mathrm{U}z}{\mu-c}+\dfrac{d\mathrm{U}}{dz}} = \dfrac{\dfrac{d\nu}{dz}}{\dfrac{2\mathrm{U}z}{\nu-c}+\dfrac{d\mathrm{U}}{dz}}. \end{cases}$$

Les conditions d'orthogonalité $\dfrac{d\rho}{dx}\dfrac{d\mu}{dx}+\ldots=0$ deviennent, en tenant compte des relations

$$(3)\quad \frac{x^2}{(\rho-a)(\mu-a)}+\frac{y^2}{(\rho-b)(\mu-b)}+\frac{z^2}{(\rho-c)(\mu-c)}=0,$$

$$(4)\begin{cases} \left(\dfrac{d\mathrm{U}}{dx}\right)^2+\left(\dfrac{d\mathrm{U}}{dy}\right)^2+\left(\dfrac{d\mathrm{U}}{dz}\right)^2 \\[1.5em] +2\mathrm{U}\Bigg[\; x\dfrac{d\mathrm{U}}{dx}\left(\dfrac{1}{\rho-a}+\dfrac{1}{\mu-a}\right) \\[1.5em] \qquad +y\dfrac{d\mathrm{U}}{dy}\left(\dfrac{1}{\rho-b}+\dfrac{1}{\mu-b}\right) \\[1.5em] \qquad +z\dfrac{d\mathrm{U}}{dz}\left(\dfrac{1}{\rho-c}+\dfrac{1}{\mu-c}\right)\Bigg]=0. \end{cases}$$

Les deux autres équations se déduiraient de la précédente, en remplaçant ρ et μ par μ et ν, puis par ν et ρ. Nous supposerons écrites ces deux nouvelles équations; en retranchant la première de l'équation (4), on aura

$$x\frac{dU}{dx}\left(\frac{1}{\rho-a}-\frac{1}{\nu-a}\right)+y\frac{dU}{dy}\left(\frac{1}{\rho-b}-\frac{1}{\nu-b}\right)$$
$$+z\frac{dU}{dz}\left(\frac{1}{\rho-c}-\frac{1}{\nu-c}\right)=0,$$

c'est-à-dire

$$\frac{x\frac{dU}{dx}}{(\rho-a)(\nu-a)}+\frac{y\frac{dU}{dy}}{(\rho-b)(\nu-b)}+\frac{z\frac{dU}{dz}}{(\rho-c)(\nu-c)}=0,$$

et l'on aurait deux autres relations pareilles en μ et ρ, et en ν et μ. Comparant, comme dans l'exercice précédent, ces relations aux formules (3), on en déduira

$$\frac{x\frac{dU}{dx}}{x^2}=\frac{y\frac{dU}{dy}}{y^2}=\frac{z\frac{dU}{dz}}{z^2}$$

ou bien

$$\frac{dU}{d.x^2}=\frac{dU}{d.y^2}=\frac{dU}{d.z^2},$$

d'où l'on conclut

$$U=\Phi(x^2+y^2+z^2)=\Phi(u),$$

en posant

$$u=x^2+y^2+z^2.$$

On tire de là

$$\frac{dU}{dx}=2x\Phi'(u),\quad\frac{dU}{dy}=2y\Phi'(u),\quad\frac{dU}{dz}=2z\Phi'(u),$$

et l'équation (4) va devenir

$$4u\Phi'^2(u)+4\left(\frac{x^2}{\rho-a}+\frac{y^2}{\rho-b}+\frac{z^2}{\rho-c}\right.$$
$$\left.+\frac{x^2}{\mu-a}+\frac{y^2}{\mu-b}+\frac{z^2}{\mu-c}\right)\Phi(u)\Phi'(u)=0,$$

c'est-à-dire, en tenant compte des formules (1),

$$\Phi'(u)\left[u\Phi'(u) + 2\Phi(u)\right] = 0.$$

On a donc

1° $\qquad\qquad \Phi'(u) = 0, \quad \Phi(u) = \text{const.};$

on peut prendre $\Phi(u) = 1$, et l'on retombe ainsi sur les surfaces homofocales du second degré.

2° $\qquad\qquad u\Phi'(u) + 2\Phi(u) = 0$

ou bien

$$\frac{\Phi'(u)}{\Phi(u)} + \frac{2}{u} = 0,$$

d'où, en intégrant, et faisant la constante égale à 1,

$$u^2\Phi(u) = 1,$$

$$\Phi(u) = \frac{1}{u^2} = \frac{1}{(x^2 + y^2 + z^2)^2}.$$

Le système auquel nous arrivons est donc le suivant :

$$\frac{x^2}{\rho - a} + \frac{y^2}{\rho - b} + \frac{z^2}{\rho - c} = (x^2 + y^2 + z^2)^2,$$

$$\frac{x^2}{\mu - a} + \frac{y^2}{\mu - b} + \frac{z^2}{\mu - c} = (x^2 + y^2 + z^2)^2,$$

$$\frac{x^2}{\nu - a} + \frac{y^2}{\nu - b} + \frac{z^2}{\nu - c} = (x^2 + y^2 + z^2)^2.$$

C'est le système des surfaces homofocales du second degré dans lequel, à la place de x, y, z, on met $\dfrac{x}{x^2 + y^2 + z^2}$, $\dfrac{y}{x^2 + y^2 + z^2}$, $\dfrac{z}{x^2 + y^2 + z^2}$; c'est donc ce système transformé par rayons vecteurs réciproques.

Problème n° 69.

Déterminer les fonctions les plus générales φ et ψ, de façon que les surfaces représentées par l'équation

$$(1) \qquad \alpha = \varphi(z)\psi\left(\frac{y}{x}\right),$$

où α est un paramètre variable, constituent l'une des familles d'un système triple orthogonal.

Nous changerons de variables et nous prendrons des coordonnées polaires dans le plan des xy :

$$x = r\cos\theta, \quad y = r\sin\theta;$$

nous tirons de là

$$(2) \quad \begin{cases} \dfrac{dr}{dx} = \cos\theta, & \dfrac{dr}{dy} = \sin\theta, \\[2mm] \dfrac{d\theta}{dx} = -\dfrac{\sin\theta}{r}, & \dfrac{d\theta}{dy} = \dfrac{\cos\theta}{r}. \end{cases}$$

L'équation (1) deviendra

$$(3) \qquad \alpha = f(\theta)\,\varphi(z),$$

et nous en tirerons

$$(4) \quad \begin{cases} \dfrac{d\alpha}{dx} = -f'(\theta)\,\varphi(z)\,\dfrac{\sin\theta}{r}, \\[2mm] \dfrac{d\alpha}{dy} = +f'(\theta)\,\varphi(z)\,\dfrac{\cos\theta}{r}, \\[2mm] \dfrac{d\alpha}{dz} = f(\theta)\,\varphi'(z). \end{cases}$$

Nous chercherons d'abord l'équation générale des surfaces qui coupent à angle droit toutes les surfaces (1); au lieu de faire figurer dans cette équation x, y, z, nous y ferons entrer r, θ et z. Soit

$$\beta = \psi(r, \theta, z)$$

l'équation de ces surfaces où β est un paramètre variable ; nous aurons

$$(5) \quad \begin{cases} \dfrac{d\beta}{dx} = \cos\theta\, \dfrac{d\beta}{dr} - \dfrac{\sin\theta}{r}\, \dfrac{d\beta}{d\theta}, \\[2mm] \dfrac{d\beta}{dy} = \sin\theta\, \dfrac{d\beta}{dr} + \dfrac{\cos\theta}{r}\, \dfrac{d\beta}{d\theta}, \\[2mm] \dfrac{d\beta}{dz} = \dfrac{d\beta}{dz}. \end{cases}$$

La condition d'orthogonalité

$$\frac{d\alpha}{dx}\,\frac{d\beta}{dx} + \frac{d\alpha}{dy}\,\frac{d\beta}{dy} + \frac{d\alpha}{dz}\,\frac{d\beta}{dz} = 0$$

va devenir, en tenant compte des relations (4) et (5),

$$(6) \qquad \frac{1}{r^2} f'(\theta)\,\varphi(z)\,\frac{d\beta}{d\theta} + f(\theta)\,\varphi'(z)\,\frac{d\beta}{dz} = 0.$$

Pour intégrer cette équation linéaire aux dérivées partielles, nous considérons le système suivant d'équations simultanées :

$$\frac{dr}{0} = \frac{r^2 d\theta}{f'(\theta)\,\varphi(z)} = \frac{dz}{f(\theta)\,\varphi'(z)} = \frac{d\beta}{0},$$

qui, en appelant C_1, C_2, C_3 trois constantes arbitraires, nous donne

$$r = C_1,$$

$$C_1^2 \int \frac{f(\theta)}{f'(\theta)}\, d\theta = \int \frac{\varphi(z)}{\varphi'(z)}\, dz + C_2,$$

$$\beta = C_3.$$

L'intégrale générale de l'équation (6) est donc

$$(7) \qquad \beta = \chi \left[r, \; r^2 \int \frac{f(\theta)}{f'(\theta)} \, d\theta - \int \frac{\varphi(z)}{\varphi'(z)} \, dz \right].$$

Nous poserons, pour abréger,

$$(8) \quad \begin{cases} \displaystyle\int \frac{f(\theta)}{f'(\theta)} \, d\theta = \mathrm{F}(\theta), \quad \text{d'où} \quad \frac{f(\theta)}{f'(\theta)} = \mathrm{F}'(\theta), \\[2mm] \displaystyle\int \frac{\varphi(z)}{\varphi'(z)} \, dz = \Phi(z), \quad \text{d'où} \quad \frac{\varphi(z)}{\varphi'(z)} = \Phi'(z), \end{cases}$$

$$(9) \qquad u = r^2 \mathrm{F}(\theta) - \Phi(z),$$

et nous aurons

$$\beta = \chi(r, u).$$

Donnant à la fonction arbitraire χ deux formes distinctes χ_1 et χ_2, nous ferons

$$\beta = \chi_1(r, u), \quad \gamma = \chi_2(r, u),$$

et nous aurons là, en considérant β et γ comme des paramètres variables, les deux autres familles du système orthogonal, pourvu que nous puissions déterminer les fonctions χ_1 et χ_2, de façon que l'une quelconque des surfaces β coupe à angle droit l'une quelconque des surfaces γ, c'est-à-dire de manière qu'on ait, quels que soient x, y, z,

$$\frac{d\beta}{dx} \frac{d\gamma}{dx} + \frac{d\beta}{dy} \frac{d\gamma}{dy} + \frac{d\beta}{dz} \frac{d\gamma}{dz} = 0,$$

équation qui, en exprimant les dérivées de β et γ relatives à x, y, z au moyen de celles relatives à r et u, devient

$$(10) \quad \begin{cases} \dfrac{d\beta}{du} \dfrac{d\gamma}{du} \left[\left(\dfrac{du}{dx}\right)^2 + \left(\dfrac{du}{dy}\right)^2 + \left(\dfrac{du}{dz}\right)^2 \right] \\[3mm] \quad + \dfrac{d\beta}{dr} \dfrac{d\gamma}{dr} \left[\left(\dfrac{dr}{dx}\right)^2 + \left(\dfrac{dr}{dy}\right)^2 \right] + \left(\dfrac{d\beta}{du} \dfrac{d\gamma}{dr} + \dfrac{d\beta}{dr} \dfrac{d\gamma}{du} \right) \\[3mm] \qquad\qquad \times \left(\dfrac{du}{dx} \dfrac{dr}{dx} + \dfrac{du}{dy} \dfrac{dr}{dy} \right) = 0. \end{cases}$$

Or de la valeur (9) de u on tire

$$\frac{du}{dx} = 2\,r\,\mathrm{F}(\theta)\cos\theta - r\,\mathrm{F}'(\theta)\sin\theta,$$

$$\frac{du}{dy} = 2\,r\,\mathrm{F}(r)\sin\theta + r\,\mathrm{F}'(\theta)\cos\theta,$$

$$\frac{du}{dz} = -\,\Phi'(z).$$

En substituant ces valeurs de $\dfrac{du}{dx}$, $\dfrac{du}{dy}$, $\dfrac{du}{dz}$ et celles de $\dfrac{dr}{dx}$, $\dfrac{dr}{dy}$, $\dfrac{dr}{dz}$, l'équation (10) deviendra

$$(\mathrm{11}) \quad \left\{ \begin{aligned} &\frac{d\beta}{du}\frac{d\gamma}{du}[4\,r^2\mathrm{F}^2(\theta) + r^2\mathrm{F}'^2(\theta) + \Phi'^2(z)] + \frac{d\beta}{dr}\frac{d\gamma}{dr} \\ &\qquad\qquad + \left(\frac{d\beta}{du}\frac{d\gamma}{dr} + \frac{d\beta}{dr}\frac{d\gamma}{du}\right) 2\,r\,\mathrm{F}(\theta) = 0. \end{aligned} \right.$$

Cette équation, dans laquelle θ doit être remplacé par sa valeur en z, r et u, tirée de l'équation (9), doit avoir lieu quels que soient u, r et z, et en particulier z en doit disparaître; toutes les dérivées de l'équation (11), prises par rapport à z, devront être nulles. Remarquons que z n'entre que par $\Phi(z)$ et $\Phi'(z)$. Pour plus de clarté, nous emploierons les notations suivantes, en remarquant que, les fonctions $\Phi(z)$ et $\mathrm{F}(\theta)$ une fois connues, on en peut déduire $\Phi'^2(z)$ en fonction de $\Phi(z)$ et $\mathrm{F}'^2(\theta)$ en fonction de $\mathrm{F}(\theta)$:

$$\Phi(z) = \lambda, \quad \Phi'^2(z) = \Phi_{\iota}[\Phi(z)] = \Phi_{\iota}(\lambda),$$
$$\mathrm{F}'^2(\theta) = \mathrm{F}_{\iota}[\mathrm{F}(\theta)].$$

Or la formule (9) donne

$$\mathrm{F}(\theta) = \frac{u + \Phi(z)}{r^2} = \frac{u + \lambda}{r^2}.$$

Nous aurons donc

$$\mathrm{F}'^2(\theta) = \mathrm{F}_{\iota}\left(\frac{u + \lambda}{r^2}\right),$$

et l'équation (11) deviendra

$$(12) \begin{cases} \dfrac{d\beta}{du}\dfrac{d\gamma}{du}\left[\dfrac{4(u+\lambda)^2}{r^2} + r^2 F_1\left(\dfrac{u+\lambda}{r^2}\right) + \Phi_1(\lambda)\right] \\ \qquad + \dfrac{d\beta}{dr}\dfrac{d\gamma}{dr} + \left(\dfrac{d\beta}{dr}\dfrac{d\gamma}{du} + \dfrac{d\beta}{du}\dfrac{d\gamma}{dr}\right)2\dfrac{u+\lambda}{r} = 0. \end{cases}$$

Cette équation doit avoir lieu quel que soit λ; prenons-en la dérivée première et la dérivée seconde par rapport à λ, et nous aurons

$$\dfrac{d\beta}{du}\dfrac{d\gamma}{du}\left[\dfrac{8(u+\lambda)}{r^2} + F_1'\left(\dfrac{u+\lambda}{r^2}\right) + \Phi_1'(\lambda)\right]$$
$$+ \left(\dfrac{d\beta}{dr}\dfrac{d\gamma}{du} + \dfrac{d\beta}{du}\dfrac{d\gamma}{dr}\right)\dfrac{2}{r} = 0,$$

$$\dfrac{d\beta}{du}\dfrac{d\gamma}{du}\left[\dfrac{8}{r^2} + \dfrac{1}{r^2}F_1''\left(\dfrac{u+\lambda}{r^2}\right) + \Phi_1''(\lambda)\right] = 0.$$

Écartant l'hypothèse

$$\dfrac{d\beta}{du}\dfrac{d\gamma}{du} = 0,$$

qui ne conduit à rien, comme on s'en assure aisément, il reste

$$(13) \qquad 8 + F_1''\left(\dfrac{u+\lambda}{r^2}\right) + r^2\Phi_1''(\lambda) = 0,$$

et cette équation doit avoir lieu, quels que soient u, λ et r, ou quels que soient $\dfrac{u+\lambda}{r^2}$, r^2 et λ; on doit donc avoir

1°
$$\Phi_1''(\lambda) = 0,$$

2°
$$8 + F_1''\left(\dfrac{u+\lambda}{r^2}\right) = 0.$$

La première de ces équations nous donne, en désignant

par n et B deux constantes,

$$\Phi_1(\lambda) = \frac{2}{n}(\lambda - B);$$

et, remettant au lieu de $\Phi_1(\lambda)$, $\Phi'^2(z)$; au lieu de λ, $\Phi(z)$, nous aurons

$$\Phi'(z) = \sqrt{\frac{2}{n}}\sqrt{\Phi(z) - B},$$

$$dz = \sqrt{\frac{n}{2}}\frac{d\Phi(z)}{\sqrt{\Phi(z) - B}}.$$

On en tire, en intégrant,

$$z - z_0 = \sqrt{2n}\sqrt{\Phi(z) - B},$$

$$\frac{(z - z_0)^2}{2n} = \Phi(z) - B.$$

Reportant dans la dernière équation (8) et supprimant la constante z_0, ce qui n'enlève rien à la généralité de la solution,

$$\frac{\varphi(z)}{\varphi'(z)} = \frac{z}{n},$$

$$\frac{\varphi'(z)}{\varphi(z)} = \frac{n}{z},$$

et, en intégrant,

$$\varphi(z) = z^n.$$

Je n'introduis pas une constante; elle se fondrait avec α dans l'équation (1).

Voilà donc une de nos fonctions déterminées; il nous reste maintenant l'équation

$$8 + F''_1\left(\frac{u + \lambda}{r^2}\right) = 0 \quad \text{ou} \quad 8 + F''_1[F(\theta)] = 0;$$

d'où l'on tire, en désignant par A et C deux constantes,

$$F_1[F(\theta)] = F'^2(\theta) = -4F^2(\theta) + 8AF(\theta) + 4(C^2 - A^2),$$

$$F'(\theta) = \pm 2\sqrt{-[F(\theta) - A]^2 + C^2},$$

$$2\,d\theta = \pm \frac{dF(\theta)}{\sqrt{C^2 - [F(\theta) - A]^2}}.$$

En intégrant, on aura

$$\pm 2(\theta - \theta_0) = \arccos \frac{F(\theta) - A}{C},$$

$$F(\theta) = A \pm C\cos 2(\theta - \theta_0),$$

et la première équation (8) donnera

$$\frac{f(\theta)}{f'(\theta)} = \mp 2C\sin 2(\theta - \theta_0).$$

On tire de là, en supprimant la constante θ_0 et n'en mettant pas d'autre dans la nouvelle intégration,

$$f(\theta) = (\tan g\,\theta)^{\pm\frac{1}{4C}};$$

donc

$$\alpha = z^n \left(\frac{y}{x}\right)^{\pm\frac{1}{4C}}.$$

On peut écrire simplement $\alpha = z^n \frac{y}{x}$. Voici donc la conclusion à laquelle nous arrivons : pour que les surfaces représentées par l'équation $\alpha = \varphi(z)\psi\left(\frac{y}{x}\right)$ constituent l'une des familles d'un système triple orthogonal, il faut que $\varphi(z) = z^n$ et $\psi\left(\frac{y}{x}\right) = \frac{y}{x}$, c'est-à-dire que l'équation proposée soit $\alpha = z^n \frac{y}{x}$.

Problème n° 70.

Étant donnée l'une des familles de surfaces d'un système orthogonal, représentée par l'équation

$$(1) \qquad \alpha = z^n \frac{y}{x},$$

trouver les deux autres familles du système.

Nous pourrions nous appuyer sur les formules de l'exercice précédent; mais nous préférons traiter le problème directement. Soit $\beta = 0$ l'une quelconque des surfaces des deux familles cherchées; nous devons avoir

$$\frac{d\alpha}{dx}\frac{d\beta}{dx} + \frac{d\alpha}{dy}\frac{d\beta}{dy} + \frac{d\alpha}{dz}\frac{d\beta}{dz} = 0.$$

Cette équation devient, quand on y remplace les dérivées de α par leurs valeurs tirées de l'équation (1),

$$(2) \qquad -\frac{1}{x}\frac{d\beta}{dx} + \frac{1}{y}\frac{d\beta}{dy} + \frac{n}{z}\frac{d\beta}{dz} = 0.$$

Pour trouver l'intégrale générale de cette équation, nous avons à intégrer le système suivant d'équations simultanées :

$$- x\,dx = y\,dy = \frac{z\,dz}{n} = \frac{d\beta}{0}.$$

Nous en tirons

$$C_1 = x^2 + y^2,$$
$$C_2 = z^2 - ny^2,$$
$$C_3 = \beta;$$

et, par suite, l'intégrale générale de l'équation (2) est

$$\beta = \varphi(x^2 + y^2, z^2 - ny^2),$$

φ étant une fonction arbitraire. Nous poserons

(3)
$$u = x^2 + y^2, \quad v = z^2 - ny^2,$$

et nous aurons

(4)
$$\beta = \varphi(u, v), \quad \gamma = \psi(u, v).$$

Il nous reste à exprimer que la condition

$$\frac{d\beta}{dx}\frac{d\gamma}{dx} + \frac{d\beta}{dy}\frac{d\gamma}{dy} + \frac{d\beta}{dz}\frac{d\gamma}{dz} = 0$$

est vérifiée, quels que soient x, y, z. On peut écrire cette relation comme il suit :

$$\frac{d\beta}{du}\frac{d\gamma}{du}\left[\left(\frac{du}{dx}\right)^2 + \left(\frac{du}{dy}\right)^2\right] + \frac{d\beta}{dv}\frac{d\gamma}{dv}\left[\left(\frac{dv}{dy}\right)^2 + \left(\frac{dv}{dz}\right)^2\right]$$
$$+ \left(\frac{d\beta}{du}\frac{d\gamma}{dv} + \frac{d\beta}{dv}\frac{d\gamma}{du}\right)\left(\frac{du}{dy}\frac{dv}{dy}\right) = 0$$

ou bien, en remplaçant les dérivées de u et v par leurs valeurs tirées des équations (3),

$$(x^2 + y^2)\frac{d\beta}{du}\frac{d\gamma}{du} + \frac{d\beta}{dv}\frac{d\gamma}{dv}(z^2 + n^2y^2)$$
$$- ny^2\frac{d\beta}{du}\frac{d\gamma}{dv} + \frac{d\beta}{dv}\frac{d\gamma}{du} = 0.$$

Remplaçons, dans cette équation, x^2 et z^2 par leurs valeurs en u, v et y^2, tirées des équations (3), et nous trouverons

$$u\frac{d\beta}{du}\frac{d\gamma}{du} + \frac{d\beta}{dv}\frac{d\gamma}{dv}(n^2y^2 + ny^2 + v)$$
$$- ny^2\left(\frac{d\beta}{du}\frac{d\gamma}{dv} + \frac{d\beta}{dv}\frac{d\gamma}{du}\right) = 0.$$

Cette équation, qui doit avoir lieu quels que soient u, v

et y^2, va se dédoubler, et il viendra

$$\frac{\dfrac{d\beta}{du}}{\dfrac{d\beta}{dv}} \times \frac{\dfrac{d\gamma}{du}}{\dfrac{d\gamma}{dv}} = -\frac{v}{u},$$

$$\frac{\dfrac{d\beta}{du}}{\dfrac{d\beta}{dv}} + \frac{\dfrac{d\gamma}{du}}{\dfrac{d\gamma}{dv}} = n+1;$$

d'où l'on tire

$$(5) \qquad \frac{2\dfrac{d\beta}{du}}{\dfrac{d\beta}{dv}} = n+1 - \sqrt{(n+1)^2 + \frac{4v}{u}},$$

$$(6) \qquad \frac{2\dfrac{d\gamma}{du}}{\dfrac{d\gamma}{dv}} = n+1 + \sqrt{(n+1)^2 + \frac{4v}{u}}.$$

Considérons la deuxième de ces équations aux différences partielles; nous en déduirons les équations simultanées

$$\frac{du}{2} = \frac{-dv}{n+1+\sqrt{(n+1)^2 + \dfrac{4v}{u}}} = \frac{d\gamma}{0}.$$

Pour intégrer la première de ces équations, nous poserons $(n+1)^2 + \dfrac{4v}{u} = 4t^2$, et il en résultera

$$\frac{du}{u} + \frac{2t\,dt}{t^2 + t + \dfrac{1-n^2}{4}} = 0.$$

On trouve, en intégrant,

$$C_i^{\frac{1}{n}} = u\left(2t+n+1\right)^{\frac{n+1}{n}} \left(2t+1-n\right)^{\frac{n-1}{n}}$$

ou, en remplaçant t par sa valeur,

$$C_1 = u^n \left[\sqrt{(n+1)^2 + \frac{4v}{u}} + n + 1 \right]^{n+1}$$
$$\times \left[\sqrt{(n+1)^2 + \frac{4v}{u}} + 1 - n \right]^{n-1}.$$

On a donc, comme intégrale générale de l'équation (6),

$$\gamma = \Psi(C_1) \quad \text{ou simplement} \quad \gamma = C_1,$$

c'est-à-dire

$$(7) \quad \begin{cases} \gamma = u^n \left[\sqrt{(n+1)^2 + \frac{4v}{u}} + n + 1 \right]^{n+1} \\ \times \left[\sqrt{(n+1)^2 + \frac{4v}{u}} + 1 - n \right]^{n-1}. \end{cases}$$

On trouverait de même

$$(8) \quad \begin{cases} \beta = u^n \left[\sqrt{(n+1)^2 + \frac{4v}{u}} - n - 1 \right]^{n+1} \\ \times \left[\sqrt{(n+1)^2 + \frac{4v}{u}} - 1 + n \right]^{n-1}. \end{cases}$$

Ces équations, dans lesquelles il faut remplacer u et v par $u = x^2 + y^2$, $v = z^2 - ny^2$, sont celles des familles cherchées.

On aura donc le système suivant de surfaces orthogonales :

$$\alpha = z^n \frac{y}{x},$$

$$(9) \quad \begin{cases} \beta = \left[\sqrt{(n+1)^2 x^2 + (n-1)^2 y^2 + 4z^2} - (n+1)\sqrt{x^2+y^2} \right]^{n+1} \\ \times \left[\sqrt{(n+1)^2 x^2 + (n-1)^2 y^2 + 4z^2} + (n-1)\sqrt{x^2+y^2} \right]^{n-1}, \end{cases}$$

$$(10) \quad \begin{cases} \gamma = \left[\sqrt{(n+1)^2 x^2 + (n-1)^2 y^2 + 4z^2} + (n+1)\sqrt{x^2+y^2} \right]^{n+1} \\ \times \left[\sqrt{(n+1)^2 x^2 + (n-1)^2 y^2 + 4z^2} - (n-1)\sqrt{x^2+y^2} \right]^{n-1}. \end{cases}$$

Comme vérification, faisons $n = 1$; nous aurons

$$\beta = 4\left(\sqrt{x^2 + z^2} + \sqrt{x^2 + y^2}\right)^2, \quad \gamma = 4\left(\sqrt{x^2 + z^2} - \sqrt{x^2 + y^2}\right)^2$$

ou

$$\frac{\sqrt{\beta}}{2} = \sqrt{x^2 + z^2} + \sqrt{x^2 + y^2}, \quad \frac{\sqrt{\gamma}}{2} = \sqrt{x^2 + z^2} - \sqrt{x^2 + y^2}.$$

C'est bien le système trouvé par M. A. Serret pour les surfaces qui, avec le paraboloïde $\alpha = \dfrac{\gamma z}{x}$, forment un système orthogonal.

Nous remarquerons, en terminant, que, d'après le théorème de Dupin, nous saurons maintenant trouver les lignes de courbure de tous les conoïdes représentés par l'équation $z^n \dfrac{y}{x} = \alpha$; ces lignes sont les intersections du conoïde par les surfaces (9) ou par les surfaces (10).

Remarquons encore que chacune des surfaces (9) et (10) peut être engendrée par l'intersection des cylindres

$$x^2 + y^2 = \text{const.}, \quad z^2 - ny^2 = \text{const.},$$

se déplaçant suivant une loi déterminée.

2120   Paris. — Imprimerie GAUTHIER-VILLARS, quai des Augustins, 55.

www.ingramcontent.com/pod-product-compliance
Lightning Source LLC
Chambersburg PA
CBHW061007220326
41599CB00023B/3859